普通高等教育电子信息类系列教材

基于STM32的嵌入式单片机简明教程

主　编　戴福全
副主编　张树忠
参　编　钟剑锋　陈新伟　张先增　罗　堪

机械工业出版社

本书以让读者掌握STM32单片机实际应用为目的，介绍了STM32单片机外设的组成、工作原理和使用方法，重点介绍了GPIO、中断、USART、定时器和ADC等最常用外设的工作模式、配置方法。为了让读者更好地理解所介绍的知识，作者专门设计了一套开发板以配合本书的学习。此开发板每个模块均设计了两组功能电路，本书提供了其中一组的例程，并进行讲解，从而便于读者在理解所提供例程的基础上，自行编写程序，以验证学习效果。通过这种“学习—改动—验证”的方法，可以解决读者在单片机学习中无法评估学习效果的问题。考虑到C语言、计算机基础知识的重要性，本书还介绍了必要的相关知识，便于读者在学习时进行查阅。通过详细讲解实例程序原理，将程序代码与外设硬件原理完全对应，可以提高读者对STM32单片机知识的理解。本书实例程序均经过调试运行。

本书可作为普通高校自动化、电子信息、电气工程、机械等相关专业的教学用书，也可作为单片机工程领域工程技术人员的培训教材或参考书。

本书有配套的电子课件等教学资源，欢迎选用本书作为教材的教师登录 www. cmpedu. com 注册后下载，或发邮件到 jinacmp@ 163. com 索取。

图书在版编目（CIP）数据

基于STM32的嵌入式单片机简明教程/戴福全主编.
北京：机械工业出版社，2024. 6. --（普通高等教育电子信息类系列教材）. -- ISBN 978-7-111-76368-0

Ⅰ. TP368. 1

中国国家版本馆CIP数据核字第2024HF1187号

机械工业出版社（北京市百万庄大街22号　邮政编码100037）
策划编辑：吉　玲　　责任编辑：吉　玲　王　荣
责任校对：宋　安　张　征　　封面设计：张　静
责任印制：任维东
河北鑫兆源印刷有限公司印刷
2024年11月第1版第1次印刷
184mm×260mm · 11. 75印张 · 298千字
标准书号：ISBN 978-7-111-76368-0
定价：45. 00元

电话服务　　网络服务
客服电话：010-88361066　　机　工　官　网：www. cmpbook. com
010-88379833　　机　工　官　博：weibo. com/cmp1952
010-68326294　　金　书　网：www. golden-book. com
封底无防伪标均为盗版　　机工教育服务网：www. cmpedu. com

前　言

单片机作为微型计算机的一个类别，已经深入到各行各业。然而对于非计算机类专业工科学生来说，单片机课程一直以难以掌握著称。这导致了众多工科专业虽然亟须使用单片机技术解决其需求，但是毕业生们却普遍不具备单片机实践应用技能。作为一名机电类专业教师，笔者深感目前市面上缺乏适合初学者入门的单片机教材。传统单片机教材大都以 51 单片机为对象，一方面滞后于目前单片机技术的发展，另一方面又主要以理论讲解为主，一般没有配套开发板，忽视了对单片机应用技能的介绍。再者，以寄存器操作为基本方法的单片机学习有众多知识点需要学生机械记忆，这也导致学生们产生畏难情绪。随着单片机技术的发展，特别是以 STM32 为代表的 32 位单片机的出现，极大丰富了单片机的功能，推动了单片机的广泛应用。在这种情况下，市面上出现了众多学习用开发板。这种学习方式不以教材为核心，而是围绕开发板配套文字、视频教程，极大地推动了单片机的学习，有不少学生没有在课堂上学会单片机，但是却通过自学开发板教程掌握了单片机的应用。然而，笔者注意到，市面上的这些开发板依然存在一些问题。这些开发板设计者为了突出功能丰富，所涉及电路较为复杂，同时教程内容繁复、编程语言技巧多，堆砌了不少核心知识相同的学习案例。因此，这种开发板及教程其实更适合有一定基础的学习者，对零基础的学习者并不是太友好。为此，笔者认为有必要编写一套适合初学者的教程。

为了编写一套适合初学者掌握单片机应用的教程，笔者专门设计了一套开发板以配合本教程的教学。学习者可以一边通过教程学习理论知识，一边在开发板上实验，从而避免只注重理论而不会实际应用的问题。教程配套开发板的设计理念不在于功能多，而专注于单片机核心知识。对于应用而不是研究单片机架构的学习者来说，学习单片机基本上就是学习单片机各外设模块的使用。对于绝大多数单片机工程应用来说，经常使用的单片机外设无非是 GPIO、中断、定时器、串口和 ADC，因此，本教程配套开发板只围绕这些模块进行设计，不简单堆砌功能模块。所谓万事开头难，一旦能够入门，掌握更复杂的知识就会简单多了。笔者相信，通过基础外设模块的学习，学习者将掌握单片机学习的方法，在面向复杂项目时能够自学掌握没有学过的单片机知识。

在笔者自学单片机等技术过程中，总结出可以遵循“学习—改动—验证”的学习步骤，通过这种方法可以高效掌握单片机技术。这种方法首先“学习”已有例程，然后再根据自己的理解“改动”例程，以最终效果“验证”改动完的程序是否符合自己的理解。本教程也是根据这个方法来安排编写的。教程首先提供了一个完整的案例程序，并逐行进行讲解，确保学习者理解每一句程序写法的由来；再者，程序讲解之后都安排了修改任务，学习者需要根据自己的理解修改教程提供的例程，实现修改任务的要求。同时，配套开发板设计每个模块的功能电路时，都设计了至少两路功能电路。教程使用其中一路进行编程并讲解原理，而另一路则用于修改任务。这两路功能电路细节刻意设计成不一样的，如果学习者没有真正理解例程含义，则不能通过简单照搬例程就完成任务。只要能够顺利完成修改任务的要求，学习者一般也就可以将所学知识应用到实际工程中了。通过这种方式，避免了学习过程中无法很好评估学习效果的问题。

此外，本教程编写过程中一般很少使用复杂的 C 语言技巧，甚至尽量避免自行定义宏以免对学习造成困扰。笔者认为，单片机的学习和 C 语言的学习应该分开考虑，不能过多使用 C 语言技巧以免增加单片机学习的难度。单片机学习的重点在于各外设模块的应用，因此关于编程方面的一些问题，建议学习者通过编程语言的学习来解决。本教程各实验功能紧紧围绕外设模块本身的使用，尽力避免要求复杂技巧才能实现的功能。

本教程虽然以 STM32 单片机作为学习对象，但是相信通过本教程的学习，学习者将会掌握如何查阅资料、理解电路的方法。如此，当学习者面对其他单片机乃至 DSP 等芯片时也能很快掌握其使用方法。这也是为什么本教程采用标准库函数的方式来对 STM32 单片机编程。虽然 STM32 单片机的生产厂商——意法半导体在推广基于 HAL 库的开发方式，但 HAL 库的开发方式看似方便，实际上屏蔽了很多中间过程，并且只适用于 STM32 单片机。而通过标准库的开发方式，学习者能够很快掌握其他类别单片机的使用，包括众多国产单片机。

在本教程的编写过程中得到了肖明伟、苏培强、卓正颖、林帆、陈伟、吴乾新等同学的帮助，在此，对这些同学的辛勤劳动表示感谢！

本书配套开发板可以通过以下方式获取：

https：//item. taobao. com/item. htm? ft = t&id = 760099095409&spm = a21dvs. 23580594. 0. 0. 621e3d0dbzQRY4

由于笔者水平有限，书中难免存在错误和不足之处，恳请各位读者批评指正。

献给刚出生的安安，愿你健康、快乐成长！

戴福全

目　录

前言
第1章　计算机与C语言基础 …… 1
1.1　计算机的问世 …… 1
1.2　计算机的发展阶段 …… 2
1.3　单片机简介 …… 3
1.4　单片机的发展过程 …… 3
1.5　单片机的应用领域 …… 4
1.6　计算机基础知识 …… 6
1.6.1　计算机中的数制 …… 6
1.6.2　数制的转换 …… 7
1.6.3　计算机数据的单位 …… 9
1.7　C语言基础 …… 9
1.7.1　变量及赋值 …… 9
1.7.2　宏定义 …… 10
1.7.3　ASCII码 …… 10
1.7.4　数据类型 …… 11
1.7.5　基本运算符号 …… 14
1.7.6　分支和循环语句 …… 15
1.7.7　函数 …… 18
思考和习题 …… 20
第2章　STM32开发环境 …… 21
2.1　STM32开发工具 …… 21
2.1.1　STM32开发板 …… 22
2.1.2　J-Link仿真器 …… 23
2.1.3　USB转232模块 …… 24
2.2　开发配套资料 …… 25
2.2.1　STM32文档 …… 25
2.2.2　开发板电路 …… 30
2.2.3　实验例程 …… 34
2.2.4　工具软件 …… 34
2.3　开发软件Keil MDK及STM32F1系列固件包的安装 …… 35
2.4　应用案例：点亮LED …… 39
2.4.1　硬件连接 …… 39
2.4.2　配置J-Link …… 39
2.4.3　编译程序 …… 41
2.4.4　烧录程序 …… 42
思考和习题 …… 43
第3章　通用输入及输出（GPIO） …… 44
3.1　GPIO简介 …… 44
3.2　GPIO工作原理 …… 46
3.2.1　输入配置 …… 46
3.2.2　输出配置 …… 46
3.2.3　复用功能配置 …… 47
3.2.4　模拟输入配置 …… 47
3.3　GPIO相关的常用库函数 …… 47
3.4　GPIO输出应用案例：点亮LED …… 53
3.4.1　实现步骤 …… 53
3.4.2　工作原理 …… 54
3.4.3　习题 …… 59
3.5　GPIO输入应用案例：按键控制LED …… 60
3.5.1　实现步骤 …… 60
3.5.2　工作原理 …… 60
思考和习题 …… 63
第4章　中断和事件 …… 64
4.1　中断原理 …… 64
4.2　嵌套向量中断控制器（NVIC） …… 65
4.3　NVIC相关的常用库函数 …… 68
4.4　中断设计 …… 73
4.4.1　NVIC设置 …… 73

4.4.2 中断端口配置 …… 74
4.4.3 中断处理 …… 74
4.5 外部中断/事件控制器（EXTI） …… 75
4.5.1 EXTI 的 GPIO 映射 …… 75
4.5.2 EXTI 库函数 …… 76
4.6 中断应用案例：中断方式按键控制 LED …… 80
4.6.1 实现步骤 …… 80
4.6.2 硬件原理 …… 81
4.6.3 软件设计 …… 82
思考和习题 …… 88
第 5 章 通用同步/异步串行通信 …… 90
5.1 串行通信原理概述 …… 90
5.2 串行异步通信接口（USART）结构及工作方式 …… 91
5.2.1 USART 结构 …… 91
5.2.2 USART 工作方式 …… 93
5.3 USART 相关的常用库函数 …… 93
5.4 USART 使用流程 …… 100
5.5 应用案例：串口发送数据 …… 101
5.5.1 实现步骤 …… 101
5.5.2 工作原理 …… 106
5.5.3 习题 …… 115
5.6 应用案例：串口接收数据 …… 115
5.6.1 实现步骤 …… 115
5.6.2 工作原理 …… 116
思考和习题 …… 122
第 6 章 定时器（TIM） …… 123
6.1 定时器概述 …… 123
6.2 三种定时器 …… 126
6.3 通用定时器的结构 …… 127
6.3.1 时钟源 …… 127
6.3.2 通用定时器的功能寄存器 …… 127
6.3.3 通用定时器的外部触发及输入/输出通道 …… 129
6.3.4 通用定时器的功能 …… 129
6.4 TIM 相关的常用库函数 …… 130
6.5 应用案例：定时器中断方式控制 LED 闪烁 …… 136
6.5.1 实现步骤 …… 136
6.5.2 工作原理 …… 136
6.6 应用案例：脉冲宽度调制与仿真 …… 142
6.6.1 实现步骤 …… 142
6.6.2 工作原理 …… 146
思考和习题 …… 150
第 7 章 模/数转换器（ADC） …… 151
7.1 ADC 原理概述 …… 151
7.2 应用系统输入/输出通道 …… 152
7.3 ADC 的性能指标 …… 153
7.4 ADC 结构 …… 154
7.5 ADC 相关的常用库函数 …… 156
7.6 应用案例：ADC 实现单通道电压采集 …… 164
7.6.1 实现步骤 …… 164
7.6.2 工作原理 …… 165
思考和习题 …… 172
第 8 章 STM32 嵌入式应用设计 …… 173
8.1 简易抢答器设计 …… 173
8.1.1 设计要求 …… 173
8.1.2 基础知识 …… 173
8.1.3 简易抢答器的实现 …… 174
8.2 密码锁设计 …… 175
8.2.1 设计要求 …… 175
8.2.2 密码锁的实现 …… 175
8.3 光敏式智能台灯设计 …… 176
8.3.1 设计要求 …… 176
8.3.2 基础知识 …… 176
8.3.3 光敏式智能台灯的实现 …… 177
8.4 电动机转速控制器设计 …… 177
8.4.1 设计要求 …… 177
8.4.2 基础知识 …… 178
8.4.3 电动机转速控制器的实现 …… 180
参考文献 …… 182

第1章 计算机与C语言基础

计算机是信息处理的主体，随着微电子技术的不断发展，计算机的形态日新月异，用途越来越广，功能越来越全面，效率也越来越高。本章回顾计算机和单片机的发展过程，介绍计算机基础知识和C语言基础，为后续单片机的学习奠定基础。

1.1 计算机的问世

计算机是一种能够按照程序运行，自动、高速处理海量数据的现代化智能电子设备。可以说计算机是人类最伟大的发明之一，时至今日，计算机已经在各行各业不可或缺。无论是从事哪种行业，使用好计算机都是对职业生涯发展非常有好处的。常见的计算机类型有台式计算机、笔记本计算机、大型计算机等，而本教程所介绍的单片机也是计算机的一种。

1946年2月14日，世界上第一台计算机“电子数字积分计算机”（Elec-tronic Numerical Integrator And Computer，ENIAC）在美国宾夕法尼亚大学问世了，如图1-1所示，ENIAC是美国奥伯丁武器试验场为了满足计算弹道需要而研制成的。这台计算器使用了17000多支电子管，占地面积170m^2，重约30t，功耗超过170kW，造价为487000美元。ENIAC的问世具有划时代的意义，表明计算机时代的到来。ENIAC每次一开机，整个费城西区的电灯都为

图1-1 世界第一台计算机ENIAC

之黯然失色，但是其运算速度仅为每秒5000次加法运算。

虽然ENIAC体积庞大，耗电惊人，运算速度不过每秒几千次，但它比当时已有的计算装置要快1000倍，而且还有按事先编好的程序自动执行算术运算、逻辑运算和存储数据的功能。ENIAC宣告了一个新时代的开始，从此科学计算的大门被打开了。

1.2 计算机的发展阶段

在ENIAC问世以后的70多年里，计算机技术以惊人的速度发展，在人类科技史上还没有哪一个学科可以与计算机技术的发展速度相提并论。如笔者计算机核心英特尔®酷睿™ i7-8700处理器，晶体管个数为7.74亿，封装大小为37.5mm×37.5mm，重量几乎可以忽略，功耗最多为95W，其运算速度为每秒460亿次，售价仅为303美元。难怪著名计算机科学家费里德里克·布鲁克说：“人类文明迄今，除计算机技术外，没有任何一门技术的性能价格比能在30年内增长6个数量级”。

计算机的发展可分为以下5个阶段：

1. 电子管数字机（1946—1958年）

硬件方面，逻辑元件采用的是真空电子管，主存储器采用汞延迟线、阴极射线示波管静电存储器、磁鼓、磁芯；外存储器采用的是磁带。软件方面采用的是机器语言、汇编语言。应用领域以军事和科学计算为主。

缺点是体积大、功耗高、可靠性差。速度慢（一般为每秒数千次至数万次）、价格昂贵，但为以后的计算机发展奠定了基础。

2. 晶体管数字机（1959—1964年）

硬件方面，主机采用晶体管等半导体器件，将磁鼓和磁盘作为辅助存储器。软件方面出现了操作系统、高级语言及其编译程序。应用领域以科学计算和事务处理为主，并开始进入工业控制领域。特点是体积缩小、能耗降低、可靠性提高、运算速度提高（一般为每秒数十万次，可高达每秒300万次）、性能比第一阶段计算机有很大的提高。

3. 集成电路数字机（1965—1970年）

硬件方面，逻辑元件采用中规模集成电路（MSI）和小规模集成电路（SSI），主存储器仍采用磁芯。软件方面出现了分时操作系统以及结构化、规模化程序设计方法。特点是速度更快（一般为每秒数百万次至数千万次），而且可靠性有了显著提高，价格进一步下降，产品走向了通用化、系列化和标准化等。应用领域开始进入文字处理和图形图像处理领域。

4. 大规模集成电路计算机（1971年至今）

硬件方面，逻辑元件采用大规模集成电路（LSI）和超大规模集成电路（VLSI）。软件方面出现了数据库管理系统、网络管理系统和面向对象语言等。1971年，世界上第一台微处理器在美国硅谷诞生，开创了微型计算机的新时代。应用领域从科学计算、事务管理、过程控制逐步走向家庭。

由于集成技术的发展，半导体芯片的集成度更高，每块芯片可容纳数万乃至数百万个晶体管，并且可以把运算器和控制器都集中在一个芯片上，从而出现了微处理器。常说的个人计算机（PC）就是用微处理器和大规模、超大规模集成电路组装成的微型计算机。微型计算机体积小，价格便宜，使用方便，但它的功能和运算速度已经达到甚至超过了过去的大型计算机。此外，利用大规模、超大规模集成电路制造的各种逻辑芯片，已经制成了体积并不很大，但运算速度可达每秒一亿甚至几十亿次的巨型计算机（也称超级计算机）。我国继1983年研制成功每秒运算一亿次的银河Ⅰ型巨型计算机以后，又分别于1992年和1997年研制成功每秒运算十亿次的银河Ⅱ型和每秒运算百亿次的银河Ⅲ型巨型计算机。国防科技大学的“银河”与“天河”系列，联想集团的“深腾”系列，中科曙光的“曙光”系列，国家并行计算机工程技术研究中心的“神威”系列……我国超级计算机阵营日益壮大，不断挑战世界先进水平。这一时期还产生了新一代的程序设计语言以及数据库管理系统和网络软件等。

5. 智能计算机

1981年，在日本东京召开了第五代计算机研讨会，随后制订出研制第五代计算机的长期计划。智能计算机的主要特征是具备人工智能，能像人一样思考，并且运算速度极快，其硬件系统支持高度并行和推理，软件系统能够处理知识信息。神经网络计算机（也称神经元计算机）是智能计算机的重要代表。第五代计算机目前仍处在探索、研制阶段。真正实现后，将有无量的发展前途。

1.3　单片机简介

计算机根据体积、功能等可分为巨型机、小型机和微型机等，如图1-2所示。其中通用微机就是人们平时所使用的计算机，包括台式计算机和笔记本计算机等，它是微型机的一种。而单片机也是微型机大家庭的成员。单片机是早期Single Chip Microcomputer的直译，它忠实地反映了早期单片微机的形态和本质。它是一种把中央处理器（CPU）、随机存储器（RAM）、只读存储器（ROM）、中断系统及输入/输出（I/O）接口等多个功能部件集成在同一个芯片上，构成的小而完善的计算机系统。这些电路能在软件的控制下准确、迅速、高效地完成程序设计者事先规定的任务，可单独完成现代工业控制要求的智能化控制功能，这是单片机最大的特征。单片机也被称为微控制器（Microcontroller Unit，MCU），它最早是被用在工业控制领域。

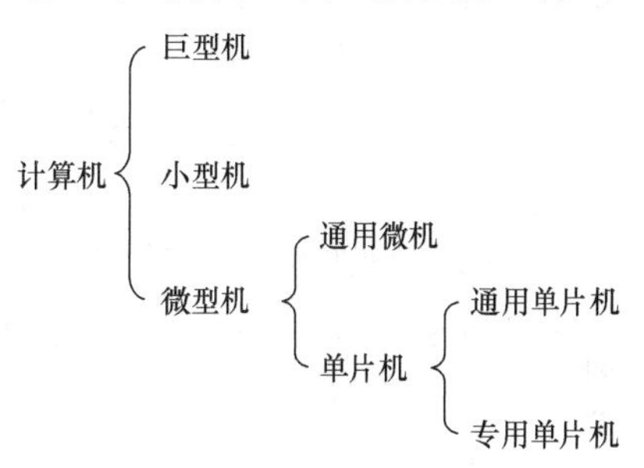

图1-2　计算机的分类

单片机分为通用单片机和专用单片机。其中，通用单片机中的STM32系列，是意法半导体（ST）公司推出的32位单片机。意法半导体（ST）是世界领先的提供半导体解决方案的公司，生产信号调节器、传感器、二极管、功率晶体管、存储器、射频晶体管、微控制器等众多产品。STM32系列单片机一经上市，就凭借其优异的性能和富有竞争力的价格取得了辉煌的业绩，是目前最流行的微控制器，也是本教程所要介绍的对象。

1.4　单片机的发展过程

单片机诞生于20世纪70年代，一开始是把中央处理器（CPU）、随机存储器（RAM）、只读存储器（ROM）等集成在一块芯片上，构成一个最小的计算机系统。随着时代发展，现代的单片机又在此基础上增加中断单元、定时单元及模数转换等更复杂、更完善的电路，使得单片机的功能越来越强大，应用更广泛。自单片机诞生以来，经历了四个发展阶段。

（1）第一阶段（1974—1976年）　制造工艺落后，集成度低，而且采用了双片形式。

典型的代表产品有仙童半导体（Fairchild Semicondutor）公司的F8系列。其特点是片内只包括了8位CPU、64B的RAM和两个并行口，需要外加一块3851芯片（内部具有1KB的ROM、定时器/计数器和两个并行口）才能组成一台完整的单片机。

（2）第二阶段（1977—1978年） 在单片芯片内集成CPU、并行口、定时器/计数器、RAM和ROM等功能部件，但性能低，品种少，应用范围也不是很广。代表产品有Intel公司的MCS-48系列。

（3）第三阶段（1979—1982年） 8位单片机成熟的阶段。单片机的存储容量和寻址范围增大，而且中断单元、并行I/O接口和定时器/计数器个数都有了不同程度的增加，并且集成有全双工串行通信接口。在指令系统方面增设了乘除法、位操作和比较指令。代表产品有Intel公司的MCS-51系列、摩托罗拉（Motorola）公司的MC6805系列、德州仪器（Texas Instruments，TI）公司的TMS7000系列和齐洛格（Zilog）公司的Z8系列等。

（4）第四阶段（1983年至今） 8位单片机巩固发展及16位单片机、32位单片机推出阶段。近年来，除了8位单片机得到了进一步发展，市场上还出现了大量的16位、32位单片机。16位单片机代表产品有Intel公司的MCS-96系列、Motorola公司的MC68HC16系列等。ST公司推出的STM32系列单片机则是32位单片机的杰出代表，它一经上市就凭借其优异的性能和富有竞争力的价格取得了辉煌的业绩。STM32系列单片机也是本教程所要介绍的对象。

1.5 单片机的应用领域

单片机广泛应用于仪器仪表、家用电器、医用设备、航空航天、专用设备的智能化管理及过程控制等领域，大致可分以下几个范畴。

1. 在智能仪器仪表上的应用

单片机具有体积小、功耗低、控制功能强、扩展灵活、微型化和使用方便等优点，广泛应用于仪器仪表中，结合不同类型的传感器，可实现诸如电压、功率、频率、湿度、温度、流量、速度、厚度、角度、长度、硬度、压力等物理量的测量。采用单片机控制使得仪器仪表数字化、智能化、微型化，且功能比起采用电子或数字电路更加强大，例如精密的测量设备（功率计、示波器、各种分析仪等）。

2. 在工业控制中的应用

用单片机可以构成形式多样的控制系统、数据采集系统。例如工厂流水线的智能化管理、电梯智能化控制、各种报警系统，与计算机联网构成二级控制系统等。

3. 在家用电器中的应用

现在的家用电器基本上都采用了单片机控制，例如电饭煲、洗衣机、电冰箱、空调器、音响视频器材及电子称量设备等，五花八门，无处不在。

4. 在计算机网络和通信领域中的应用

现代的单片机普遍具备通信接口，可以很方便地与计算机进行数据通信。为了在计算机网络和通信设备间的应用提供了更好的物质条件，现在的通信设备基本上都实现了单片机智能控制，例如手机、电话机、小型程控交换机、楼宇自动通信呼叫系统、列车无线通信、集群移动通信及无线电对讲机等。

5. 单片机在医用设备领域中的应用

单片机在医用设备中的用途亦相当广泛，例如医用呼吸机、各种分析仪、监护仪、超声诊断设备及病床呼叫系统等。

此外，单片机在工商、金融、科研、教育、国防航空航天等领域都有着十分广泛的用途。

下面介绍一些日常生活中使用到的单片机实例。图1-3和图1-4分别为单片机应用于电冰箱和电磁炉的例子。在这些设备中，单片机通过传感器测量环境温度等参数，实时控制压缩机、电磁线圈等执行装置，实现电冰箱制冷以及电磁炉加热。在这些系统中，单片机就好像核心控制者，统管着液晶屏、驱动电路、按钮等外部设备（简称外设），并在这些设备中有序地传递、交换数据或信号。

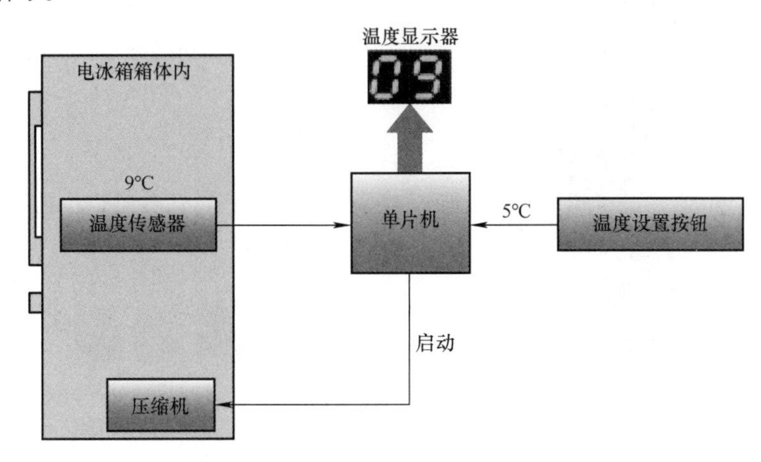

图1-3　电冰箱中的单片机应用

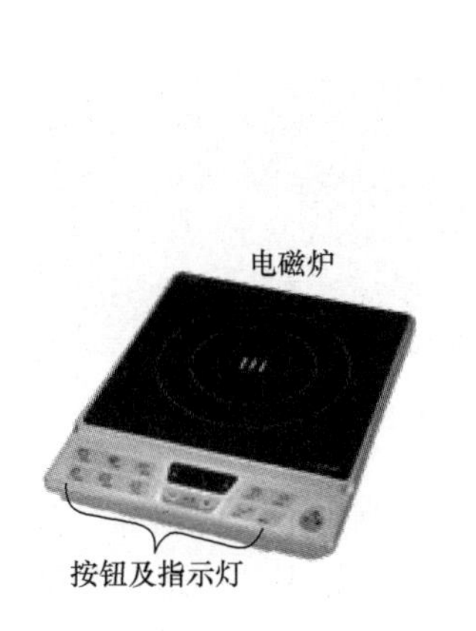

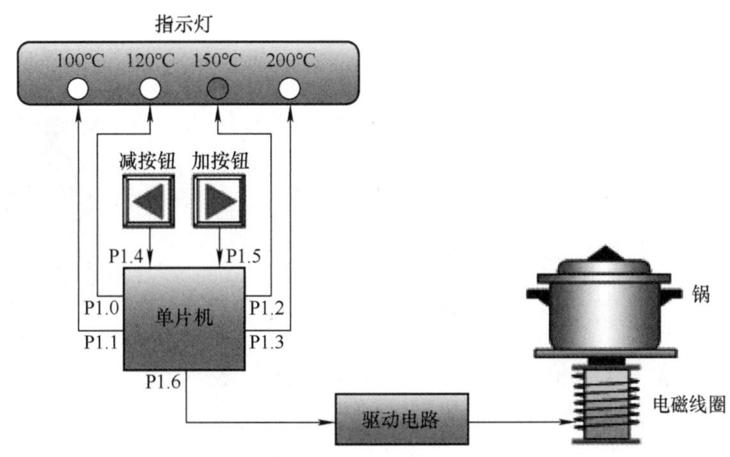

图1-4　电磁炉中的单片机应用

除了电冰箱、电磁炉这些日常家电之外，单片机还出现在人们意想不到的生活场景中，如图1-5所示的手机用户标志模块（SIM）卡。SIM卡是带有微处理器的芯片，内置5个模块，分别为中央处理器（CPU）、只读存储器（ROM）、随机存储器（RAM）、电擦除可编程只读存储器（EEPROM）和串行通信单元。因此，SIM卡其实是一个单片机系统，也是一个计算机系统。

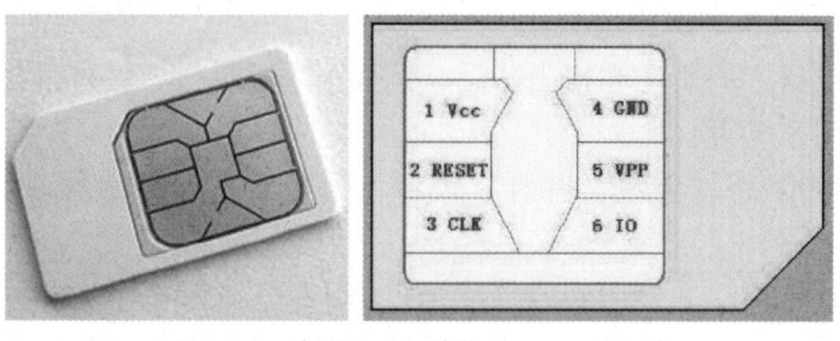

图 1-5　SIM 卡

图 1-6 所示是一种常见的公交卡或者门禁卡（简称 IC 卡）的内部结构。它们也属于单片机系统，其内部具有供电线圈和单片机，单片机负责控制 IC 卡的读写控制。读卡的基本原理如图 1-7 所示。

图 1-6　一种公交卡的内部结构

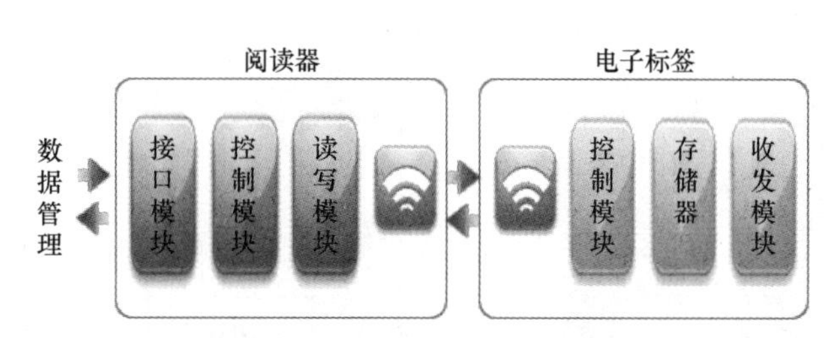

图 1-7　IC 卡读卡的基本原理

1.6　计算机基础知识

在计算机中，所有的文字、图像、视频都是以数据的形式存储的，并且计算机使用二进制来表示数据，任何的指令、数据最终都转化为二进制数据在计算机中进行处理、传输、存储。例如图 1-8展示了一段硬盘中的数据存储示意，它可以是一个电影片段，也可以是文档的一个片段。

图 1-8　硬盘中的数据存储示意

1.6.1　计算机中的数制

同样一个数值，可以用不同的数制进行表示，例如日常生活中常用的十进制，以及计算机内部采用的二进制，还有八进制、十六进制等。在计算机中只使用二进制。指令、数据、字符和地址的表示以及它们的存储、处理和传送，都是以二进制的形式进行，没有二进制也就没有计算机。计算机采用二进制的主要原因有以下几点：

1）二进制在物理上最容易实现。例如，“1” 和 “0” 可以用高、低两个电平表示，也可以用脉冲的有无或者脉冲的正、负极性来表示。

2）二进制用来表示的二进制的编码、计数、加减运算规则简单。

3）二进制的两个符号 “1” 和 “0” 正好与逻辑命题的 “真” 和 “假” 相对应，为计算机实现逻辑运算和程序中的逻辑判断提供了便利的条件。

下面具体介绍一下三种常用的数制：十进制、二进制和十六进制。

1. 十进制

在日常生活中，人们一般使用十进制数，它有两个主要特点：

1）有 10 个不同的数字符号：0、1、2、…、9。

2）低位向高位进位的规律是“逢十进一”。

因此，同一个数字符号在不同的数位所代表的数值是不同的。例如十进制数“555.5”中，4 个“5”分别代表 500、50、5 和 0.5，这个数可以写成 $555.5 = 5\times10^2 + 5\times10^1 + 5\times10^0 + 5\times10^{-1}$。式中的“10”称为十进制的基数，它表示一个数值所使用数码的个数；10^2、10^1、10^0、10^{-1}称为各数位的权，是一个数值中某一数位代表的数值大小。

2. 二进制

在二进制数中，只有两个数码 0 和 1，进位规律为“逢二进一”。例如，二进制数“1011.01”可表示为 $(1011.01)_2 = 1\times2^3 + 0\times2^2 + 1\times2^1 + 1\times2^0 + 0\times2^{-1} + 1\times2^{-2}$。

3. 十六进制

在编程中，还经常使用十六进制来表示一个数值。相对于二进制，同一个数的十六进制表示比二进制表示要简洁。在十六进制中，有 0、1、2、…、9、A、B、C、D、E、F 共 16 个不同的数码，进位方法是“逢十六进一”。例如，十六进制数“3A8.0D”可表示为 $(3A8.0D)_{16} = 3\times16^2 + 10\times16^1 + 8\times16^0 + 0\times16^{-1} + 13\times16^{-2}$。

一般，在十六进制数开头加 0x 表示其进制，例如十六进制数 $(F5E)_{16}$在 C 语言中表示为 0xF5E。

表 1-1 给出了数值 0 ~ 15 的常用进制对照表。

表 1-1　常用进制对照表

十进制	二进制	八进制	十六进制
0	0000	0	0
1	0001	1	1
2	0010	2	2
3	0011	3	3
4	0100	4	4
5	0101	5	5
6	0110	6	6
7	0111	7	7
8	1000	10	8
9	1001	11	9
10	1010	12	A
11	1011	13	B
12	1100	14	C
13	1101	15	D
14	1110	16	E
15	1111	17	F

1.6.2　数制的转换

1. 二进制、十六进制数转换成十进制数

二进制和十六进制转换为十进制相对比较简单，只需要按照定义进行转换。例如，将二

进制数 $(10.101)_2$、十六进制数 $(2D.A4)_{16}$ 转换为十进制可以通过如下方式计算：

$$(10.101)_2 = 1\times2^1 + 0\times2^0 + 1\times2^{-1} + 0\times2^{-2} + 1\times2^{-3} = 2.625$$

$$(2D.A4)_{16} = 2\times16^1 + 13\times16^0 + 10\times16^{-1} + 4\times16^{-2} = 45.640625$$

2. 十进制数转换成二进制、十六进制数

要将十进制数转换成二进制数或者十六进制数会稍微复杂些，需要将十进制数分为整数和小数部分。整数部分采用除基取余法，小数部分采用乘基取整法，再将整数部分和小数部分合起来。

（1）除基取余法　分别用基数 R（R = 2 或 16）不断地去除 N 的整数，直到商为零为止，每次所得的余数依次排列即为相应进制的数码。最初得到的为最低有效数字，最后得到的为最高有效数字。例如，将十进制数 168 转换成二进制、十六进制数的过程如下：

除数	被除数	余数	
2	168		
2	84	… 0	↑ 最低位
2	42	… 0	
2	21	… 0	
2	10	… 1	
2	5	… 0	
2	2	… 1	
2	1	… 0	
	0	… 1	最高位

$(168)_{10}=(10101000)_2$

除数	被除数	余数
16	168	
16	10	… 8
	0	… A

$(168)_{10}=(A8)_{16}$

由此得到十进制数 168 转换为二进制数是 $(10101000)_2$，转化为十六进制数是 $(A8)_{16}$（或者表示为 0xA8）。

（2）乘基取整法　分别用基数 R 不断地去乘 N 的小数，直到积的小数部分为零为止（有可能一直乘也得不到零，这种情况下可根据精度要求忽略后面的位数），每次乘得的整数依次排列即为相应进制的数码。最初得到的为最高有效数字，最后得到的为最低有效数字。例如，将十进制数 0.645 转换为二进制、十六进制数的过程如下：

整数		整数	
	0.645		0.645
	× 2		× 16
1 …	1.290	A …	10.320
	0.29		0.32
	× 2		× 16
0 …	0.58	5 …	5.12
	0.58		0.12
	× 2		× 16
1 …	1.16	1 …	1.92
	0.16		0.92
	× 2		× 16
0 …	0.32	E …	14.72
	× 2		0.72
0 …	0.64		× 16
		B …	11.52

由上可知，十进制数 0.645 转换为二进制数是 $(0.10100)_2$，转化为十六进制数是 $(0.A51EB)_{16}$。

综合整数部分和小数部分，十进制数 168.645 转化为二进制数是 $(10101000.10100)_2$，转化为十六进制数是 $(A8.A51EB)_{16}$。

3. 二进制数和十六进制数互相转换

考虑到十六进制的简洁性，其在编程中的应用非常多，经常遇到二进制数和十六进制数互相转换。由于 $2^4=16$，故可采用“合四为一”的原则，即从小数点开始分别向左、右两边各以4位为一组进行二—十六换算：若不足4位的以0补足，便可将二进制数转换为十六进制数。反之，采用“一分为四”的原则，每位十六进制数用四位二进制数表示，就可将十六进制数转换为二进制数。

例如，将 $(101011.01101)_2$ 转换为十六进制数：

```
0010  1011 . 0110  1000
  ↓     ↓      ↓     ↓
  2     B  .   6     8
```

因此，$(101011.01101)_2$ 转化为十六进制数为 $(2B.68)_{16}$。最高位和最低位补零不影响数值大小。

而将 $(123.45)_{16}$ 转换成二进制数：

```
  1     2     3  .  4     5
  ↓     ↓     ↓     ↓     ↓
0001  0010  0011 . 0100  0101
```

因此，转换的结果为 $(100100011.01000101)_2$。

1.6.3 计算机数据的单位

（1）位　二进制数据中的一个位（bit），音译为比特，是计算机存储数据的最小单位。一个二进制位只能表示0或1两种状态，要表示更多的信息，就要把多个位组合成一个整体，一般以8位二进制组成一个基本单位。

（2）字节　字节是计算机数据处理的最基本单位。字节（Byte）简记为B，规定一个字节为8位，即1B=8bit。每个字节由8个二进制位组成。

1.7 C语言基础

在本教程中使用C语言而不是汇编语言作为编程语言。相对于汇编语言，C语言具有可读性高、可移植性好的优势，能够最大限度提高开发效率。

下面看一个C语言打印“Hello World”的例子，程序可以这样写：

```
#include <stdio.h>
int main(void)
{
    printf("Hello World\n");
    return 0;
}
```

在上述程序中，具有一个主函数，即main函数。main函数是C语言程序的唯一入口，也就是说单片机是从main函数开始执行的。

下面简要介绍一下C语言中的一些基础概念。

1.7.1 变量及赋值

变量就是可以变化的量，而每个变量都会有一个名字（也叫标识符）。变量占据内存中一定的存储单元，C语言要求使用变量之前必须先定义变量，也就是为变量分配存储空间。

变量定义的一般形式为：数据类型 变量名。如果定义多个类型相同的变量，也可以是这样：数据类型 变量名1，变量名2，变量名3，…。如下展示了变量的定义：

int num;//定义了一个整型变量，名字为 num

int a,b,c;//同时定义了多个整型变量，名字分别是 a、b 和 c

1）C 语言规定，变量名标识符可以是字母（A～Z，a～z）、数字（0～9）、下划线（_）组成的字符串，并且第一个字符必须是字母或下划线。在使用标识符时还有注意以下几点：

① 标识符的长度最好不要超过 8 位。

② 标识符是严格区分大小写的。例如 Num 和 num 是两个不同的标识符。

③ 标识符最好选择有意义的英文单词组成做到"见名知意"，不要使用中文、拼音。

④ 标识符不能是 C 语言的关键字，表 1-2 为 C 语言保留关键字。

2）变量的赋值分为两种方式，一是先定义再赋值，二是定义的同时赋上初始值。

① 先定义再赋值，如：

```
int num;
num = 100;
```

② 定义的同时赋值，如：

```
int num = 100;
```

表 1-2　关键字

char	short	int	long	float	double	if	else
return	do	while	for	switch	case	break	continue
default	goto	sizeof	auto	register	static	extern	unsigned
signed	typedef	struct	enum	union	void	const	volatile

1.7.2　宏定义

实际上编译器的工作分为两个步骤，先是预处理（Preprocess），然后才是编译。宏定义属于预处理步骤，简单来说，预处理会根据宏定义进行替换。下面是一个宏定义的例子，其中第 1 行通过宏定义定了一个常量“N”。

```
1.   #define N 20
2.   int a[N];
```

在预处理阶段，编译器会将后续程序中的“N”替换为20。也就是说程序第2 行会在预处理阶段变成下面的程序：

```
1.   int a[20];
```

1.7.3　ASCII 码

如前面所说，计算机中所有的指令、符号都是用二进制数表示的。为了表示字符等符号，需要将符号进行编码，这样计算机才能进行存储和处理。将每个字符在计算机内部用一个整数表示，称为字符编码（Character Encoding），目前最常用的是 ASCII 码（American Standard Code for Information Interchange，美国信息交换标准码）。

ASCII码详见表1-3，其中用数0~127表示常见的字符。表中数字0~31用来表示不可见的控制字符，用于控制像打印机等一些外设，例如回车CR、换行LF等。数字32~126分配给了能在键盘上找到的字符，例如字符‘A’在ASCII码中用十进制数65表示，对应十六进制数为0x41，对应二进制数则是01000001；而字符‘1’则用十进制数49表示，也就是十六进制数的0x31，对应二进制数为00110001。

有了ASCII码，就可以将常见的字符用二进制数来表示，并在计算机中进行处理和传输。

表1-3　ASCII码

编码	字符	编码	字符	编码	字符	编码	字符
0	NUL	32	Space	64	@	96	`
1	SOH	33	!	65	A	97	a
2	STX	34	"	66	B	98	b
3	ETX	35	#	67	C	99	c
4	EOT	36	$	68	D	100	d
5	ENQ	37	%	69	E	101	e
6	ACK	38	&	70	F	102	f
7	BEL	39	'	71	G	103	g
8	BS	40	(	72	H	104	h
9	TAB	41	)	73	I	105	i
10	LF	42	*	74	J	106	j
11	VT	43	+	75	K	107	k
12	FF	44	,	76	L	108	l
13	CR	45	-	77	M	109	m
14	SO	46	.	78	N	110	n
15	SI	47	/	79	O	111	o
16	DLE	48	0	80	P	112	p
17	DC1	49	1	81	Q	113	q
18	DC2	50	2	82	R	114	r
19	DC3	51	3	83	S	115	s
20	DC4	52	4	84	T	116	t
21	NAK	53	5	85	U	117	u
22	SYN	54	6	86	V	118	v
23	ETB	55	7	87	W	119	w
24	CAN	56	8	88	X	120	x
25	EM	57	9	89	Y	121	y
26	SUB	58	:	90	Z	122	z
27	ESC	59	;	91	[	123	{
28	FS	60	<	92	\	124	|
29	GS	61	=	93	]	125	}
30	RS	62	>	94	^	126	~
31	US	63	?	95	_	127	DEL

1.7.4　数据类型

在C语言中变量有多种类型，不同类型可表示的数据范围不同，在使用变量时需要先定义变量并指明变量的类型。如图1-9所示，C语言中数据类型可简要分为四大类：基本类型、构造类型、指针类型和空类型。

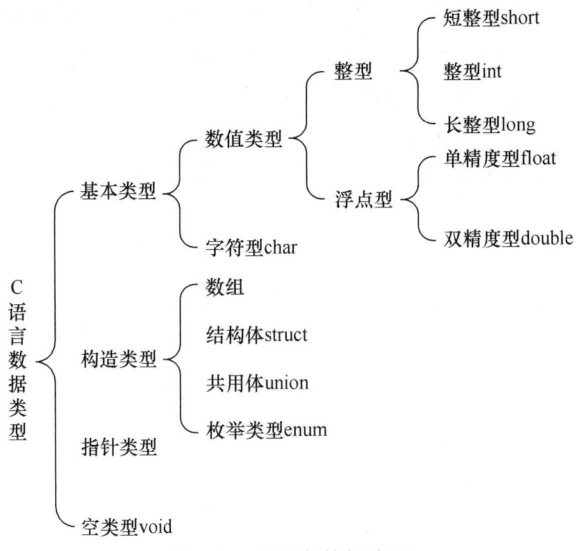

图 1-9　C 语言数据类型

下面具体介绍一下 C 语言的 3 类数据类型：基本类型、构造类型和指针类型。

1. 基本类型

基本类型主要包括字符型、整型和浮点型。字符型包括 char 和 unsgined char 型，它们都是占 1B 空间。无符号字符类型 unsigned char 的数值范围是 0 ~ 255；有符号字符类型 signed char，简称为 char，它的数值范围是 -128 ~ 127。

整型数据是指不带小数的数值，根据数据取值范围可分为 6 种。表 1-4 展示了整型数据的字节数和取值范围。

表 1-4　整型数据

数据类型	说明	字节/B	取值范围
int	整型	2	$-2^{15} \sim 2^{15}-1$（$-32768 \sim 32767$）
short int	短整型（int 可以省略）	2	$-2^{15} \sim 2^{15}-1$（$-32768 \sim 32767$）
long int	长整型（int 可以省略）	4	$-2^{31} \sim 2^{31}-1$（$-2147483648 \sim 2147483647$）
unsigned int	无符号整型	2	$0 \sim 2^{16}-1$（$0 \sim 65535$）
unsigned short int	无符号短整型（int 可以省略）	2	$0 \sim 2^{16}-1$（$0 \sim 65535$）
unsigned long int	无符号长整型（int 可以省略）	4	$0 \sim 2^{32}-1$（$0 \sim 4294967295$）

浮点型数据是指带小数的数值，根据精度的不同可分为 3 种。表 1-5 展示了浮点型数据的字节数和取值范围。

表 1-5　浮点型数据

数据类型	说明	字节/B	取值范围
float	单精度型	4	$-3.4 \times 10^{-38} \sim 3.4 \times 10^{38}$
double	双精度型	8	$-1.7 \times 10^{-38} \sim 1.7 \times 10^{38}$
long double	长双精度型	16	$-1.2 \times 10^{-38} \sim 1.7 \times 10^{38}$

2. 构造类型

1）为了满足需要定义多种类型变量的需求，C 语言设置了 struct 关键字，它拥有定义所有自定义类型的能力。

struct 结构体可以将多个基本类型变量组成为一个复合的数据类型。例如一个复数由实部和虚部构成，可以采用两个 double 型组成的结构体变量 complex_struct，如下所示：

```
1.  struct complex_struct
2.  {
3.      double x,y;
4.  };
```

结构体变量的初始化以及成员的访问用“.”运算符来访问，例如：

```
1.  complex_struct. x  =  1.0;
2.  complex_struct. y  =  2.0;
```

2）除了 1）定义结构体类似使用的方法，C 语言还提供了一种采用关键字“typedef”定义结构体的方法。举例来说：

```
1.  typedef struct
2.  {
3.      double x,y;
4.  } complex_def;
5.
6.  complex_def complex_struct;
```

第 1 ~4 行首先定义了一种变量类型 complex_def，然后第 6 行再利用新的变量类型 complex_def 定义了一个结构体 complex_struct。最终，这 6 行代码和 1）的 4 行代码起到了一样的效果。

3. 指针类型

用以存放指针的量，叫作指针变量。一个指针变量可以被赋予不同的指针值，可以通过指针变量改变指向（即保存了谁的地址）和间接操作。例如，下列程序分别定义了整型变量 i，int 型指针变量 pi，字符型变量 c 和字符型指针变量 pc。并且指针变量 pi 指向了变量 i，指针变量 pc 指向了变量 c。例如“int *pi = &i;”，这里的 * 就表示后边的变量是一种指针变量，而“&”是取地址运算符（Address Operator），&i 表示取变量 i 的地址，该程序表示定义一个指向 int 型的指针变量 pi，并用 i 的地址来初始化 pi。

```
1.  int i;
2.  int *pi  =  &i;
3.  char c;
4.  char *pc  =  &c;
```

用一个指针给另一个指针赋值时要注意，两个指针必须是同一类型的。在上述例子中，pi 是 int * 型的，pc 是 char * 型的，所以“pi = pc;”这样赋值就是错误的。

如果要获取指针变量所指向的值，则要再次利用 * 号，例如下列程序将指针变量 pi 指向的值加了 10。

```
1.   *pi = *pi + 10;
```

由于 * pi 指向的变量是整型变量 i，因此变量 i 的值增加了 10。这里的 * 号是指针间接寻址运算符（Indirection Operator），* pi 表示取指针 pi 所指向的变量的值，也称为解引用（Dereference）操作，指针有时称为变量的引用（Reference），所以根据指针找到变量称为间接引用。

指针是 C 语言的特色，功能非常强大，但是使用起来也比较复杂。如果想深入了解 C 语言的指针，建议采用专门的 C 语言教材进行学习。

1.7.5 基本运算符号

常量和变量都可以参与加减乘除运算，例如 1 + 1、hour - 1、hour * 60 + minute、minute/60 等。这里的“+”“-”“*”和“/”称为运算符（Operator），而参与运算的常量和变量称为操作数（Operand）。C 语言中运算符主要包括：算术运算符、赋值运算符、关系运算符、逻辑运算符和位逻辑运算符等。

1. 算术运算符

算术运算符及举例说明见表 1-6。

表 1-6 算术运算符及举例

名称	运算符号	举例
加法运算符	+	2 + 10 = 12
减法运算符	-	10 - 3 = 7
乘法运算符	*	2 * 10 = 20
除法运算符	/	30/10 = 3
求余运算符（模运算符）	%	23%7 = 2
自增运算符	++	int a = 1; a++
自减运算符	--	int a = 1; a--

2. 赋值运算符

C 语言中赋值运算符分为简单赋值运算符和复合赋值运算符。

1）简单赋值运算符“=”，定义整形变量 a 赋值为 3，即 a = 3。

2）复合赋值运算符就是在简单赋值符“=”之前加上其他运算符，形式有“+=”“-=”“*=”“/=”“%=”等。

例如，a + = 5 这个算式就等价于 a = a + 5。

3. 关系运算符

关系运算表达式的值为真和假，结果分别用整型 1 和 0 表示，其符号及举例说明见表 1-7。

表 1-7 关系运算符及举例

符号	意义	举例	结果
>	大于	10 > 5	1
> =	大于或等于	10 > = 10	1
<	小于	10 < 5	0
< =	小于或等于	10 < = 10	1
= =	等于	10 = = 5	0
! =	不等于	10! = 5	1

4. 逻辑运算符

逻辑运算的值也为真和假，结果也用整型 1 和 0 来表示，其符号及举例说明见表 1-8。

表 1-8　逻辑运算符及举例

符号	意义	举例	结果
&&	逻辑与	0&&1	0
‖	逻辑或	0 ‖ 1	1
!	逻辑非	! 0	1

5. 位逻辑运算符

在单片机编程中，常常会用到位逻辑运算，包括按位与“&”、按位或“|”、按位异或“^”和按位取反“~”。所谓位逻辑就是对二进制数的每一位进行逻辑运算，下面具体来看这 4 种按位逻辑的运算规则。

（1）按位与“&”　按位与的逻辑规则是 1&1 = 1，1&0 = 0，0&0 = 0，也就是只有 1 和 1 进行按位与才是 1，其他都为 0。对于变量和变量进行按位与操作，则是将变量表示为二进制，再对二进制的每一位进行按位与操作。例如，15&127 = 15，因为 127 = $(01111111)_2$，15 = $(00001111)_2$，而 $(01111111)_2$& $(00001111)_2$ = $(00001111)_2$ = 15。

（2）按位或“|”　按位或的逻辑规则是 1 | 1 = 1，1 | 0 = 1，0 | 0 = 0。同样，变量的按位或也是每一位进行按位或操作。例如，128 | 127 = 255。因为 128 = $(10000000)_2$，127 = $(01111111)_2$（高位用 0 补齐），所以 128 | 127 = $(11111111)_2$ = 255。

（3）按位异或“^”　按位异或的逻辑规则是 1^1 = 0，1^0 = 1，0^0 = 0。例如，5^7 = $(00000101)_2$^ $(00000111)_2$ = $(00000010)_2$。

（4）按位取反“~”　按对应的二进制数逐位进行取反。按位取反的逻辑规则是 ~1 = 0，~0 = 1。因此，~5 = ~$(00000101)_2$ = $(11111010)_2$。

1.7.6　分支和循环语句

1.7.6.1　分支语句

程序中如果有多条语句，正常情况下，这些语句总是从前到后顺序执行的。除了顺序执行之外，有时候需要检查一个条件，然后根据检查的结果执行不同的后续代码，在 C 语言中可以用分支语句（Selection Statement）实现。分支语句主要有以下几种形式：

1. if 语句

（1）简单 if 语句　简单 if 语句由一个控制表达式和一个子语句组成，子语句可以是由若干条语句组成的语句块（注意：多条语句需要用“{}”将这些语句括起来，组成一个执行代码块，只有单条语句则可以不需要“{}”）。它的含义是，如果表达式的值为真，则执行其后的代码块，否则不执行该代码块，格式如下：

```
if (表达式)
{
   代码块;
}
```

（2）if-else 语句　简单的 if-else 语句的含义是，如果表达式的值为真，则执行代码块 1，否则执行代码块 2，格式如下：

```
if (表达式)
{
  代码块 1;
}
else
{
  代码块 2;
}
```

（3）多重 if-else 语句　多重 if-else 语句则是依次判断表达式的值，当出现某个值为真时，则执行对应代码块，否则执行代码块 n，格式如下：

```
if (表达式 1)
{
  代码块 1;
}
…
else if (表达式 m)
{
  代码块 m;
}
…
else
{
  代码块 n;
}
```

2. switch 结构

switch 语句可以产生具有多个分支的控制流程。它的格式如下：

```
switch(表达式)
{
  case 常量 1：语句列表 1；break；
  case 常量 2：语句列表 2；break；
  …
  default:语句列表;
}
```

C 语言规定各 case 分支的常量表达式必须互不相同。switch 语句会对表达式进行判断，如果表达式为常量 1，则执行语句列表 1；如果表达式为常量 2，则执行语句列表 2。如果表达式不等于任何一个常量表达式，则从 default 分支开始执行，通常把 default 分支写在最后，但不是必须的。

注意：进入 case 后如果没有遇到 break 语句就会一直往下执行，后面其他 case 或 default 分支的语句也会被执行，直到遇到 break，或者执行到整个 switch 语句块的末尾。因此，通常每个 case 后面都要加上 break 语句。此外，C 语言规定 case 后面跟的常量表达式必须是整型。

1.7.6.2　循环语句

把一件工作重复做成千上万次而不出错是计算机最擅长的，也是人类最不擅长的。让计算机重复执行某些指令就可以用到循环语句，C 语言中的循环结构为 while、do-while 和 for 语句。

1. while 语句

while 语句的一般形式为：

```
while（表达式）
{
  子语句；
}
```

与 if 语句一样，while 由一个表达式和一个子语句组成，子语句可以是由若干条语句组成的语句块。如果表达式的值为真，子语句就被执行，然后再次测试表达式的值，如果还是真，就把子语句再执行一遍，再测试表达式的值。这种控制流程称为循环（Loop），子语句称为循环体。如果某一次测试表达式的值为假，就跳出循环，不执行循环体。

2. do-while 语句

do-while 语句的一般形式为：

```
do
{
  语句；
}
while（表达式）；
```

它先执行 do 中的语句，然后再判断 while 中表达式是否为真，如果为真则继续循环；如果为假，则终止循环。因此，do-while 循环至少要执行一次循环语句。

3. for 语句

for 语句的一般形式为：

```
for（表达式 1；表达式 2；表达式 3）
{
  语句；
}
```

表达式 1 是一个或多个赋值语句，它用来控制变量的初始值；表达式 2 是一个关系表达式，它决定什么时候退出循环；表达式 3 是循环变量的步进值，定义控制循环变量每循环一次后按什么方式变化。例如，下列程序实现了将变量 result 循环 n 次乘以 i 变量：

```
for(i = 1;i < = n; + +i)
result = result * i;
```

这个 for 循环等价于下列的 while 循环：

```
表达式 1;
while (表达式 2)
{
  语句;
  表达式 3;
}
```

从这种等价形式来看，控制表达式 1 和控制表达式 3 都可以为空，但控制表达式 2 是必不可少的，例如，for（; 1;）{...} 等价于 while（1）{...} 死循环。C 语言规定，如果控制表达式 2 为空，则当作控制表达式 2 的值为真，因此，死循环也可以写成 for（;;）{...}。

在“switch 语句”中见到了 break 语句的一种用法，用来跳出 switch 语句块，这个语句也可以用来跳出循环体。continue 语句也用来终止当前循环，和 break 语句不同的是，continue 语句终止当前循环后又回到循环体的开头准备再次执行循环体。对于 while 和 do-while，continue 之后测试控制表达式，如果值为真则继续执行下一次循环；对于 for 循环，continue 之后首先计算表达式 3，然后测试表达式 2，如果值为真，则继续执行下一次循环。

1.7.7 函数

在数学中用过 sin 和 cos 这样的函数，例如 sin（π/2） =1 等，在 C 语言中也可以使用数学函数：

```
#include < math. h >
#include  < stdio. h >
int main( void)
{
  double pi  =  3. 1416;
  printf( " sin( pi/2 ) = % f\n" , sin( pi/2 ) ) ;
  return 0;
}
```

实际编程中经常需要把一个规模较大的问题分解成若干个较小的相对独立的部分，对每一个部分使用一个较小的程序段，即程序模块（Module）来处理。这样可以从较小的程序段或组件来构建程序，而这些小片段或组件比原始程序更容易实现和管理，并且最关键的是这些组件可以被重复使用。如上面例子中的 sin 函数，可以重复使用它。每次给 sin 函数输入相应的参数，就可以得到正确的结果，而不用管具体如何实现的，只需要在开头包含头文件“#include < math. h >”就可以使用了。

下面以一个具体的例子来体会函数的一些基本概念。下面这个例子定义了一个 square 函数，用来计算任意整数的二次方。然后，调用该函数计算 1 ~ 10 所有整数的二次方。

```
1.  #include <stdio.h>
2.
3.  int square(int);
4.
5.  void main()
6.  {
7.     int x;
8.     for (x=1; x<=10; x++)
9.     printf("%d",square(x));
10. }
11.
12. int square(int y)
13. {
14.      return y*y;
15. }
```

在上面这个例子中，有 3 个基本概念需要重点关注：函数定义、函数调用和函数声明。

1. 函数定义

其中，第 12 ~ 15 行为“函数定义”，通过函数定义确定函数具体的工作方式，类似于数学中确定函数的表达式。只有定义好了函数，才可以使用该函数，当然有些函数 C 语言已经定义好了，可以直接使用。如 printf 函数，只需要包含头文件 stdio. h 即可以使用。

```
12.  int square(int y)
13.  {
14.     return y*y;
15.  }
```

函数定义的格式是这样：

```
函数类型 函数名（参数表）
{
   函数体语句
}
```

每个函数都具有函数名，它是一个有效的标识符。函数类型则指明了返回值的类型，也就是函数体中 return 语句返回值的类型，如果没有 return 语句则该函数为 void 型，即表示函数不返回任何值。参数表用于声明参数，如果多个参数则需用逗号分隔。参数是接收传递进来的数据，必须为每个参数指定数据类型。这里的参数是形式上的参数，称为形参。形参是在定义函数名和函数体的时候使用的参数，目的是用来接收调用该函数时传入的参数。函数体语句则是具体函数的执行语句，它根据参数表传递进来的参数进行工作。在上面 square 函数例子中，square 是函数名，函数类型是 int，参数是 y，函数体语句则将传递进来的参数 y 进行二次方计算，最后返回这个二次方值。

2. 函数调用

上述程序的第9行调用了函数，也就是具体使用了定义好的square函数：

```
9.    printf("%d",square(x));
```

在这里，参数x调用时用来传入需要计算的实际值，也就是实参。实参是在调用时传递该函数的参数。

3. 函数声明

如果函数定义出现在函数调用之后（如上面例子中函数在第9行调用，而函数定义是在第12行），则需要在调用这个函数之前，先做函数声明。如上述例子中的第3行：

```
3.    int square(int);
```

函数声明是用来指明函数原型，以便后续函数的调用，编译器使用函数原型来检查函数调用的合法性。函数声明的形式是：

函数类型 函数名（参数表）；

注意：函数声明中函数原型要与函数的定义一致。

思考和习题

1. 请举例10个以上身边的单片机系统的例子。
2. 相对于通用计算机系统，嵌入式系统有什么特点？
3. 位逻辑运算：（1）16&128；（2）16|128。
4. 思考a=2时，为什么b=(++a)+(a++)时b等于7，而b=(a++)+(++a)时b等于6。
5. 把十进制数168转换成二进制数和十六进制数，把十六进制数AB转换成十进制数和二进制数。
6. STM32的常用开发工具有哪些？

第 2 章 STM32开发环境

基于 STM32 的嵌入式单片机本质上是一门实践课程，而非理论课程。单片机的学习需要掌握硬件平台和软件平台的知识，内容跨度大，知识点繁多。因此，建议在学习本课程时，先从应用案例入手，具体化开发需求，在实践中深入学习和领悟其基本原理，以便准确掌握其基本概念，培养单片机的实际开发技能。

本章旨在让读者了解基于 STM32 单片机的开发环境，包括硬件平台和软件平台。首先介绍 STM32 开发工具及其配套资料，接着阐述开发软件 Keil MDK 及 STM32 系列固件包的安装。最后，通过以“点亮 LED”为案例，详细说明如何完成程序编辑、编译、烧录下载和仿真等，为后续单片机各模块的学习奠定基础。

2.1 STM32 开发工具

为了完成 STM32 单片机的学习，需要进行实验验证本教程所讲解的各种知识点。本教程使用的硬件平台主要包括 STM32 开发板、J-Link 仿真器、电源适配器、通用串行总线（USB）转 232 模块以及一个直流有刷电动机，如图 2-1 所示。通过实验，读者可以进一步理解 STM32 单片机的硬件组成和使用方法，加深对各种知识点的掌握和应用。

图 2-1　硬件平台

在图 2-1 所示的硬件平台中，J-Link 仿真器用于完成程序的下载和仿真功能，是实验中不可或缺的部分；STM32 开发板是硬件平台最核心部分，所有程序最终将运行在开发板的 STM32 单片机上；电源适配器为整个实验平台提供电源；USB 转 232 模块主要用于串口通信实验，负责完成调试计算机和 STM32 开发板之间的通信；直流有刷电动机则用于电动机控制实验。接下来重点介绍 STM32 开发板、J-Link 仿真器、USB 转 232 模块。

2.1.1　STM32 开发板

为了更好地贯彻“学习—改动—验证”理念，本教程专门设计了配套开发板，如图 2-2 所示。通过该开发板进行实验，验证单片机各外设模块的例程功能，并且能够在理解例程基础上完成练习任务中规定的内容。开发板没有为了追求功能齐全而设计得非常复杂，相反，为了适应初学者学习习惯，刻意简化设计了开发板，只围绕单片机最常用的外设［通用输入及输出（GPIO）、中断、定时器、串口、模/数转换器（ADC）］进行设计。学习者可以在开发板上完成 GPIO、中断、定时器、串口以及 ADC 模块等实验。

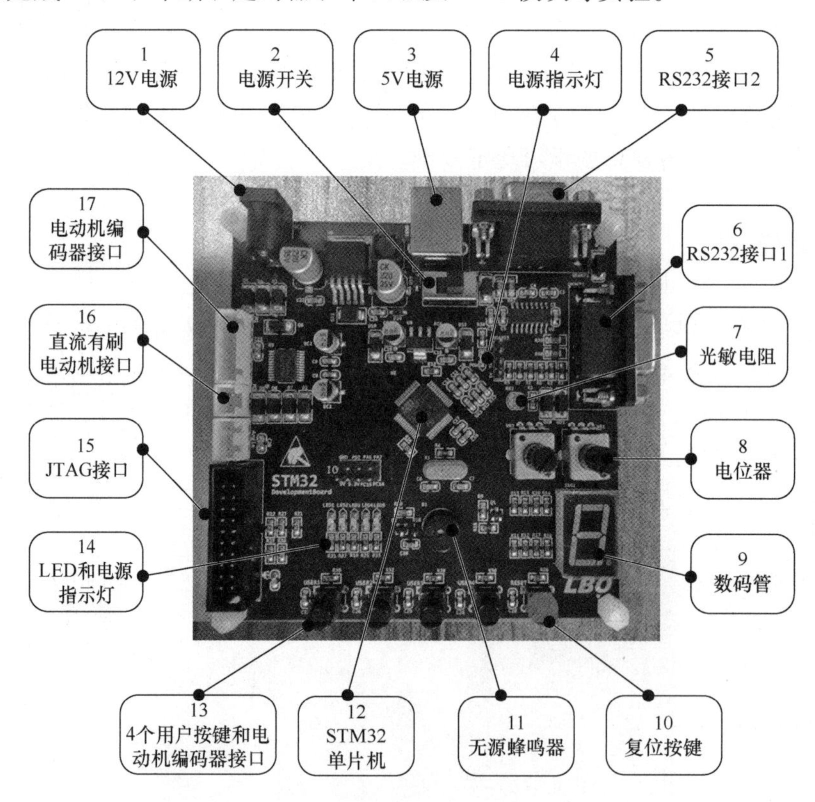

图 2-2　STM32 开发板

本教程所配套的开发板可以说是“麻雀虽小，五脏俱全”，具有如下资源：

1）12V 电源。电源适配器通过 12V 电源为开发板供电，电动机控制等实验需要使用到 12V 电源，此时开发板需要连接配套的电源适配器。

2）电源开关。开发板的电源开关用于控制整个开发板的电源通断。

3）5V 电源。这是一个 USB 的电源接口，可以为开发板提供外部 5V 电源。

4）电源指示灯。这是开发板上一个红色的指示灯，用于显示电源通电状态。

5）RS232 接口 2。

6）RS232 接口 1。开发板配置了两个标准的 RS232 DB9 母头接口（RS232 接口 1 和 RS232 接口 2）。通过这个接口，单片机可以实现与计算机或者其他设备之间的通信。

7）光敏电阻。开发板配置了一个光敏电阻，它的电阻值会受到光照的影响而发生变化，从而用于 ADC 等外设学习。

8）电位器。开发板上配置了两个阻值为 50kΩ 的旋转电位器，学习者可以通过电位器为单片机输入可变的电压。

9）数码管。这是一个 7 段数码管，用于数字和字母的显示。

10）复位按键。用于复位 STM32，按下该按键后芯片将复位。

11）无源蜂鸣器。开发板板载的蜂鸣器可以实现简单的报警、闹钟等功能。

12）STM32 单片机。这款单片机是意法半导体公司出品的 STM32F103RCT6 单片机，其所属的 STM32 系列单片机是目前最流行 32 位单片机系列，具用功能强大、价格低廉等诸多优势。

13）4 个用户按键和电动机编码器接口。①开发板的 4 个机械式输入按键可以用于信息的输入。②电动机编码器接口用于连接某些电动机所带正交编码器的接口，通过该接口单片机可以获取电动机的转速、位置信息，使开发板可以用于电动机闭环控制实验。

14）发光二极管（LED）和电源指示灯。①5 个 LED 连接到单片机的输出引脚，方便学习者学习单片机 GPIO，也可以用于后续其他实验的程序状态指示。②电源指示灯，这是开发板上一个红色的指示灯，用于显示电源通电状态。

15）联合测试工作组（JTAG）接口。开发板上搭载了 20 针标准 JTAG 调试口，直接可以使用 U-Link、J-Link 及 ST-Link 等调试器（仿真器）连接。

16）直流有刷电动机接口。该接口用于直流有刷电动机的连接，开发板上配置了电动机驱动芯片，单片机可以直接驱动配套的直流有刷电动机，用于定时器等模块的学习。

17）电动机编码器接口。这是用于连接某些电动机所带正交编码器的接口，通过该接口，单片电动机可以获取电动机的转速、位置信息，使开发板可以用于电动机闭环控制实验。

2.1.2　J-Link 仿真器

开发者在计算机上完成程序编写、编译后，得到单片机可以运行的二进制文件。该二进制文件需要烧录到单片机上才能最终运行。为了将二进制文件烧录到单片机，就需要使用 J-Link、ST-Link 等烧写工具。本教程使用的是 J-Link 仿真器，如图 2-3 所示。使用时，将 J-Link 的 USB 接口和计算机的 USB 接口进行连接，另一端 JTAG 接口连接单片机开发板的 20 针 JTAG 接口。此外，J-Link 还具有在线仿真功能，该功能是完成程序调试、定位程序问题的利器。

图 2-3　J-Link 仿真器

需要注意的是，在使用J-Link之前，需要为J-Link安装驱动。J-Link驱动位于本教程配套的资料包中，即“4. 工具软件包”文件夹中的“Setup_JLinkARM_V412. exe”文件。双击驱动程序，弹出如图2-4所示对话框，单击“Yes”按钮开始进行安装。之后连续单击“Next”按钮，最后弹出结束对话框（见图2-5），单击“Finish”按钮即可顺利完成安装。

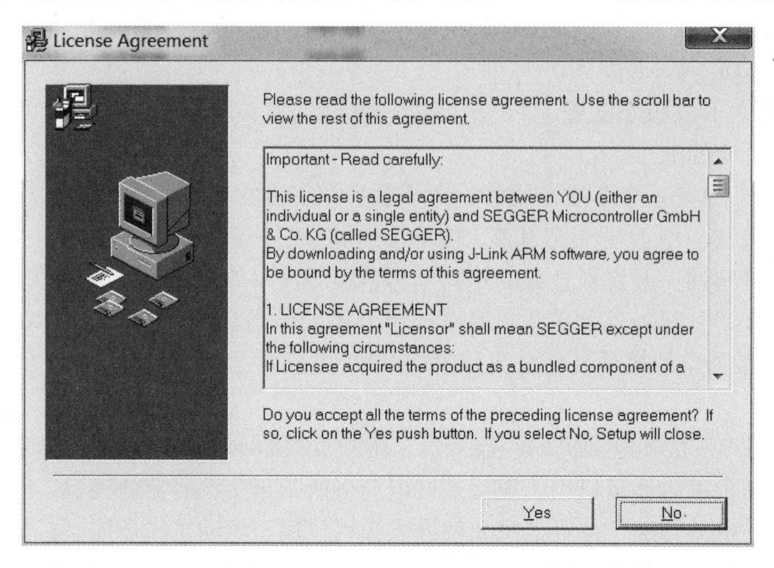

图2-4　J-Link驱动安装步骤1

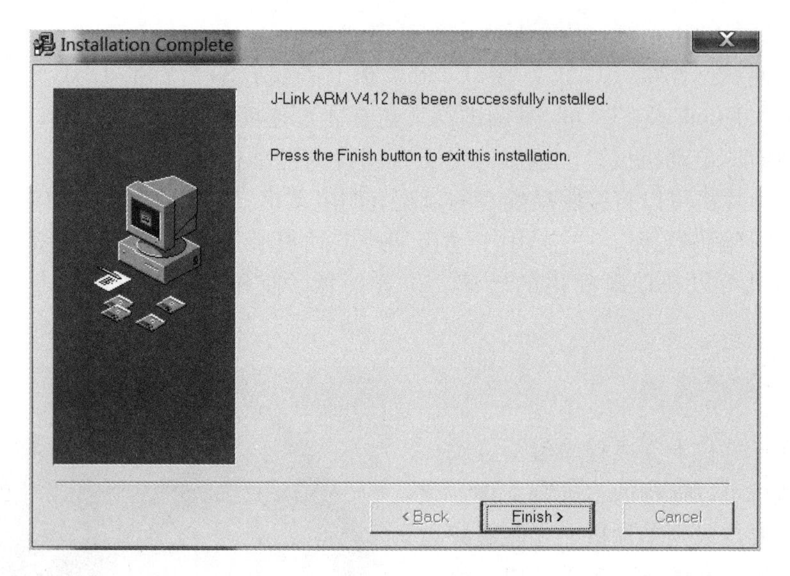

图2-5　J-Link驱动安装步骤2

2.1.3　USB转232模块

在配套的硬件平台中，还配置了一个USB转232模块，如图2-6所示。这个模块可以实现计算机等设备与单片机开发板之间的通信功能，应用于单片机串口模块的学习。使用时，将USB端插入计算机的USB接口，另一端9针的DB接口则连接至开发板的RS232接口。

同样的，使用USB转232模块前也需要安装“4. 工具软件包”文件夹中的驱动程序。

这里要注意根据计算机操作系统选择 64 位驱动“USB 转串口驱动（64 位）. exe”或 32 位驱动“USB 转串口驱动（32 位）. exe”，如笔者的计算机是 Windows7 64 位系统，所以选择 64 位驱动进行安装。双击驱动程序后，将出现图 2-7 所示对话框。

图 2-6　USB 转 232 模块

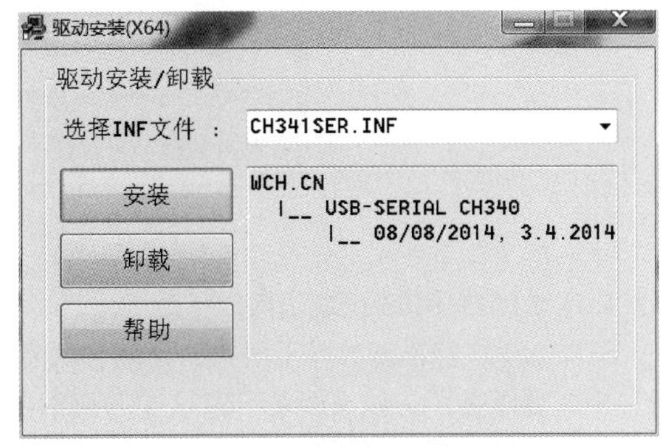

图 2-7　USB 转 232 模块驱动安装

单击“安装”按钮后即可开始驱动程序的安装，安装完成弹出图 2-8 所示对话框，单击“确定”按钮后关闭安装对话框即可。

图 2-8　USB 转 232 模块驱动安装成功

2.2　开发配套资料

为了便于教学，本教程提供了学习过程所需的完整资料，使学习者在一套资料中就能够获取足够知识，而对学习者基础知识几乎没有什么要求。本教程配套资料包含了 4 个部分：文档资料包、电路图、实验例程包和一些必备的工具软件包，如图 2-9 所示。

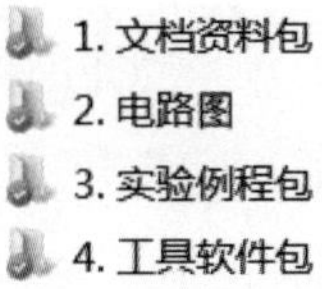

1. 文档资料包
2. 电路图
3. 实验例程包
4. 工具软件包

图 2-9　教程配套资料

2.2.1　STM32 文档

在配套的文档资料中，提供了 3 个单片机相关文档（配套的意法半导体官方资料），如图 2-10 所示，包括“STM32 固件库使用手册（中文翻译版）”“STM32 中文参考手册_V10”和“芯片数据手册”。这些资料都是意法半导体官方提供的说明书，是单片机学习过程中非常重要的资料。要注意的是，这些资料篇幅比较长，也是英文原版资料，读起来难度比较大，但是学习过程中要把这些文档当作字典去查，而不是从头看到尾去阅读。本着“用到哪部分，就看哪部分”的方法来使用这些文档才是正确的方法。

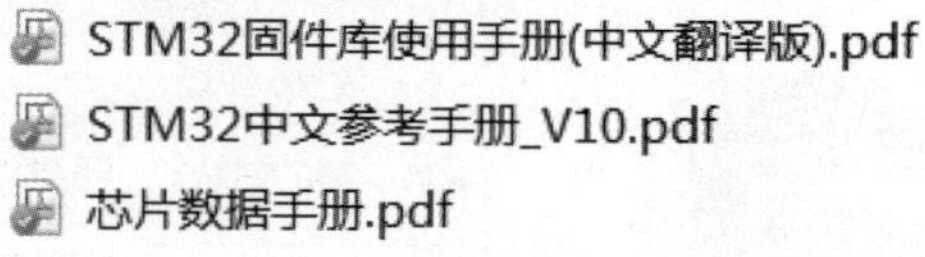

STM32固件库使用手册(中文翻译版).pdf
STM32中文参考手册_V10.pdf
芯片数据手册.pdf

图 2-10　配套文档资料

2.2.1.1　STM32F103 标准函数库手册

STM32F103 标准函数库手册指的是配套的意法半导体官方资料“STM32 固件库使用手册（中文翻译版）”，该文档是 STM32 单片机学习中最为重要的资料之一，它详细介绍了官方定义 STM32 的标准库函数。

开发 STM32 单片机程序常见的有以下几种方法：直接操作寄存器的方法、通过标准库函数的方法以及通过 HAL 库函数的方法。

所有的单片机控制都可以通过直接操作寄存器的方法来实现（寄存器是单片机存放数据的一些存储单元），程序必须通过寄存器实现单片机各种功能，有 51 单片机学习经历的读者会对此有所了解。这种方法最大的问题在于，学习者要了解单片机使用的寄存器名称还有具体功能。一个单片机具有几十几百个寄存器（越高级的单片机寄存器越多，对于 STM32 这种级别的单片机动辄数百个寄存器），每一种单片机的寄存器名称、结构也并不相同。所以要掌握这么多复杂的寄存器来完成单片机程序极其复杂，尤其对初学者来说；此外，这种方式开发的程序包含大量的寄存器名称英文缩写，可读性也很差。

为了解决传统直接操作寄存器方法的缺点，意法半导体公司推出了官方标准函数库。标准函数库将这些寄存器底层操作都封装起来，提供一整套标准库函数供开发者调用。绝大多数场合下，不需要知道操作的是哪个寄存器，只需要知道调用哪些函数即可。因此，使用标准函数库可以大大减少用户编写程序的时间，进而降低开发成本。每个外设驱动都由一组函数组成，这组函数覆盖了该外设所有功能。例如，要控制一个单片机引脚输出低电平，原本可以通过控制 BRR 寄存器实现。但是，标准函数库里封装了一个 GPIO_ResetBits 函数，具体如下：

```
1.  void GPIO_ ResetBits(GPIO TypeDef * GPIOx, uint16_t GPIO_Pin)
2.  {
3.      GPIOx -> BRR  =  GPIO_Pin;
4.  }
```

此时，不需要直接去操作 BRR 寄存器，只需要调用 GPIO_ ResetBits 函数就可以了。对外设的工作原理有一定的了解之后，再去看固件库函数，基本上从函数名字就能了解这个函数的功能是什么、该怎么使用。而标准函数库手册就是方便查询函数时用的，当在阅读程序时遇到任何陌生的库函数，只需要在手册中搜索就能轻松学会以及掌握这个函数的用法。举个例子，当阅读程序时，看到一个名为 ADC_DeInit 的函数，这时就可以到文档中搜索其作用参数以及使用方法。图 2-11 为标准函数库手册中关于 ADC_DeInit 的介绍，可知该函数的功能是将 ADCx（即 ADC1 或者 ADC2）的寄存器设置为默认值（标准函数库手册中叫缺省值），函数名称中单词“DeInit”也是这个意思。此外，最后面还给出了函数的示意用法“ADC_DeInit（ADC2）;”，调用时参数为 ADC2，也就是将 ADC2 恢复默认值，其含义也在英文注释“Resets ADC2”中给出了。其他的标准库函数说明结构也类似，可以举一反三地掌握标准库函数手册的使用。

Table 6. 描述了函数 ADC_DeInit

Table 6 .函数 ADC_DeInit

函数名	ADC_DeInit
函数原形	void ADC_DeInit(ADC_TypeDef* ADCx)
功能描述	将外设 ADCx 的全部寄存器重设为缺省值
输入参数 1	ADCx：x 可以是 1 或者 2 来选择 ADC 外设 ADC1 或 ADC2
输出参数 2	无
返回值	无
先决条件	无
被调用函数	RCC_APB2PeriphClockCmd()

例：

```
/* Resets ADC2 */
ADC_DeInit(ADC2);
```

函数名　输入参数1

图 2-11　标准函数库手册中关于 ADC_DeInit 的介绍

HAL 库函数的方法是意法半导体新推出的一种程序开发方法，它类似于标准库函数方法不需要直接操作寄存器，它可以通过意法半导体推出的专用开发软件来生成 HAL 函数以控制单片机。这种方式固然能够一定程度上简化 STM32 单片机的开发。然而，这种方式通用性很差，不适用于其他公司的单片机产品。而通过标准库函数方法来开发 STM32 单片机后，学习者很容易掌握新的单片机的使用，这也是本教程最终采用标准库函数方法的原因。

2.2.1.2　STM32 中文参考手册

意法半导体官方资料“STM32 中文参考手册_V10”是文档资料文件夹中的第二个文档。这个文档详细解释了 STM32 单片机存储器和外设等各部分的详细信息，包括各部分原理以及寄存器详细配置。如前所述，有了标准库函数，初学者没有必要一开始就深入理解其寄存器的使用，但是当有需要的时候可以查找该手册。此外，该文档提供了在编程中有可能涉及的各部件硬件原理和工作方式。图 2-12 为 STM32 中文参考手册的部分目录。

导言
相关文档
1 文中的缩写
2 存储器和总线构架
3 CRC计算单元(CRC)
4 电源控制(PWR)
5 备份寄存器(BKP)
6 小容量、中容量和大容量产品的复位和时钟控制(RCC)
7 互联型产品的复位和时钟控制(RCC)
8 通用和复用功能I/O(GPIO和AFIO)
9 中断和事件
10 DMA控制器(DMA)
11 模拟/数字转换(ADC)
12 数字/模拟转换(DAC)
13 高级控制定时器(TIM1和TIM8)
14 通用定时器(TIMx)
15 基本定时器(TIM6和TIM7)

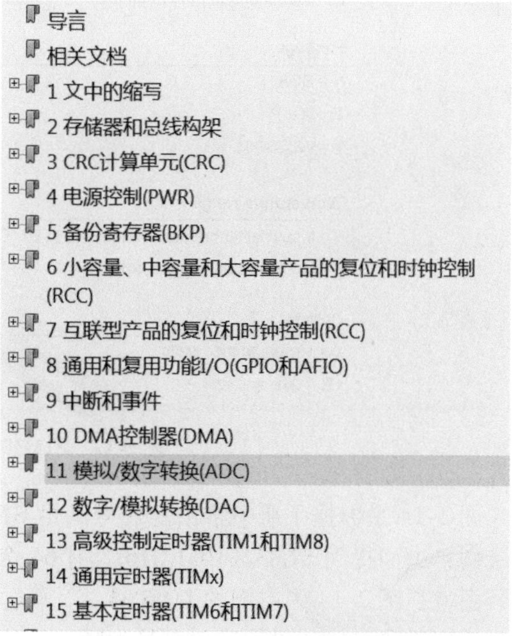

图 2-12　STM32 中文参考手册的部分目录

2.2.1.3　芯片数据手册

配套的意法半导体官方资料“芯片数据手册”是文档资料文件夹里提供的另一个必备文件，芯片数据手册（Data sheet）是芯片的说明书。一般来说，当接触到一块陌生芯片，都可以通过查找它的数据手册来了解其特性和使用方法。STM32 芯片数据手册包含了 STM32 单片机技术特征的基本描述，如产品的基本配置（内置 Flash 存储器的容量、外设的数量等）、引脚的数量和分配、电气特性、封装信息等。

前面提到，配套单片机开发板使用的STM32 单片机型号是STM32F103RCT6。图2-13 所示是配套资料“芯片数据手册”中的 STM32 单片机代号含义解释，从中可以知道，STM32F103RCT6 这款单片机的引脚数量（Pincount）是 64 个，Flash 存储器大小（Flash memory size）为256KB，封装（Package）类型是薄型四方扁平封装（LQFP），工作温度范围（Temperature range）是 -40 ~ 85℃。

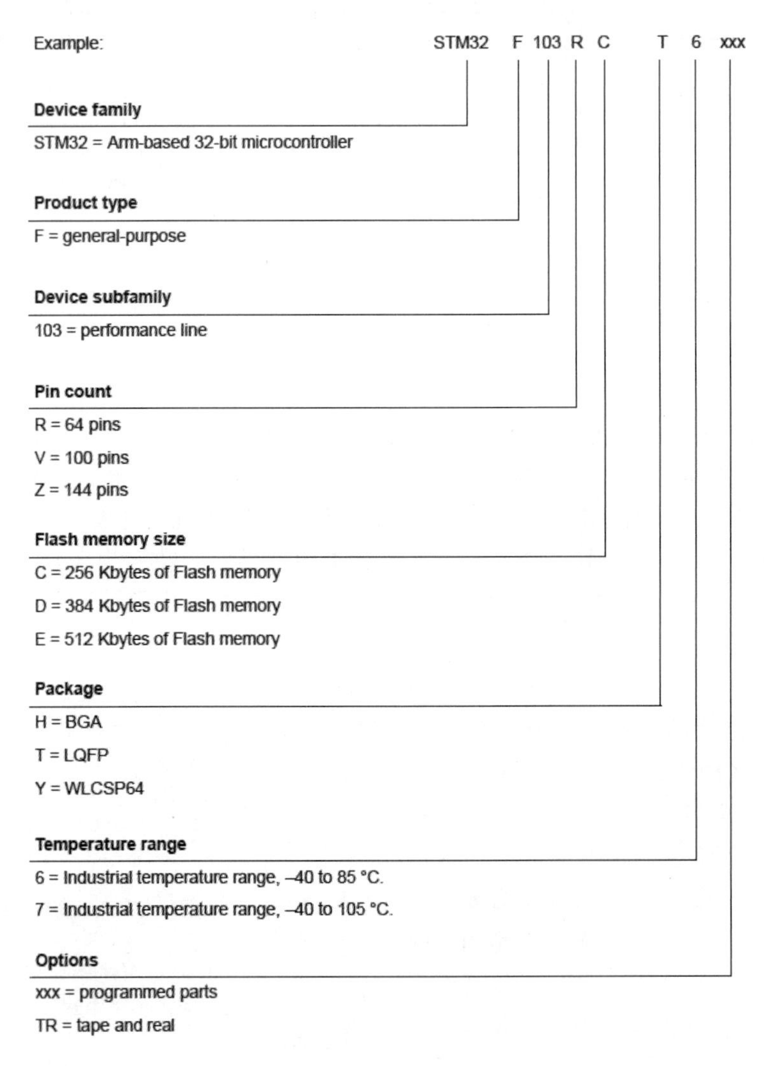

图 2-13　STM32 单片机代号含义

图 2-14 是数据手册中给出的代号满足 STM32F103xC、STM32F103xD、STM32F103xE 的封装图，上面提到 STM32F103RCT6 具有 64 个引脚、封装类型为 LQFP，因此该型号单片机封装图就是图 2-14 中左侧的 LQFP64。

数据手册和单片机编程关系最为紧密的部分是引脚查询功能，这一点通过举例来说明。当想要使用模/数转换功能，却不知道哪个引脚具有该功能时，可查看“芯片数据手册”。

图 2-14　STM32F103xC、STM32F103xD、STM32F103xE 封装

Table 5. High-density STM32F103xC/D/E pin definitions

Pins						Pin name	Type(1)	I / O Level(2)	Main function(3) (after reset)	Alternate functions(4)	
LFBGA144	LFBGA100	WLCSP64	LQFP64	LQFP100	LQFP144					Default	Remap
A3	A3	-	-	1	1	PE2	I/O	FT	PE2	TRACECK/ FSMC_A23	-
A2	B3	-	-	2	2	PE3	I/O	FT	PE3	TRACED0/FSMC_A19	-
B2	C3	-	-	3	3	PE4	I/O	FT	PE4	TRACED1/FSMC_A20	-
B3	D3	-	-	4	4	PE5	I/O	FT	PE5	TRACED2/FSMC_A21	-
B4	E3	-	-	5	5	PE6	I/O	FT	PE6	TRACED3/FSMC_A22	-
C2	B2	C6	1	6	6	V_{BAT}	S	-	V_{BAT}	-	-
A1	A2	C8	2	7	7	PC13-TAMPER-RTC(5)	I/O	-	PC13(6)	TAMPER-RTC	-
B1	A1	B8	3	8	8	PC14-OSC32_IN(5)	I/O	-	PC14(6)	OSC32_IN	-
C1	B1	B7	4	9	9	PC15-OSC32_OUT(5)	I/O	-	PC15(6)	OSC32_OUT	-
C3	-	-	-	-	10	PF0	I/O	FT	PF0	FSMC_A0	-
C4	-	-	-	-	11	PF1	I/O	FT	PF1	FSMC_A1	-
D4	-	-	-	-	12	PF2	I/O	FT	PF2	FSMC_A2	-
E2	-	-	-	-	13	PF3	I/O	FT	PF3	FSMC_A3	-
E3	-	-	-	-	14	PF4	I/O	FT	PF4	FSMC_A4	-
E4	-	-	-	-	15	PF5	I/O	FT	PF5	FSMC_A5	-
D2	C2	-	-	10	16	V_{SS_5}	S	-	V_{SS_5}	-	-
D3	D2	-	-	11	17	V_{DD_5}	S	-	V_{DD_5}	-	-
F3	-	-	-	-	18	PF6	I/O	-	PF6	ADC3_IN4/FSMC_NIORD	-
F2	-	-	-	-	19	PF7	I/O	-	PF7	ADC3_IN5/FSMC_NREG	-
G3	-	-	-	-	20	PF8	I/O	-	PF8	ADC3_IN6/FSMC_NIOWR	-
G2	-	-	-	-	21	PF9	I/O	-	PF9	ADC3_IN7/FSMC_CD	-
G1	-	-	-	-	22	PF10	I/O	-	PF10	ADC3_IN8/FSMC_INTR	-
D1	C1	D8	5	12	23	OSC_IN	I	-	OSC_IN	-	-
E1	D1	D7	6	13	24	OSC_OUT	O	-	OSC_OUT	-	-
F1	E1	C7	7	14	25	NRST	I/O	-	NRST	-	-
H1	F1	E8	8	15	26	PC0	I/O	-	PC0	ADC123_IN10	-
H2	F2	F8	9	16	27	PC1	I/O	-	PC1	ADC123_IN11	-
H3	E2	D6	10	17	28	PC2	I/O	-	PC2	ADC123_IN12	-

图 2-15　ADC 引脚查询举例

在该“芯片数据手册”Table 5（见图2-15）中，可以看到不同封装STM32单片机的引脚描述。因为STM32F103RCT6封装属于LQFP64，因此对应表格的第4列。第4列引脚8后面的引脚名（Pin name）为PC0，倒数第2列功能描述（Default）中有文字ADC123_IN10，意思是这个引脚可以作为ADC模块的通道10。单片机其他引脚功能也可以通过这个表格确定。

电路图文件下载

2.2.2　开发板电路

在配套资料电路图文件夹中，提供了两种不同格式的开发板电路原理图，包括pdf格式和SchDoc格式（可用电路设计软件Altium Designer软件打开），如图2-16所示。

图2-16　电路图文件

图2-17为开发板电路原理图的全局概览，它给出了开发板的组成原理。电路原理图是采用电子电气元器件通用图形符号（并有标号）用线连接起来的图，它主要描述电子电气产品工作原理和元器件的连接关系，用来指导产品工作原理分析、生产调试和维修。由于教程页面大小有限，所以图2-17中的细节并不会特别清楚，在后续学习中可以打开电路图资料文件中的pdf格式原理图并放大来查看。需要说明的是，这里电路图资料文件的原理图是遵循国外标准绘制的，其中的文字符号、图形符号与我国现行标准规定的并不完全一致。

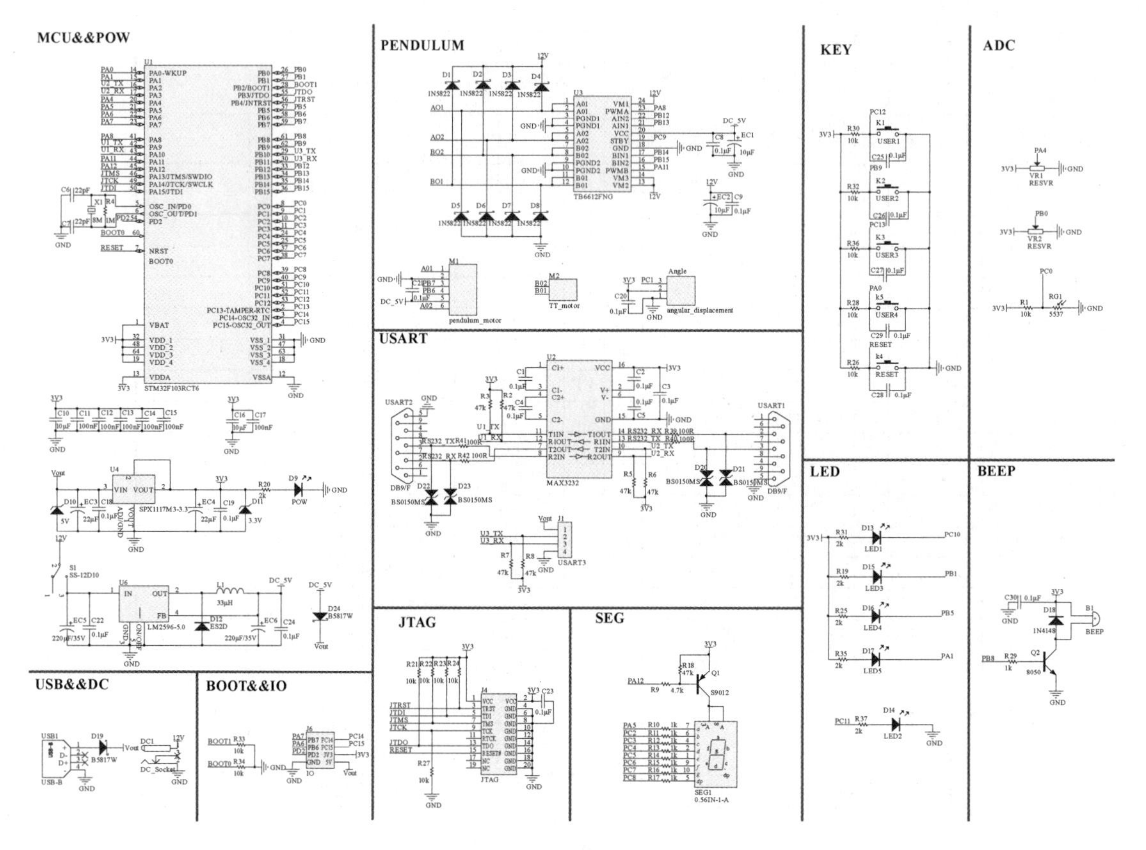

图2-17　开发板电路原理图

要成为一名合格的单片机开发工程师，必须掌握阅读电路原理图的技能。虽然读者可能学习过数字电路、模拟电路和电工与电子技术等课程，但是当接触到真实电路图的时候可能还是无从下手。那么如何阅读和使用这个原理图呢？这里首先要介绍一个电路原理图中最重要的概念——网络标号（Net label）。网络标号是一个电气连接点，一般由字母或数字组成，如图 2-18 中的 PC12、3V3、GND 都是网络标号。要注意，如果电路原理图中的两点具有相同网络标号，那就表示这两点在实际电路中是由导线连接在一起的，即使原理图中没有导线示意。例如，原理图中所有的 GND，实际电路中都是连接在一起的，同样所有标有 3V3 的连接点也是连在一起的。通过网络标号这种方式，原理图中可以省略很多导线，从而使电路图看起来不会过于凌乱。

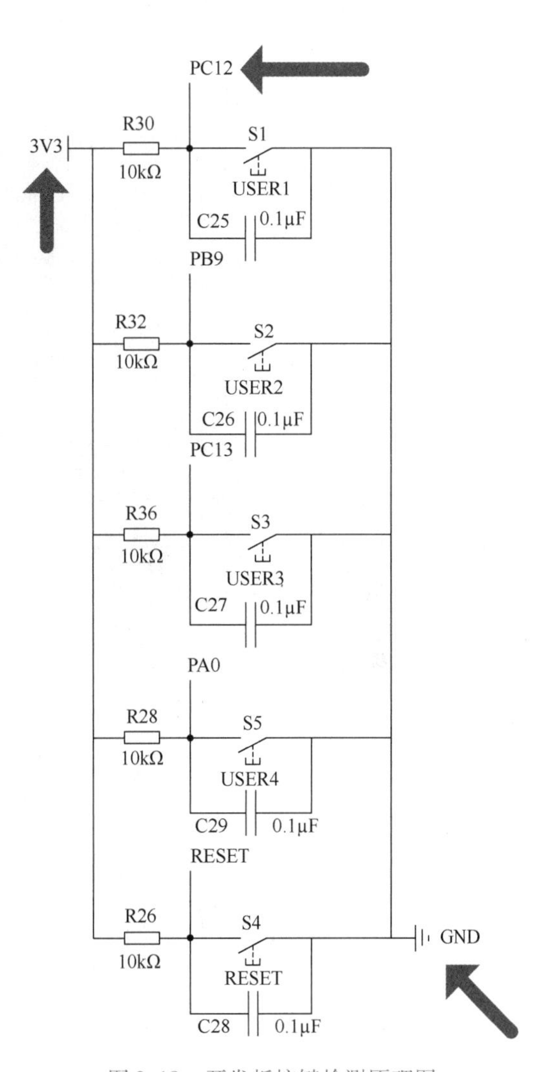

图 2-18 开发板按键检测原理图

为了更好地理解网络标号的概念，在此通过电路原理图进行实例讲解。图 2-18 为开发板按键检测原理图，图中最上面的按键 S1 在按下和未按下时，电阻 R30 右边端点（也就是网络 PC12）电压分别为 0V 和 3.3V。单片机通过检测电阻 R30 右边端点（PC12）的电压即可检测到按键是否按下，一旦检测到该点电压为 0V 就可以知道此时按键被按下了。但是图中看上去并没有导线直接连接至单片机，单片机又如何能够检测该点的电压值呢？实际上这里就是通过网络标号替代导线来示意的，而实际电路中确实存在一根导线将该点和单片机引脚连接起来。在电路原理图中查找 PC12，可以发现单片机引脚 53 右边也有一个网络标号 PC12，如图 2-19 所示。注意单片机模块上黑色的 PC12 不是电路设计时添加的网络标号，而是自带的引脚编号，它的颜色和作为网络标号的 PC12 也不同。前面已经提到，相同的网络标号代表实际电路中是通过导线连通的，因此按键电路中电阻 R30 右端点和单片机的引脚 53 是连通的。这样，单片机就可以通过检测引脚 53 的电压，来确定按键 S1 是否按下了。

电路原理图中网络标号的概念是最容易让初学者困惑的地方，解决了这个问题之后，还有个常见的困惑在于原理图中很多芯片、模块，初学者觉得不懂。这里要提醒初学者一定要注意，看不懂电路图时，不要过于纠结。不是我们看不懂电路图中的模块、芯片，而是因为我们不了解这些模块、芯片，所以看不懂电路图。如果想看懂电路中的模块、芯片，那么应该去查阅相应芯片的数据手册、资料，搞清楚这些芯片是如何使用的，然后回过头来再去看电路图，这才是正确的学习流程。

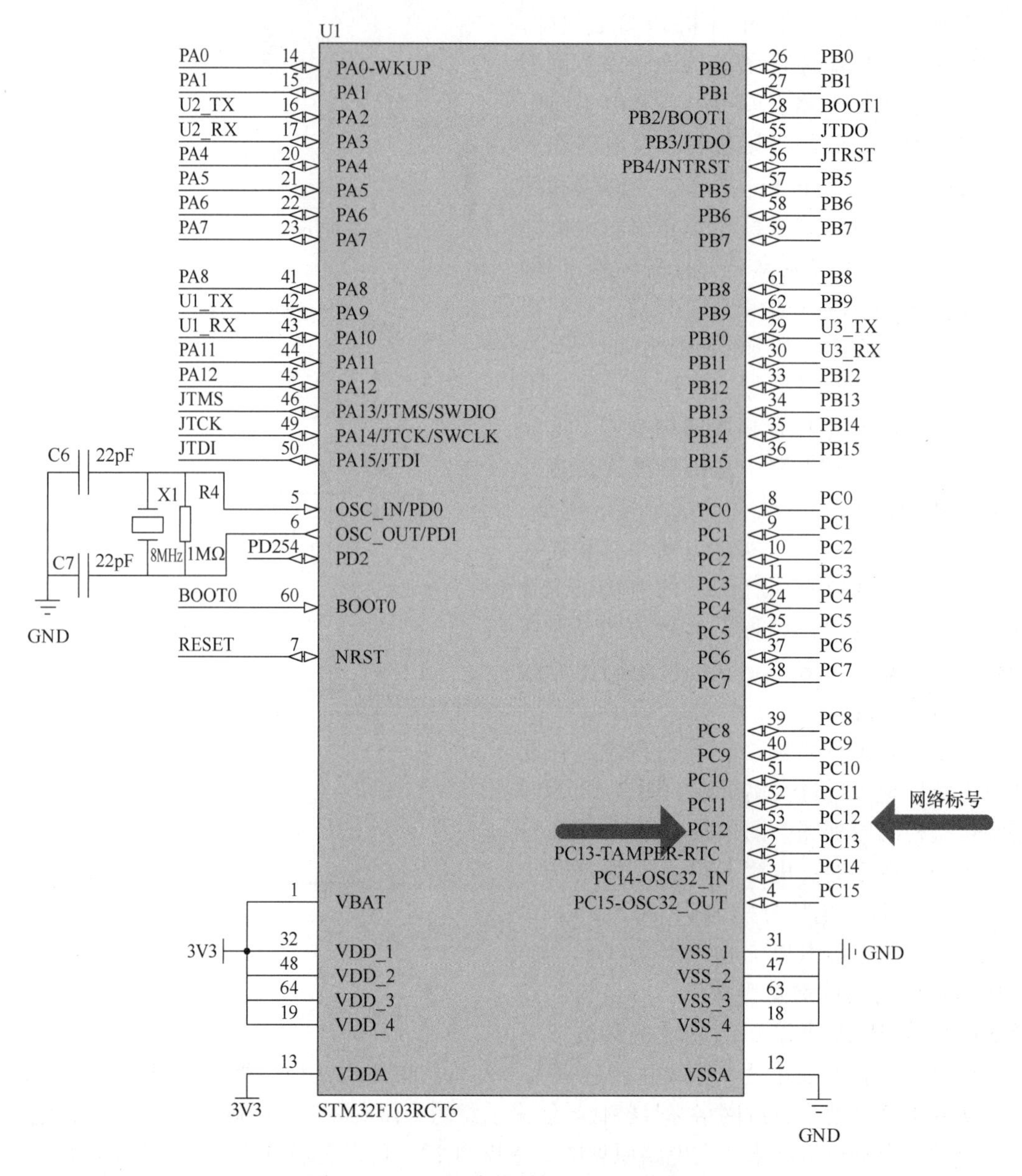

图 2-19　原理图中找到的 PC12 网络标号

举例来说，图2-20 是单片机开发板中的12V 转5V 部分电路，它负责将电源输入的12V 转换为5V，电路中有不少芯片需要5V 供电。初学者看到这部分电路经常觉得困惑，感觉看不懂。实际上，这部分电路的核心是一块芯片，其型号是 LM2596-5.0。那么，应该去查找这个芯片的资料，其中最重要的就是 LM2596-5.0 的数据手册。除此之外，网络上也可以检索到很多 LM2596-5.0 的介绍，就可知道这块芯片的功能是将输入的电压转换为 5V。当然，有些初学者还会纠结于这个电路中电感 L1、二极管 VD12 以及多个电容的作用，以及它们的值是怎么来的。实际上，LM2596-5.0 的数据手册已经推荐了应用电路，相当于生产厂家建议这么连接电路，那么作为初学者来说首先应该先听从生产厂家的建议。当然，这么说听起来是让初学者“知其然而不知其所以然”，这里建议是分清主次，先搞清楚这块芯片的主要功能是12V转5V，在整个电路中负责为别的部分提供5V电源。而具体的元器件选择，可以在后续的学习中掌握。如果对这种开关电源芯片感兴趣，日后还可以分析这个芯片的内部结构，从而彻底搞清楚其工作原理。

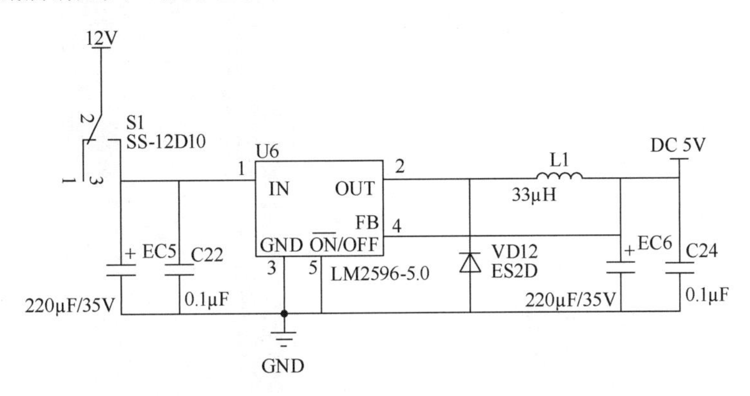

图2-20　12V转5V部分电路

图2-21和图2-22是LM2596数据手册的部分截图，分别介绍了LM2596的功能、特性以及生产厂家推荐的应用电路。上述开发板12V转5V的电路就是根据图2-22设计的。

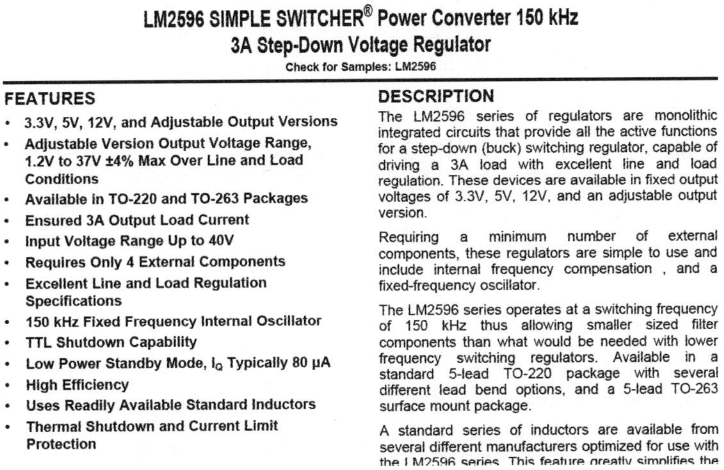

LM2596 SIMPLE SWITCHER® Power Converter 150 kHz
3A Step-Down Voltage Regulator
Check for Samples: LM2596

FEATURES

- 3.3V, 5V, 12V, and Adjustable Output Versions
- Adjustable Version Output Voltage Range, 1.2V to 37V ±4% Max Over Line and Load Conditions
- Available in TO-220 and TO-263 Packages
- Ensured 3A Output Load Current
- Input Voltage Range Up to 40V
- Requires Only 4 External Components
- Excellent Line and Load Regulation Specifications
- 150 kHz Fixed Frequency Internal Oscillator
- TTL Shutdown Capability
- Low Power Standby Mode, I_Q Typically 80 μA
- High Efficiency
- Uses Readily Available Standard Inductors
- Thermal Shutdown and Current Limit Protection

DESCRIPTION

The LM2596 series of regulators are monolithic integrated circuits that provide all the active functions for a step-down (buck) switching regulator, capable of driving a 3A load with excellent line and load regulation. These devices are available in fixed output voltages of 3.3V, 5V, 12V, and an adjustable output version.

Requiring a minimum number of external components, these regulators are simple to use and include internal frequency compensation , and a fixed-frequency oscillator.

The LM2596 series operates at a switching frequency of 150 kHz thus allowing smaller sized filter components than what would be needed with lower frequency switching regulators. Available in a standard 5-lead TO-220 package with several different lead bend options, and a 5-lead TO-263 surface mount package.

A standard series of inductors are available from several different manufacturers optimized for use with the LM2596 series. This feature greatly simplifies the

图2-21　LM2596数据手册部分截图1

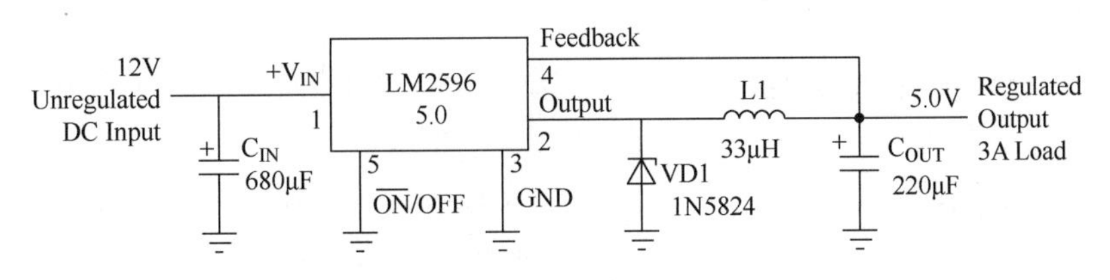

图2-22　LM2596数据手册部分截图2

最后，一定要多注意在实物电路板中去寻找原理图对应的部分。例如，在原理图中看到如图2-23所示的部分，上面标有编号M2。如果仔细查找实物电路板，将可以找到如图2-24所示部分，在3个白色接口中间的这个接口旁标有“M2”，从而可以明白原理图中图2-23所示表示的是电路板对外电动机接口。

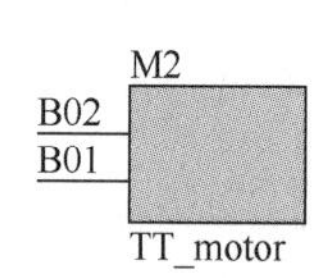

图 2-23　原理图中的电动机接口 M2

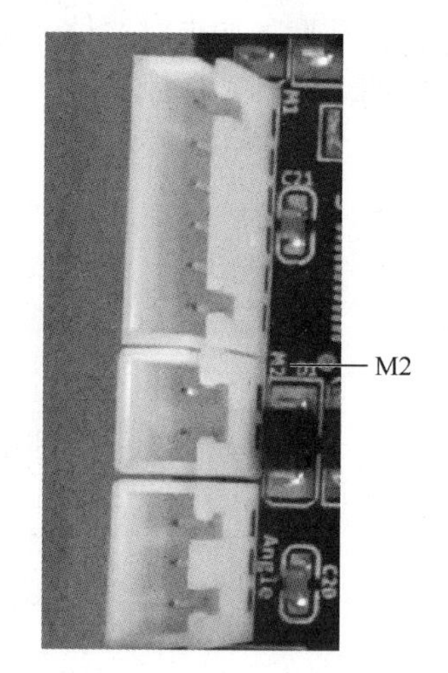

图 2-24　实物电路中的电动机接口 M2

2.2.3　实验例程

实验例程包下载

配套资料的“实验例程”文件夹中包含了编好的单片机常用外设模块的程序，如图 2-25 所示。此外，还提供了一个工程模板，学习者可以在工程模板上编写自己的程序。这些例程涉及了单片机开发中最为常见的外设模块，可以说绝大部分的单片机应用都围绕这些模块来进行。在本教程的后续部分，将着重详细讲解这些例程。

2.2.4　工具软件

配套资料最后的文件夹提供了 STM32 单片机开发的一些工具软件，如图 2-26 所示，包括了单片机开发环境 MDK、USB 转串口驱动、串口调试助手 UartAssis、J-Link 驱动等。这些软件中，J-Link 驱动和 USB 转串口驱动在 2.1.2 小节和 2.1.3 小节中已经接触过，需要安装好这些驱动才能正常使用 J-Link 仿真器和 USB 转串口通信模块。其他工具软件后面会陆续涉及，它们具体的安装、使用将在后续章节中讲解。

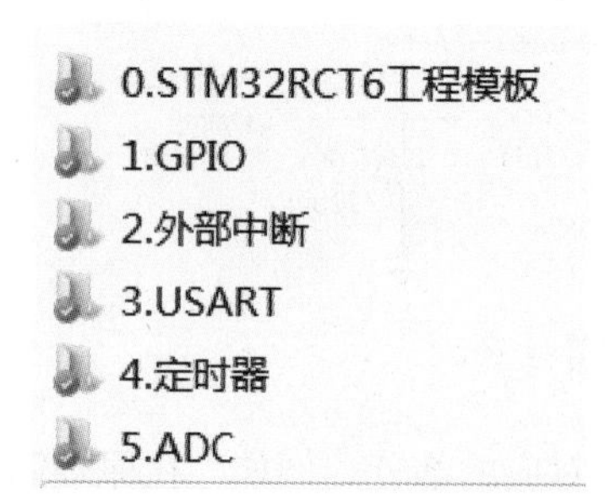

图 2-25　实验例程

Keil.STM32F1xx_DFP.2.0.0.pack
mdk514.exe
Setup_JLinkARM_V412.exe
UartAssis.exe
USB转串口驱动 (32位).exe
USB转串口驱动 (64位).EXE

图 2-26　工具软件

2.3　开发软件 Keil MDK 及 STM32F1 系列固件包的安装

Keil MDK 是美国 Keil 软件公司开发的 ARM 开发工具，可以用来开发 STM32 这种以 ARM 为内核的诸多单片机。此外，Keil 还有 51 单片机版本，用于开发经典的 51 单片机。Keil MDK 适合不同层次的开发者使用，包括专业的应用程序开发工程师和嵌入式软件开发的入门者。Keil MDK 包含了工业标准的 Keil C 编译器、宏汇编器、调试器、实时内核等组件，支持所有基于 ARM 的设备，易于学习和使用，同时具有强大的功能，适用于多数要求严苛的嵌入式应用程序开发。本教程使用的 Keil MDK 版本是 MDK 5.14，如图 2-27 所示，在本教程后面简称其为 Keil。

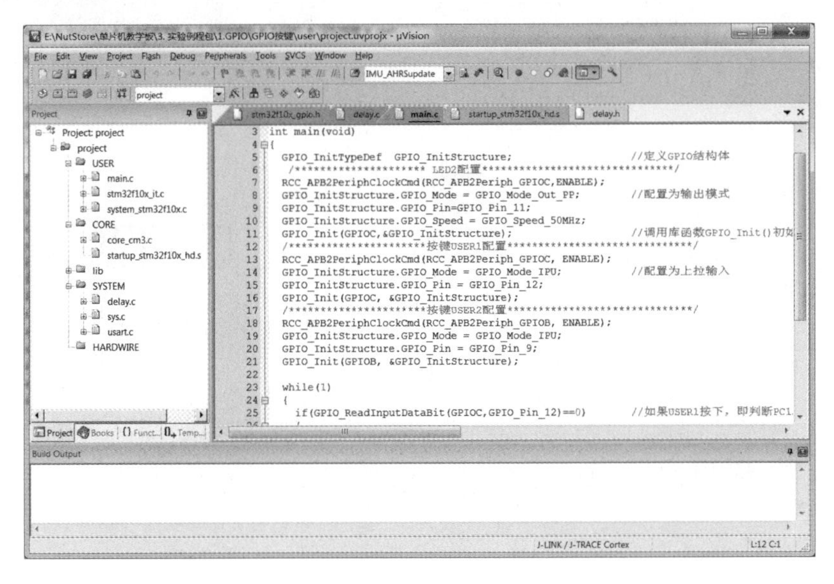

图 2-27　Keil 界面

Keil 的安装步骤具体如下：

1）在“4. 工具软件包”文件夹中提供了 Keil 安装文件“mdk514. exe”，如图 2-28 所示。选中这个文件后，单击鼠标右键，在弹出的快捷菜单中选择“以管理员身份运行”，就开始了 Keil 的安装。

Keil.STM32F1xx_DFP.2.0.0.pack
mdk514.exe
Setup_JLinkARM_V412.exe
UartAssis.exe
USB转串口驱动 (32位).exe
USB转串口驱动 (64位).EXE

图 2-28　Keil 安装文件

2）出现图 2-29 所示对话框后单击“Next”按钮到下一步。

3）出现图 2-30 所示许可对话框，勾选同意协议，然后单击“Next”按钮到下一步。

4）接着出现图 2-31 所示设置路径对话框，这里一般可以选择默认的安装路径（如果有中文路径，建议改为英文路径）。

5）然后在图 2-32 所示对话框中填写用户信息，随意填写即可，再单击“Next”按钮到下一步。

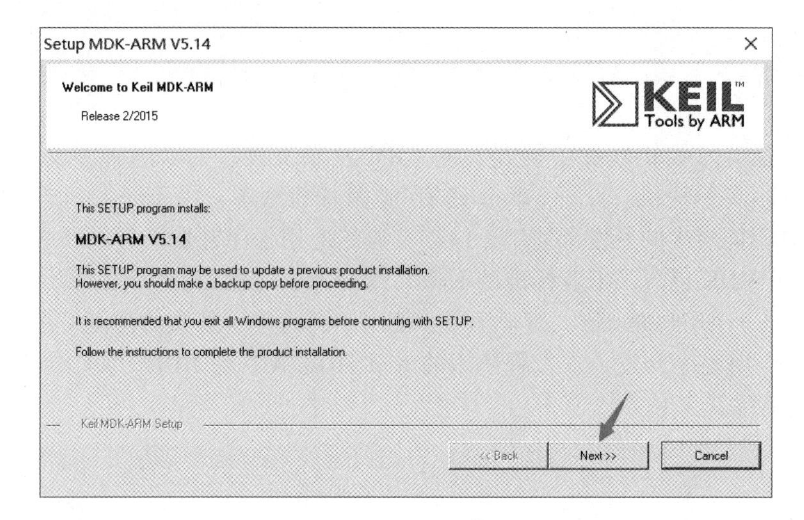

图 2-29　Keil 安装步骤 1

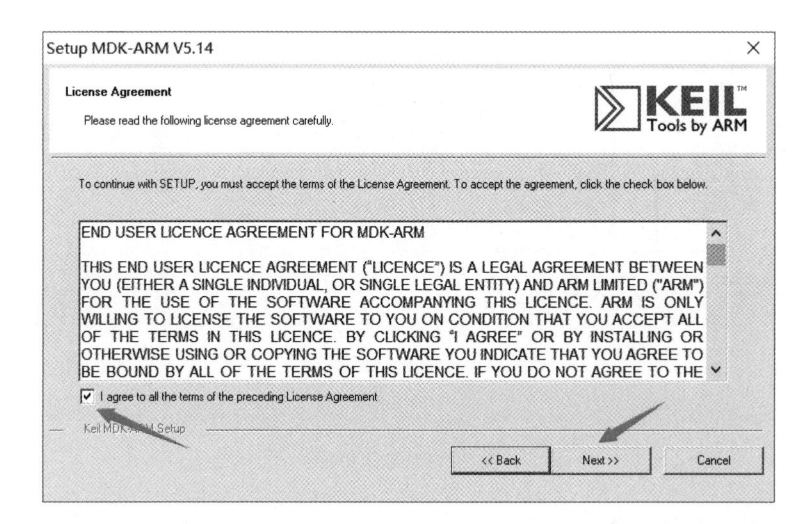

图 2-30　Keil 安装步骤 2

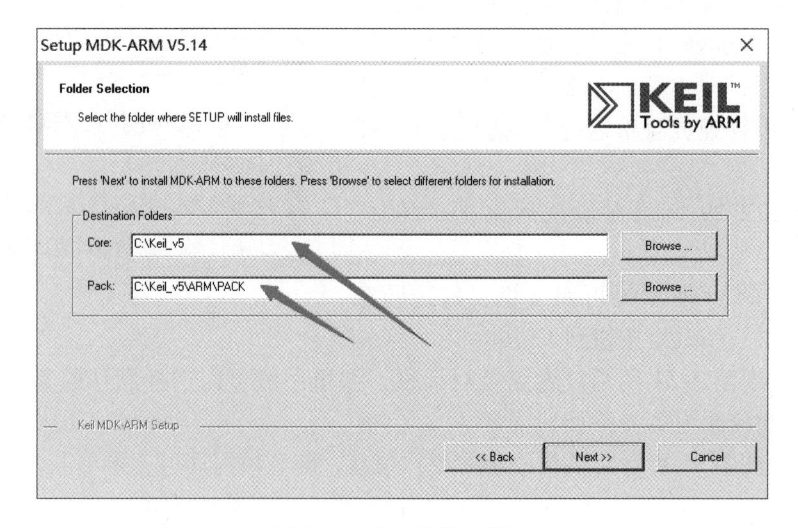

图 2-31　Keil 安装步骤 3

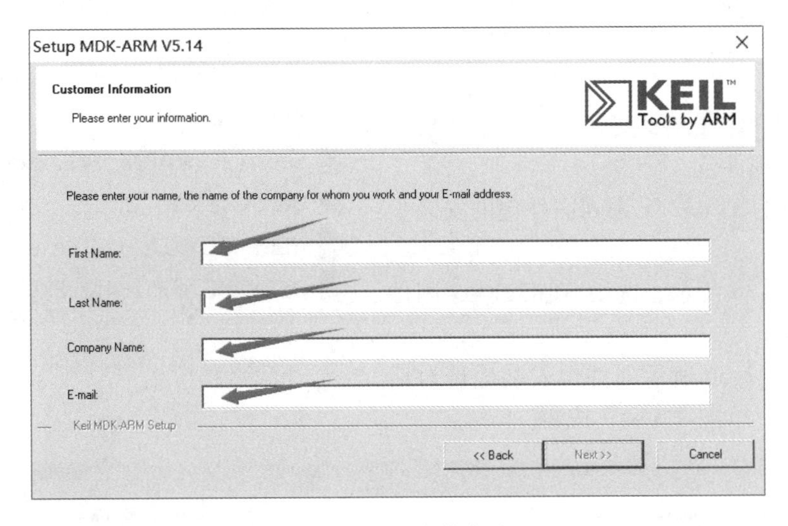

图 2-32　Keil 安装步骤 4

6）之后会弹出图 2-33 所示对话框，单击“安装”按钮即可。

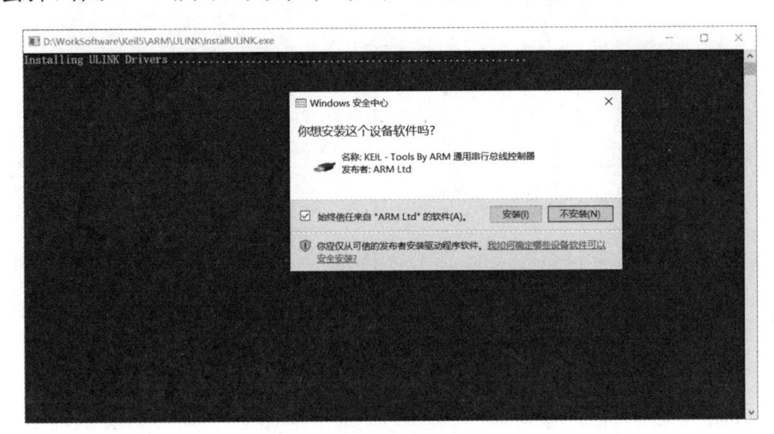

图 2-33　Keil 安装步骤 5

7）随后，出现图 2-34 所示对话框，单击“Finish”按钮即完成安装。

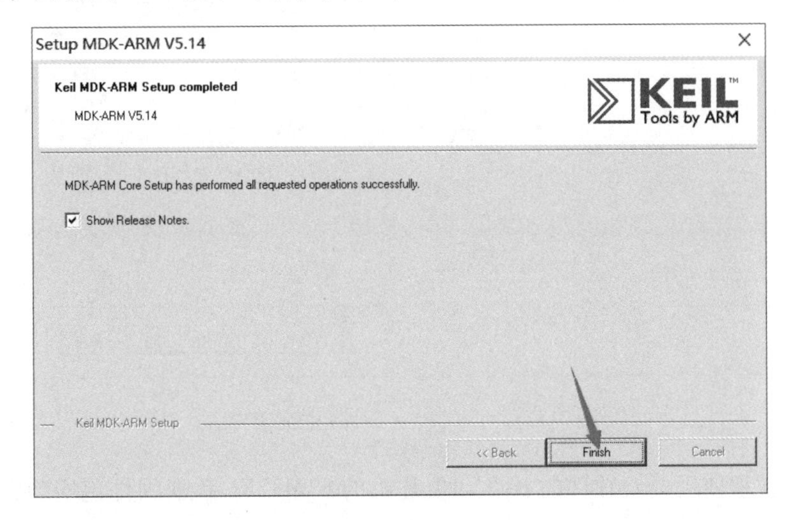

图 2-34　Keil 安装步骤 6

Keil 可用于开发各品牌、各系列单片机，如果要开发本教程配套开发板单片机型号 STM32F103RCT6，还需要安装适合本单片机的 STM32F1 系列固件包。

本单片机的 STM32F1 系列固件包的安装步骤如下：

1）如图 2-35 所示，选中 STM32F1xx 固件包后双击打开。

2）出现图 2-36 所示固件包安装地址对话框，地址默认，单击“Next”按钮。

Keil.STM32F1xx_DFP.2.0.0.pack
mdk514.exe
Setup_JLinkARM_V412.exe
UartAssis.exe
USB转串口驱动 (32位).exe
USB转串口驱动 (64位).EXE

图 2-35　STM32F1xx 固件包安装步骤

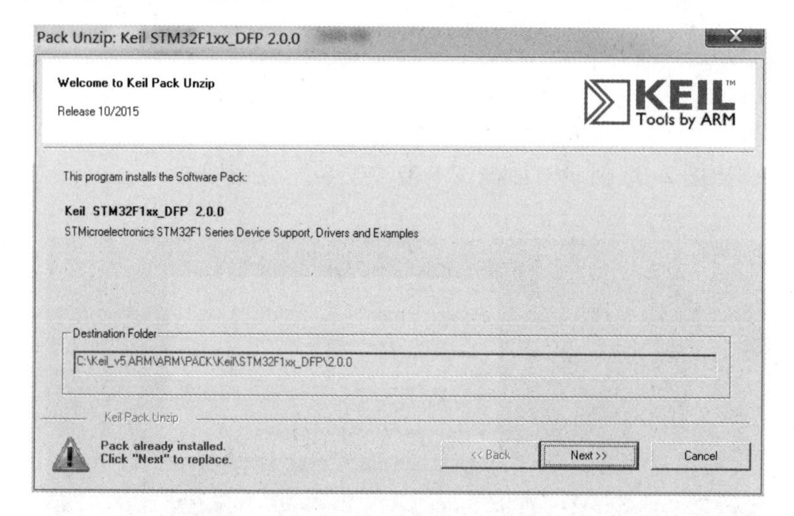

图 2-36　STM32F1xx 固件包安装步骤 1

3）等待一段时间后，弹出图 2-37 所示对话框，单击“Finish”按钮即可完成安装。

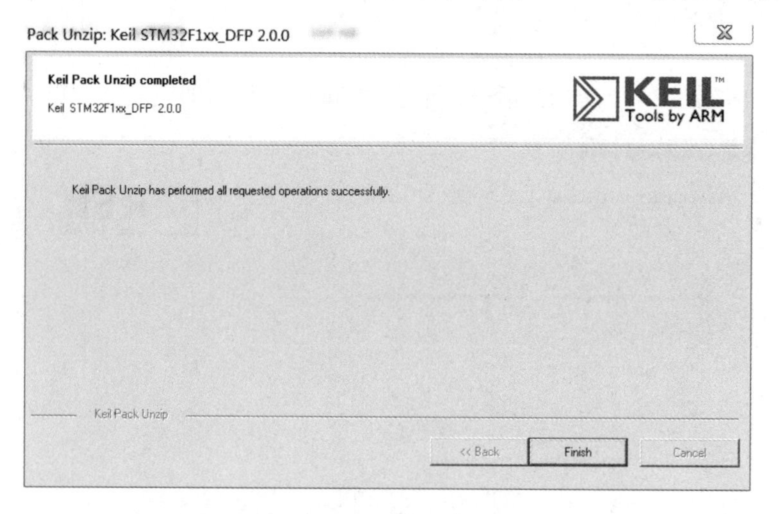

图 2-37　STM32F1xx 固件包安装步骤 2

至此，本教程使用开发软件的 Keil 和单片机的 STM32F1 系列固件包安装完毕，可以正式开始单片机的实际应用。

2.4　应用案例：点亮 LED

编写好单片机程序之后需要完成编译、烧录，这样编写的源程序才能够在单片机内部运行起来，从而实现编程的效果。本节以点亮 LED 的例子来介绍如何利用单片机开发环境来完成一个程序的编译和烧录，主要包括 4 个步骤：硬件连接、配置 J-Link、编译程序和烧录程序。

2.4.1　硬件连接

在烧录程序之前，首先需要将单片机开发板与 J-Link 连接好，将 J-Link 的另一端连接到计算机，并通过电源适配器或者 USB 线为单片机开发板供电，如图 2-38 所示。注意将电源开关打开，使电源指示灯亮起。

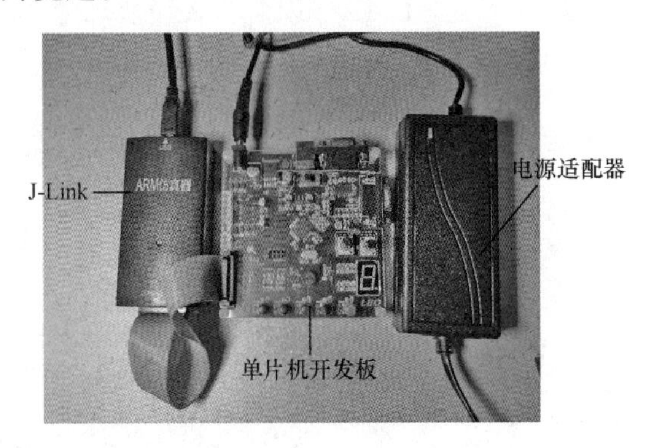

图 2-38　单片机开发板与 J-Link 的连接

2.4.2　配置 J-Link

在前面提到的配套资料中的实验例程包文件夹中，找到路径为“3. 实验例程包\1. GPIO\GPIO 点亮 LED2\user”里面的工程文件“project. uvprojx”（注意有些计算机文件夹选项系统中选择了“隐藏已知文件类型的扩展名”，所有文件将看不到扩展名，所以这个文件也不显示扩展名“. uvprojx”。此时，只要选择和图标相同的文件即可），如图 2-39 所示。

project.uvguix.Administrator	2021/7/23 14:41	ADMINISTRATO...	137 KB
Project.uvopt	2018/9/13 15:21	UVOPT 文件	19 KB
project.uvoptx	2021/7/23 14:41	UVOPTX 文件	20 KB
project.uvprojx	2021/7/15 9:00	礦ision5 Project	21 KB
startup_stm32f10x_hd.lst	4:20	MASM Listing	50 KB
startup_stm32f10x_md_vl.l	17:33	MASM Listing	42 KB
stm32f10x.h	2:06	C++ Header file	620 KB
stm32f10x_conf.h	2017/2/18 0:27	C++ Header file	4 KB
stm32f10x_it.c	2018/9/6 15:09	C Source file	5 KB
stm32f10x_it.h	2011/4/4 19:03	C++ Header file	3 KB
system_stm32f10x.c	2011/3/10 10:51	C Source file	36 KB
system_stm32f10x.h	2011/3/10 10:51	C++ Header file	3 KB

类型: 礦ision5 Project
大小: 20.8 KB
修改日期: 2021/7/15 9:00

图 2-39　Keil 工程文件

1）双击打开工程文件“project. uvprojx”，可以看到这个例子的 C 语言源程序等内容，如图 2-40 所示。

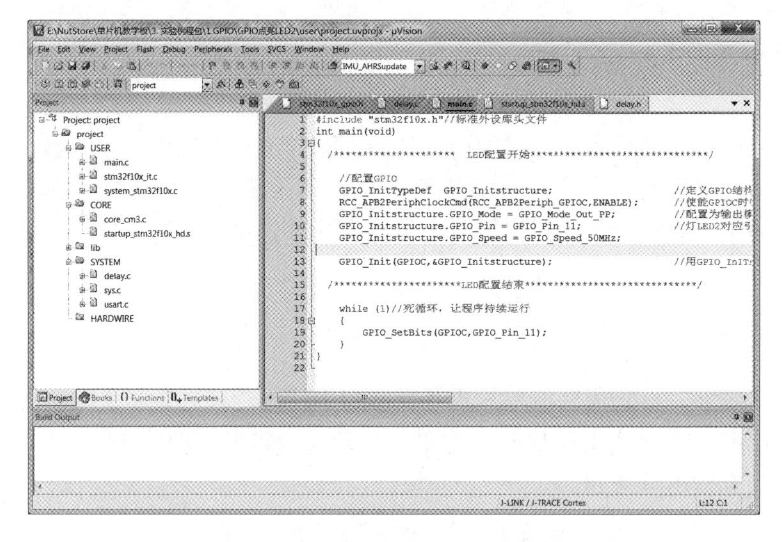

图 2-40　打开工程后的 Keil 界面

2）如图 2-41 所示，单击 Keil 中的图标按钮，弹出 “Options for Target” 对话框。

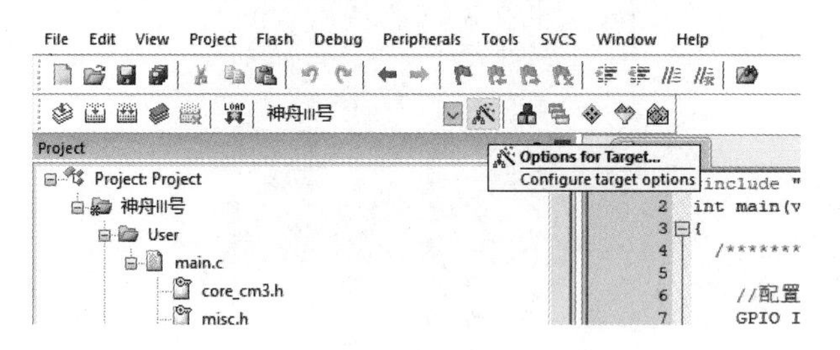

图 2-41　Options for Target 按钮

3）单击对话框上部的 “Debug” 标签，如图 2-42 所示，并且选择 “Use” 的单选框为 “J-LINK/J-TRACE Cortex”，从而使用 J-Link 作为烧录程序工具，单击 “OK” 按钮进行确认。

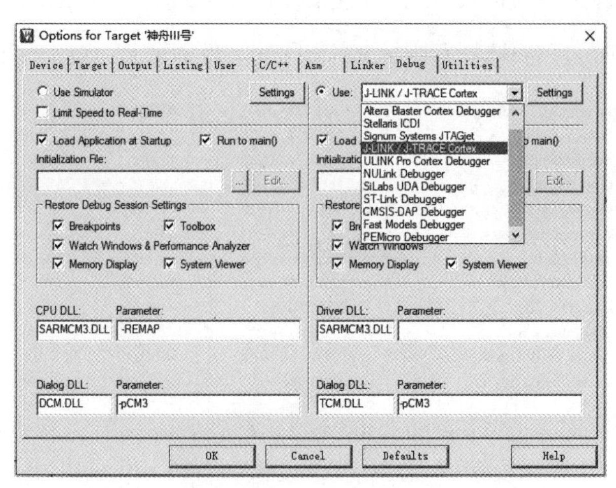

图 2-42　Options for Target 对话框

4）再单击“Use”单选框右边的“Settings”按钮，可以检查 J-Link 是否连接成功。如果在“Debug”选项卡下可以看到如图 2-43 箭头所示的两串代码，即表示 J-Link 已经连接成功。如果对话框中没有代码或显示“Cannot read J-Link version number”，这表示 J-Link 连接失败，请检查 J-Link 连接状态，以及之前的 J-Link 驱动安装步骤是否有误。

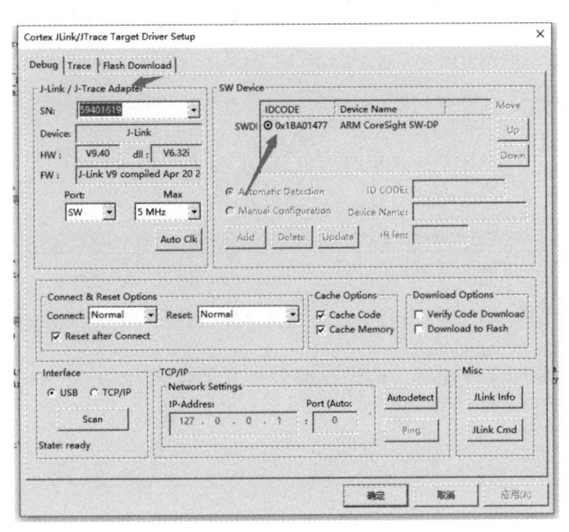

图 2-43　查看 J-Link 连接状态

5）在图 2-43 所示的对话框中选择“Flash Download”选项卡，按照图 2-44 所示勾选相应的选项。特别是注意勾选“Reset and Run”选项，使程序烧录到单片机后立即执行，否则需要在烧录后按开发板复位按键才开始执行。

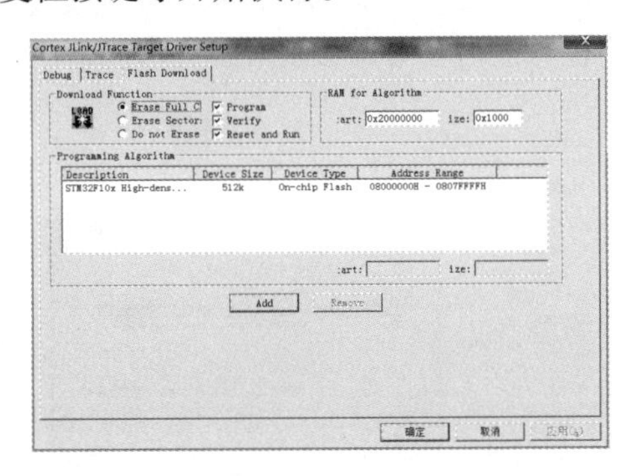

图 2-44　J-Link 设置的“Flash Download”选项卡

2.4.3　编译程序

正确设置了工程文件后，就可以将编写好的程序进行编译，将 C 语言源程序转换为单片机可执行的二进制代码。Keil 的编译、重新编译和烧录按钮如图 2-45 所示。其中，编译只对最近改变了内容的程序文件进行编译，重新编译则不管内容是否改变都进行编译。

单击编译按钮后，Keil 会在下侧信息栏输出编译信息，如果提示“0 Error，0 Warning”如图 2-46 所示，则表示编译成功了。如果这一步编译信息提示有警告或者错误，应该根据输出的警告或错误信息查找程序中存在的问题。其中编译错误将导致无法生成单片机可执行的二进制代码。

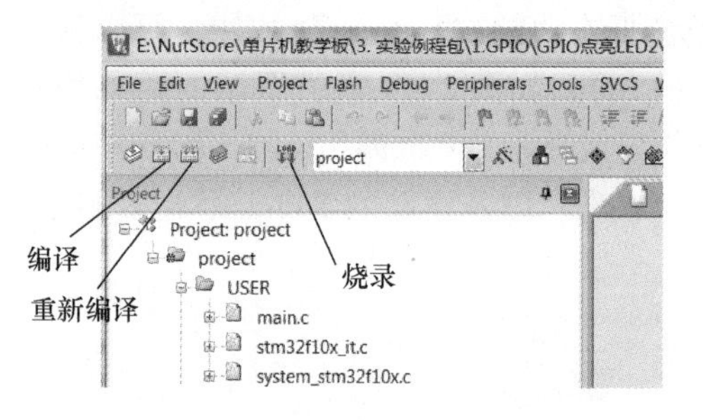

图 2-45　Keil 编译、重新编译和烧录按钮

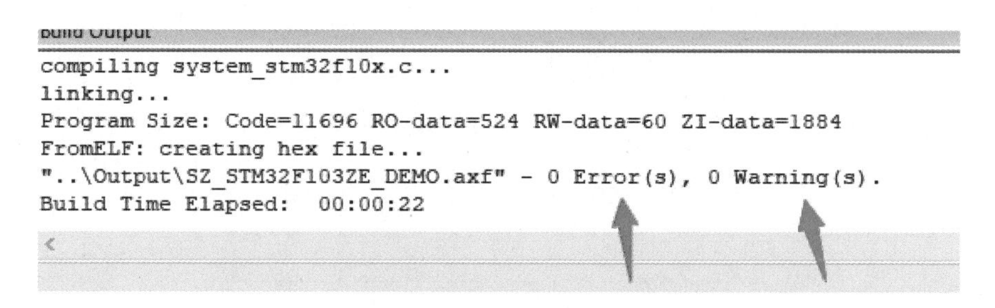

图 2-46　编译信息输出

注意，如果编译出现错误“error：L6002U：Could not open file ... \output\core_cm3. o：No such file or directory”，这是由计算机用户名是中文导致的。可以通过修改环境变量中的用户变量 TEMP 和 TMP 方式解决，如图 2-47 所示。可以先在 D 盘新建文件夹，命名为“Temp”，再将环境变量 TEMP 和 TMP 改为“D:\Temp”。注意这里不建议改为“C:\WINDOWS\TEMP”，因为这个路径可能需要管理员权限，有可能造成问题仍然存在。

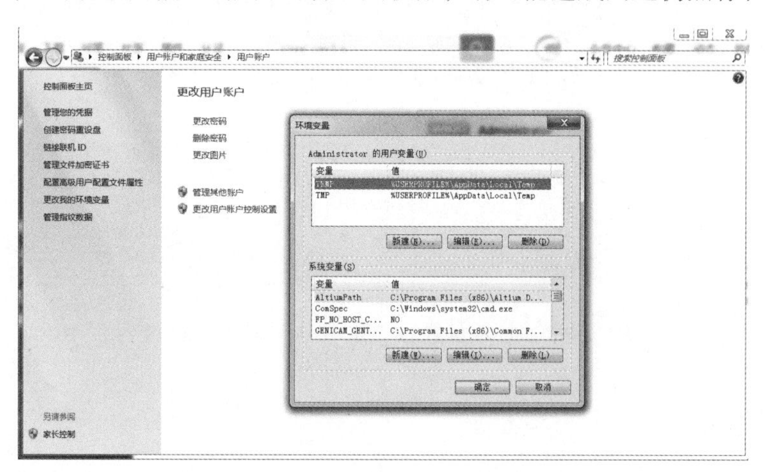

图 2-47　计算机环境变量修改

2.4.4　烧录程序

在 2.4.3 小节编译成功的情况下单击图 2-45 中的烧录按钮烧录程序，编译得到的 hex 文件，也就是二进制文件将通过 J-Link 烧录到单片机中执行。Keil 软件输出栏将出现图 2-48 箭头所示的提示信息“Flash Load finished at ……”，表示程序烧录成功了。

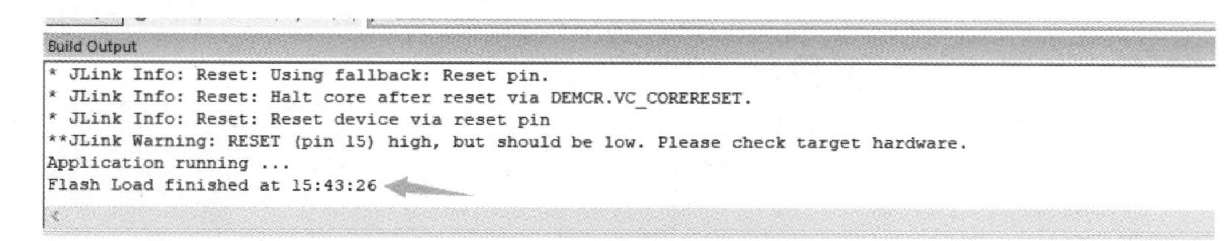

图 2-48 烧录成功

成功之后，单片机开发板的 LED2 也将在程序的控制下亮起，如图 2-49 所示。

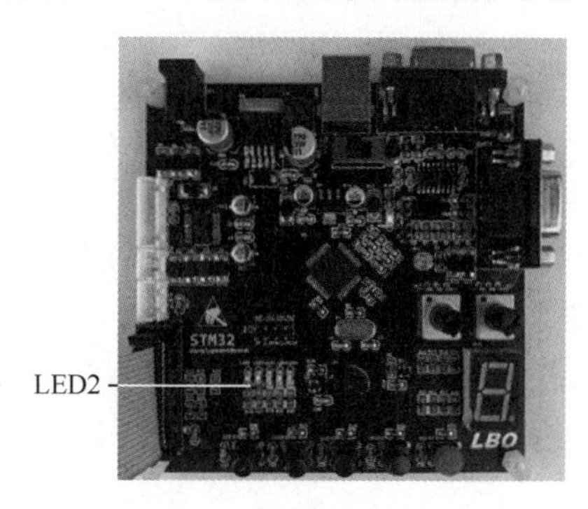

图 2-49 烧录成功的实验现象

至此，完成了单片机硬件和软件开发环境的搭建。从第 3 章开始将进行应用案例的详细讲解，具体化开发需求，在实践中体学习和领悟其基本原理。

思考和习题

1. 在 PC 上安装 MDK-ARM 开发软件，了解开发系统。
2. 下载 STM32F103RCT6 的芯片数据手册，了解其内部结构特点。
3. STM32 的 SYSCLK 系统时钟是什么？
4. 仔细阅读图 2-17 的开发板电路原理图，了解各个模块的功能。
5. 试述 STM32F103 系列单片机内包含哪些资源。
6. 点亮开发板上的 LED1 ~ LED5。

第3章 通用输入及输出（GPIO）

单片机中的外设（Perpheral）指的是单片机 CPU 之外的设备模块，用于实现单片机应用的各种功能。因此，学习单片机就是学习外设的使用。熟练掌握常见的外设对于学习任何一款单片机都是至关重要的。常见的 STM32 外设包括通用输入及输出（GPIO）、中断、通用同步/异步串行接收/发送器（USART）、定时器（TIM）和模/数转换器（ADC）等。

本章介绍单片机最基础的外设——GPIO，首先讲解 GPIO 的概念、工作原理和常用库函数，接着讲解通过该模块来控制单片机引脚电平的输入和输出，最后以控制 LED 亮灭为例进行实践。

3.1 GPIO 简介

通用输入及输出（General-Purpose Input/Output，GPIO），即通用 I/O。输出单片机能够控制引脚输出高电平还是低电平（分别代表逻辑 1 和逻辑 0），使连接在引脚上的部件呈现不同状态；而输入是单片机可以检测引脚的电平是低还是高，获取连接在引脚上部件的状态。最简单的 GPIO 应用就是控制引脚电平高低来实现 LED 的亮灭控制。

STM32 单片机有很多引脚可以利用 GPIO 来控制。图 3-1 为教程配套开发板上的 STM32F103RCT6 单片机，它一共有 64 个引脚，除了电源等特殊引脚，绝大部分引脚都可以作为 GPIO 来使用。

图 3-1　STM32F103RCT6 单片机

STM32 单片机 GPIO 引脚通过分组命名进行区分，按 A ~ G 分组，每组 0 ~ 15 共 16 个引脚，即 A 组 GPIO 的 16 个引脚为 PA0 ~ PA15、B 组的为 PB0 ~ PB15、C 组的为 PC0 ~ PC15，以此类推。图 3-2 展示了 STM32F103RCT6 单片机引脚，其中引脚 14 ~ 23（PA0 ~ PA7）、引脚 41 ~ 50（PA8 ~ PA15）都是 GPIO 引脚。此外，可以看到引脚 1（VBAT）、引脚 32（VDD_1）等则不属于 GPIO 引脚。不同的 STM32 单片机拥有的 GPIO 引脚数量可能不一样，但命名规则是相同的。

GPIO 引脚可以根据不同的场合配置成如表 3-1 所示的 8 种模式（参见配套的意法半导体官方资料《STM32 固件库使用手册（中文翻译版）》的第 125 页的表格 185）。其中，输入模式包括模拟输入、浮空输入、下拉输入和上拉输入，输出模式包括开漏输出、推挽输出、复用开漏功能和复用推挽功能。对于初学者来说，搞清楚这 8 种工作模式无疑是非常困

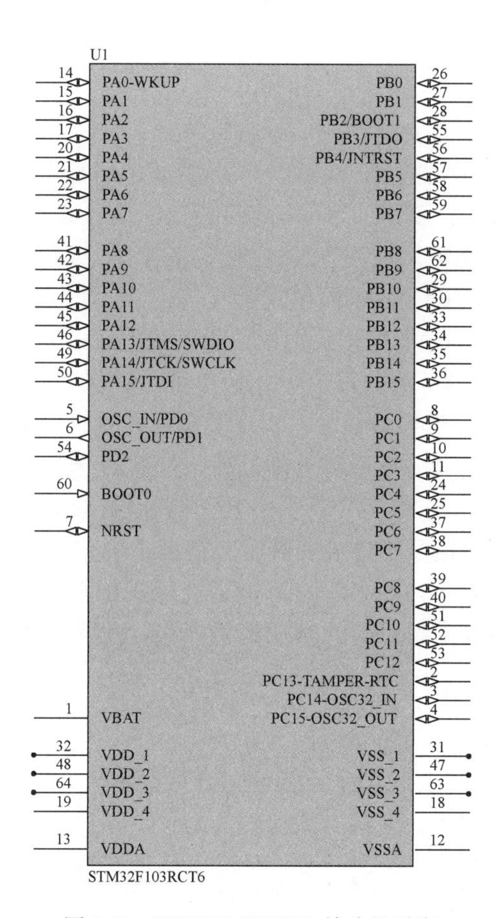

图 3-2 STM32F103RCT6 单片机引脚

难的。因此，初学者不应过于纠结于如何区分这些模式，而应从例程的实践中掌握各种模式如何选取。例如，本章通过 GPIO 控制 LED 亮灭采用的是推挽输出（GPIO_Mode_Out_PP）模式，在面对类似的场合时完全可以配置同样的模式。当然，并不是说区分这些模式不重要，而是可以在使用单片机过程中逐渐积累相应的知识。

表 3-1 GPIO 的 8 种模式

GPIO 方向	GPIO_Mode	描述
输入	GPIO_Mode_AIN	模拟输入
	GPIO_Mode_IN_FLOATING	浮空输入
	GPIO_Mode_IPD	下拉输入
	GPIO_Mode_IPU	上拉输入
输出	GPIO_Mode_Out_OD	开漏输出
	GPIO_Mode_Out_PP	推挽输出
	GPIO_Mode_AF_OD	复用开漏输出
	GPIO_Mode_AF_PP	复用推挽输出

3.2 GPIO 工作原理

每个 GPIO 端口有两个 32 位配置寄存器（GPIOx_CRL 和 GPIOx_CRH）、两个 32 位数据寄存器（GPIOx_IDR 和 GPIOx_ODR）、一个 32 位置位/复位寄存器（GPIOx_BSRR）、一个 16 位复位寄存器（GPIOx_BRR）和一个 32 位锁定寄存器（GPIOx_LCKR）。通过设置这些寄存器，STM32 的 GPIO 可以配置成不同模式。

图 3-3 是一个 I/O 端口的基本结构。图中，除了最右端的 I/O 引脚是外界和芯片交互的出入口外，其他都是在芯片内部的。每个 I/O 端口都是以保护二极管、推挽开关、晶体管-晶体管逻辑（TTL）施密特触发器为核心，实现了非常灵活的功能。

1）保护二极管：用于防止 I/O 引脚外部过高、过低的电压输入。

2）推挽开关，即 P-MOS 管和 N-MOS 管：用于切换输出模式。

3）TTL 施密特触发器：信号经过触发器后，把高于一定阈值的电压信号转化为高电平（转化为数字信号 1）。但是，作为 ADC 采集电压输入通道时，不再通过触发器进行 TTL 电平转化。因为 ADC 外设要采集到原始的模拟信号。TTL 肖特基触发器是用肖特基管构成的施密特触发器。

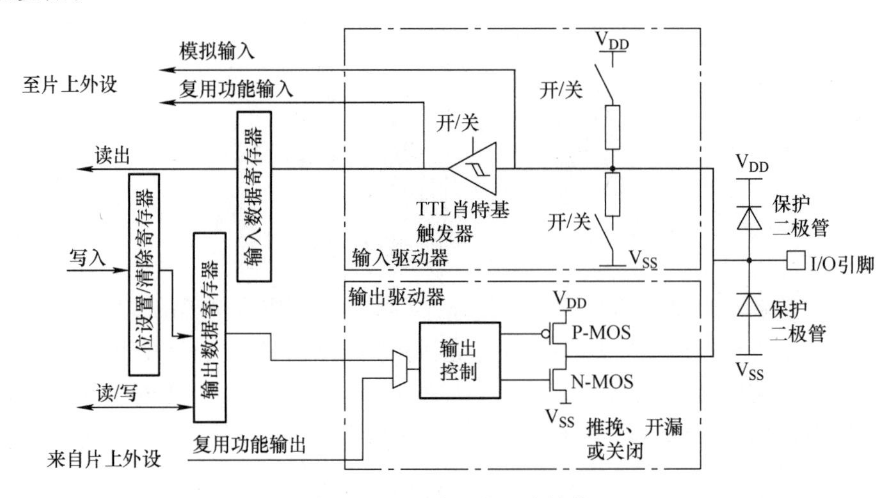

图 3-3 I/O 端口的基本结构

3.2.1 输入配置

当 I/O 端口配置为输入时，在图 3-3 所示的 I/O 端口的基本结构中会有如下变化：

1）输出缓冲（输出部分）被禁止。

2）TTL 施密特触发器输入被激活。

3）据输入配置（上拉、下拉或浮动）的不同，上拉和下拉电阻被连接。

4）现在 I/O 引脚上的数据在每个 APB2 时钟被采样到输入数据寄存器。

5）输入数据寄存器的读访问可得到 I/O 端口状态。

3.2.2 输出配置

当 I/O 端口被配置为输出时，在图 3-3 所示的 I/O 端口的基本结构中会有如下变化：

1）缓冲器被激活。

① 开漏模式：输出寄存器上的‘0’激活 N-MOS，而输出寄存器上的‘1’将端口置于高阻状态（P-MOS 从不被激活）。

② 推挽模式：输出寄存器上的‘0’激活 N-MOS，而输出寄存器上的‘1’将激活P-MOS。

2）TTL 施密特触发器输入被激活。

3）上拉和下拉电阻被禁止。

4）现在 I/O 引脚上的数据在每个 APB2 时钟被采样到输入数据寄存器。

5）开漏模式时，对输入数据寄存器的读访问可得到 I/O 端口状态。

6）推挽模式时，对输出数据寄存器的读访问得到最后一次写的值。

3.2.3　复用功能配置

当 I/O 端口被配置为复用功能时，在图 3-3 所示的 I/O 端口的基本结构中会有如下变化：

1）在开漏或推挽式配置中，输出缓冲器被打开。

2）内置外设的信号驱动输出缓冲器（复用功能输出）。

3）TTL 施密特触发器输入被激活。

4）上拉和下拉电阻被禁止。

5）在每个 APB2 时钟周期，出现在 I/O 引脚上的数据被采样到输入数据寄存器。

6）开漏模式时，读输入数据寄存器可得到 I/O 端口状态。

7）推挽模式时，读输出数据寄存器可得到最后一次写的值。

3.2.4　模拟输入配置

当 I/O 端口被配置为模拟输入配置时，在图 3-3 所示的 I/O 端口的基本结构中会有如下变化：

1）输出缓冲器被禁止。

2）禁止施密特触发输入，实现了每个模拟 I/O 引脚上的零消耗。TTL 施密特触发器输出值被强置为‘0’。

3）上拉和下拉电阻被禁止。

4）读取输入数据寄存器时数值为‘0’。

3.3　GPIO 相关的常用库函数

与 GPIO 有关的标准库函数见表 3-2。

表 3-2　GPIO 标准库函数

函数名	功　能
GPIO_DeInit	将外设 GPIOx 寄存器重设为默认值
AFIO_DeInit	将复用功能重设为默认值
GPIO_Init	根据 GPIO_InitStruct 中指定的参数初始化外设 GPIOx 寄存器

（续）

函数名	功　能
GPIO_StructInit	把 GPIO_InitStruct 中的每一个参数按默认值填入
GPIO_ReadInputDataBit	读取指定端口引脚的输入
GPIO_ReadInputData	读取指定的 GPIO 端口输入
GPIO_ReadOutputDataBit	读取指定端口引脚的输出
GPIO_ReadOutputData	读取指定的 GPIO 端口输出
GPIO_SetBits	设置指定的数据端口位
GPIO_ResetBits	清除指定的数据端口位
GPIO_WriteBit	设置或者清除指定的数据端口位
GPIO_Write	向指定 GPIO 数据端口写入数据
GPIO_PinLockConfig	锁定 GPIO 引脚设置寄存器
GPIO_EventOutputConfig	选择 GPIO 引脚用作事件输出
GPIO_EventOutputCmd	使能或者失能事件输出
GPIO_PinRemapConfig	改变指定引脚的映射
GPIO_EXTILineConfig	选择 GPIO 引脚用作外部中断线路

下面介绍其中 10 种常用库函数。

1. 函数 GPIO_DeInit

表 3-3 描述了函数 GPIO_DeInit 的用法及其参数定义。

表 3-3　函数 GPIO_DeInit 的说明

函数原型	void GPIO_DeInit（GPIO_TypeDef * GPIOx）
功能描述	将外设 GPIOx 寄存器重设为默认值
输入参数	GPIOx：x 可以是 A、B、C、D 或 E，来选择 GPIO 外设
输出参数	无
返回值	无

将外设 GPIOx 寄存器设为默认值的例子如下：

```
1.    GPIO_DeInit(GPIOA);
```

2. 函数 GPIO_Init

表 3-4 描述了函数 GPIO_Init 的用法及其参数定义。

表 3-4　函数 GPIO_Init 的说明

函数原型	void GPIO_Init（GPIO_TypeDef * GPIOx，GPIO_InitTypeDef * GPIO_InitStruct）
功能描述	根据 GPIO_InitStruct 中指定的参数初始化外设 GPIOx 寄存器
输入参数 1	GPIOx：x 可以是 A、B、C、D 或 E，来选择 GPIO 外设
输入参数 2	GPIO_InitStruct：指向结构 GPIO_InitTypeDef 的指针，包含了外设 GPIO 的配置信息
输出参数	无
返回值	无

其中，GPIO_InitTypeDef 定义于文件“stm32f10x_gpio. h”中，具体如以下代码所示：

```
1.  typedef struct
2.  {
3.      u16 GPIO_Pin;
4.      GPIOSpeed_TypeDef GPIO_Speed;
5.      GPIOMode_TypeDef GPIO_Mode;
6.  } GPIO_InitTypeDef;
```

可以看出，该结构体一共有 3 个成员变量：GPIO_Pin、GPIO_Speed 和 GPIO_Mode。在使用时就需要对结构体的成员变量设定值，表 3-5 ~ 表 3-7 分别列出了这些成员变量可以设置的值。

1）GPIO_Pin：用于选择待设置的 GPIO 引脚，使用操作符“|”可以一次选中多个引脚（如 GPIO_Pin_0 |　GPIO_Pin_1 |　GPIO_Pin_2）。GPIO_Pin 值可使用表 3-5 中的任意组合。

表 3-5　GPIO_Pin 值

GPIO_Pin	描　述
GPIO_Pin_None	无引脚被选中
GPIO_Pin_x	x 可取 0 ~ 15，对应被选中的引脚
GPIO_Pin_All	选中全部引脚

2）GPIO_Speed：用以设置选中引脚的速度。表 3-6 给出了该参数可取的值。

表 3-6　GPIO_Speed 值

GPIO_Speed	描　述
GPIO_Speed_10MHz	最高输出速度 10MHz
GPIO_Speed_2MHz	最高输出速度 2MHz
GPIO_Speed_50MHz	最高输出速度 50MHz

3）GPIO_Mode：用以设置选中引脚的工作状态。表 3-7 给出了该参数可取的值。

表 3-7　GPIO_Mode 值

GPIO 方向	GPIO_Mode	描述
输入	GPIO_Mode_AIN	模拟输入
	GPIO_Mode_IN_FLOATING	浮空输入
	GPIO_Mode_IPD	下拉输入
	GPIO_Mode_IPU	上拉输入
输出	GPIO_Mode_Out_OD	开漏输出
	GPIO_Mode_Out_PP	推挽输出
	GPIO_Mode_AF_OD	复用开漏输出
	GPIO_Mode_AF_PP	复用推挽输出

GPIO 引脚初始化的程序示例如下：

```
1.  GPIO_InitTypeDef GPIO_InitStructure;
2.  GPIO_InitStructure. GPIO_Pin = GPIO_Pin_All;
3.  GPIO_InitStructure. GPIO_Speed = GPIO_Speed_10MHz;
4.  GPIO_InitStructure. GPIO_Mode = GPIO_Mode_IN_FLOATING;
5.  GPIO_Init(GPIOA,&GPIO_InitStructure);
```


这样就完成了 GPIO 引脚的初始化，方便之后对引脚的一系列操作。

3. 函数 GPIO_ReadInputDataBit

表 3-8 描述了函数 GPIO_ReadInputDataBit 的用法及其参数定义。

表 3-8 函数 GPIO_ReadInputDataBit 的说明

函数原型	u8 GPIO_ReadInputDataBit (GPIO_TypeDef * GPIOx, u16 GPIO_Pin)
功能描述	读取指定端口引脚的输入
输入参数 1	GPIOx：x 可以是 A、B、C、D 或 E，来选择 GPIO 外设
输入参数 2	GPIO_Pin：待读取的端口位
输出参数	无
返回值	输入端口引脚值

读取 GPIO 第 7 号引脚的输入值的示例如下：

```
1. u8 ReadValue;
2. ReadValue = GPIO_ReadInputDataBit(GPIOB,GPIO_Pin_7);
```

4. 函数 GPIO_ReadInputData

表 3-9 描述了函数 GPIO_ReadInputData 的用法及其参数定义。

表 3-9 函数 GPIO_ReadInputData 的说明

函数原型	u16 GPIO_ReadInputData (GPIO_TypeDef * GPIOx)
功能描述	读取指定的 GPIO 端口输入
输入参数	GPIOx：x 可以是 A、B、C、D 或 E，来选择 GPIO 外设
输出参数	无
返回值	GPIO 输入数据端口值

读取 GPIOC 所有引脚的输入值的示例如下：

```
1.  u16 ReadValue;
2.  ReadValue = GPIO_ReadInputData(GPIOC);
```

5. 函数 GPIO_ReadOutputDataBit

表 3-10 描述了函数 GPIO_ReadOutputDataBit 的用法及其参数定义。

表 3-10 函数 GPIO_ReadOutputDataBit 的说明

函数原型	u8 GPIO_ReadOutputDataBit (GPIO_TypeDef * GPIOx, u16 GPIO_Pin)
功能描述	读取指定端口引脚的输出
输入参数 1	GPIOx：x 可以是 A、B、C、D 或 E，来选择 GPIO 外设

（续）

输入参数 2	GPIO_Pin：待读取的端口位
输出参数	无
返回值	输出端口引脚值

读取 GPIOB 第 7 号引脚的输出值的示例如下：

```
1.   u8 ReadValue;
2.   ReadValue = GPIO_ReadOutputDataBit(GPIOB,GPIO_Pin_7);
```

6. 函数 GPIO_ReadOutputData

表 3-11 描述了函数 GPIO_ReadOutputData 的用法及其参数定义。

表 3-11　函数 GPIO_ReadOutputData 的说明

函数原型	u16 GPIO_ReadOutputData（GPIO_TypeDef * GPIOx）
功能描述	读取指定的 GPIO 端口输出
输入参数	GPIOx：x 可以是 A、B、C、D 或 E，来选择 GPIO 外设
输出参数	无
返回值	GPIO 输出数据端口值

读取 GPIOC 所有引脚的输出值的示例如下：

```
1.   u16 ReadValue;
2.   ReadValue = GPIO_ReadOutputData(GPIOC);
```

7. 函数 GPIO_SetBits

该函数在实验中常被用来点亮 LED，表 3-12 描述了函数 GPIO_SetBits 的用法及其参数定义。

表 3-12　函数 GPIO_SetBits 的说明

函数原型	void GPIO_SetBits（GPIO_TypeDef * GPIOx，u16 GPIO_Pin）
功能描述	设置指定的数据端口位
输入参数 1	GPIOx：x 可以是 A、B、C、D 或 E，来选择 GPIO 外设
输入参数 2	GPIO_Pin：待设置的端口位 该参数可以取 GPIO_Pin_x（x 可以是 0 ~ 15）的任意组合 如 GPIO_Pin_0 | GPIO_Pin_1 | GPIO_Pin_2
输出参数	无
返回值	无

设置 GPIOA 的第 10、15 号端口，将其置于 1 的示例，具体如下：

```
1.   GPIO_SetBits(GPIOA,GPIO_Pin_10|GPIO_Pin_15);
```

8. 函数 GPIO_ResetBits

表 3-13 描述了函数 GPIO_ResetBits 的用法及其参数定义。

表 3-13　函数 GPIO_ResetBits 的参数

函数原型	void GPIO_ResetBits（GPIO_TypeDef * GPIOx，u16 GPIO_Pin）
功能描述	清除指定的数据端口位
输入参数 1	GPIOx：x 可以是 A、B、C、D 或 E，来选择 GPIO 外设
输入参数 2	GPIO_Pin：待设置的端口位 该参数可以取 GPIO_Pin_x（x 可以是 0～15）的任意组合 如 GPIO_Pin_0 | GPIO_Pin_1 | GPIO_Pin_2
返回值	无

清除 GPIOA 的第 10、15 号端口，将其置于 0 的示例，具体如下：

```
1.    GPIO_ResetBits(GPIOA,GPIO_Pin_10|GPIO_Pin_15);
```

设置后 PA10 和 PA15 端口是低电平。

9. 函数 GPIO_WriteBit

GPIO_WriteBit 可以作为 GPIO_SetBits 和 GPIO_ReSetBits 的组合。

表 3-14 描述了 GPIO_WriteBit 的用法及其参数定义。

表 3-14　函数 GPIO_WriteBit 的说明

函数原型	void GPIO_WriteBit（GPIO_TypeDef * GPIOx，u16 GPIO_Pin，BitAction BitVal）
功能描述	设置或者清除指定的数据端口位
输入参数 1	GPIOx：x 可以是 A、B、C、D 或 E，来选择 GPIO 外设
输入参数 2	GPIO_Pin：待设置或者清除指定的端口位 该参数可以取 GPIO_Pin_x（x 可以是 0～15）的任意组合 如 GPIO_Pin_0 | GPIO_Pin_1 | GPIO_Pin_2
输入参数 3	BitVal：该参数指定了待写入的值 该参数必须取枚举 BitAction 的其中一个值 Bit_RESET：清除数据端口位 Bit_SET：设置数据端口位
输出参数	无
返回值	无

设置 GPIOA 的第 15 个端口（PA15）的示例如下：

```
1.    GPIO_WriteBit(GPIOA,GPIO_Pin_15,Bit_SET);
```

10. 函数 GPIO_Write

表 3-15 描述了函数 GPIO_Write 的用法及其参数定义。

表 3-15　函数 GPIO_Write 的说明

函数原型	void GPIO_Write（GPIO_TypeDef * GPIOx，u16 PortVal）
功能描述	向指定 GPIO 数据端口写入数据
输入参数 1	GPIOx：x 可以是 A、B、C、D 或 E，来选择 GPIO 外设
输入参数 2	PortVal：待写入端口数据寄存器的值
输出参数	无
返回值	无

向 GPIOA 各个引脚写入值的示例如下：

```
1.  GPIO_Write(GPIOA,0x1101);
```

例中，十六进制的“0x1101”转换为二进制的“0001 0001 0000 0001”正好为 16 位，从最低位到最高位分别对应 GPIOA 的 GPIO_Pin_0 ~ GPIO_Pin_15，因此“0001 0001 0000 0001”表示设置 PA0、PA8 和 PA12 为高电平。

3.4　GPIO 输出应用案例：点亮 LED

本节将介绍一个 GPIO 输出案例，学习通过 C 语言程序控制一个单片机引脚的输出，进而点亮 LED。本案例看起来很简单，但实际上单片机可以控制一个 LED 就可以控制别的东西，例如，可以在回到家之前打开电饭煲电源开始煮饭，也可以触发一个精巧的机关，还可以让火箭点火发射。

后续将先介绍案例实现步骤，其次对其硬件原理和软件设计进行讲解，最后通过习题进行实践，以帮助读者掌握 GPIO 输出的应用技能。

3.4.1　实现步骤

通过单片机的 GPIO 输出来实现“点亮 LED”案例的步骤如下：

1）在安装好 J-Link 驱动的情况下，将 J-Link 的 JTAG 接口和 USB 接口分别与单片机开发板和计算机相连。同时，通过电源适配器为单片机开发板供电，如图 3-4 所示。

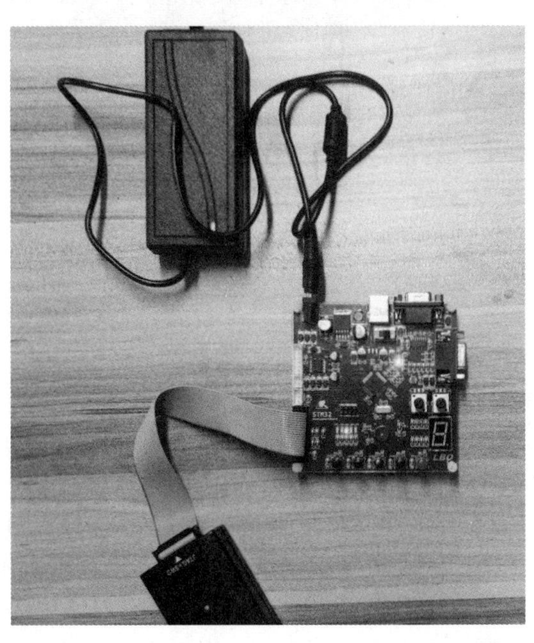

图 3-4　单片机开发板与 J-Link、电源的连接

2）打开配套资料“3. 实验例程包\1. GPIO\GPIO 点亮 LED2\user”里面的工程文件“project. uvprojx”，单击如图 3-5 所示的重新编译按钮。经编译无错误后，再单击烧录按钮，把编译生成的二进制文件烧录到单片机中执行。

图 3-5　重新编译、烧录功能

3）按下开发板红色的复位按钮（如果已经按照第 2 章的步骤将 J-Link 配置为程序烧录到单片机后立即执行，则这里可以不复位），可以看到开发板上的 LED2 被点亮了，如图 3-6 所示。

在这个案例中，可以观察单片机控制 LED 被点亮的过程。

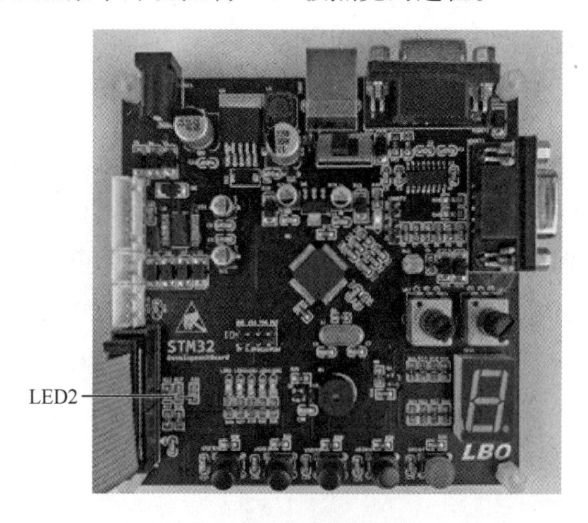

图 3-6　点亮 LED2 效果

3.4.2　工作原理

要应用 GPIO 模块点亮 LED，同时需要硬件部分和软件部件。下面先介绍硬件部分的原理。

3.4.2.1　硬件原理

硬件部分从开发板原理图入手，在开发板原理图中可以找到 LED 部分原理图（见图 3-7a、b）。其中，图 3-7a 为 LED2 的驱动电路，从中可以看到 LED2 负极连在地线上，正极通过电阻 R37 连接到网络 PC11。由于 R37 的左边有网络标号“PC11”，根据第 2 章中网络标号的相关知识，可知 R37 最终连到了单片机的引脚 PC11（即 C 组 GPIO 端口的第 11 号引脚）。

当单片机引脚 PC11 输出高电平（3.3V）时，LED2 两端将存在电势差，电流将从 PC11 流过 R37，再流过 LED2，从而点亮 LED2。而当单片机引脚输出低电平（0V）时，没有电流流过 LED2，LED2 将熄灭。也请读者思考下，如果要控制图 3-7b 中其他的 LED，又该让

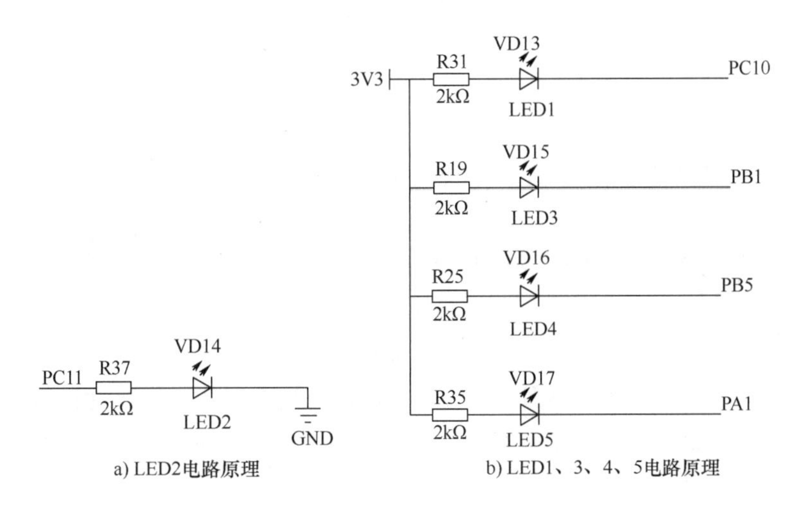

图 3-7　LED 的电路原理图

GPIO 引脚处于高电平还是低电平？

综上所述，如果能够控制 PC11 输出高电平，就可以点亮 LED2。下面介绍软件设计部分，即通过设计程序来控制 GPIO 引脚的高低电平。

3.4.2.2　软件设计

接下来学习软件设计。打开工程文件后，可以在 Keil 软件左侧导航栏的 USER 分组中找到主程序 main.c（见图 3-8），双击打开。

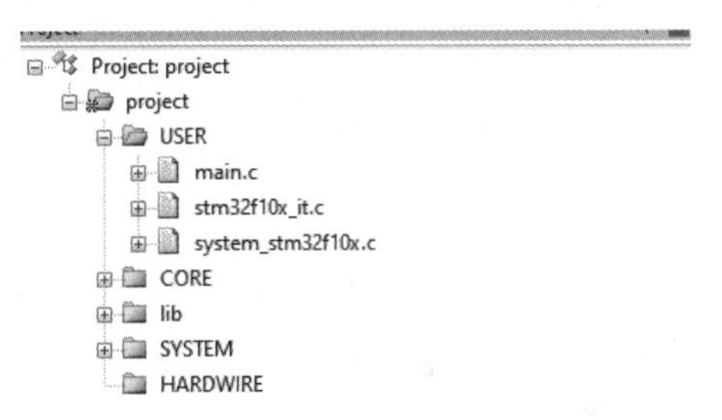

图 3-8　主程序 main.c 的位置

打开主程序 main.c 文件后，可以看到它的完整内容。该程序具体如下所示（在这里只需要大致浏览源程序，不需要理解每句程序的具体含义）。接下来将仔细讨论程序的具体含义。

```
1.  #include "stm32f10x.h"//标准外设库头文件
2.  int main(void)
3.  {
4.      /********************** LED 配置开始 ******************************/
5.
6.      //配置 GPIO
7.      GPIO_InitTypeDef    GPIO_Initstructure;          //定义 GPIO 结构体
8.      RCC_APB2PeriphClockCmd(RCC_APB2Periph_GPIOC,ENABLE); //使能 GPI-
OC  时钟
9.      GPIO_Initstructure.GPIO_Mode = GPIO_Mode_Out_PP;  //配置为输出模式
10.     GPIO_Initstructure.GPIO_Pin = GPIO_Pin_11;      //LED2 对应引脚为 PC11
11.     GPIO_Initstructure.GPIO_Speed = GPIO_Speed_50MHz;  //GPIO 速度 50MHz
12.
13.     GPIO_Init(GPIOC,&GPIO_Initstructure); //用 GPIO_InITstructure 结构体参数,
初始化 GPIO
```

```
14.
15.     / ********************** LED 配置结束 ****************************** /
16.
17.     while (1)//死循环，让程序持续运行
18.     {
19.       GPIO_SetBits(GPIOC,GPIO_Pin_11);
20.     }
21.  }
```


上述主程序第一行是包含头文件“stm32f10x. h”，只有包含这个头文件后才能调用标准库函数，否则编译会报错。除了第一行之外，程序主要由配置部分和控制部分组成。接下来深入分析这两部分的具体含义。

1. 配置部分

配置部分对应上述程序的第 4 ~ 15 行，其目的是为控制引脚 PC11 输出高电平做准备。对于 STM32 单片机，要使用某一个外设，则先要对该外设进行激活使能（ENABLE），如本章介绍的 GPIO 模块。这样做的好处是，可以使工程中没有用到的外设默认关闭，而只将某些要用到的外设激活，从而有效降低芯片的功耗。让一个外设使能、开始工作的方法是配置和激活启动该外设的时钟。因为时钟信号是单片机所有模块正常工作的同步信号，所以一旦激活了某外设的时钟，该外设就可以开始工作了。例如，要使用 B 组的 GPIO 端口，就要激活 GPIOB 的时钟，而要使能 A 组 GPIO 端口则要先激活 GPIOA 的时钟。由于控制 LED2 的 GPIO 引脚是 PC11，也就是 C 组 GPIO 端口的第 11 号引脚。因此，配置部分要将 GPIOC 的时钟激活。除此之外，程序还要明确第 11 号引脚的工作模式。配置部分的程序具体如下所示：

```
4.     / ********************** LED 配置开始 ******************************* /

5.
6.     //配置 GPIO
7.     GPIO_InitTypeDef     GPIO_Initstructure;                 //定义 GPIO 结构体
8.     RCC_APB2PeriphClockCmd(RCC_APB2Periph_GPIOC,ENABLE);  //使能 GPI-
OC 时钟
9.     GPIO_Initstructure. GPIO_Mode  =  GPIO_Mode_Out_PP;        //配置为输出模式
10.    GPIO_Initstructure. GPIO_Pin  =  GPIO_Pin_11;      //LED2 对应引脚为 PC11
11.    GPIO_Initstructure. GPIO_Speed  =  GPIO_Speed_50MHz;     //GPIO 速度 50MHz
12.
13.    GPIO_Init(GPIOC,&GPIO_Initstructure); //用 GPIO_InITstructure 结构体参数，
初始化 GPIO
14.
15.    / ********************** LED 配置结束 ****************************** /
```

接下来逐行来讲解配置部分的程序，它主要执行了以下几个步骤：

1）定义类型为 GPIO_ InitTypeDef 的结构体变量 GPIO_ Initstructure，程序如下：

```
7.    GPIO_InitTypeDef      GPIO_Initstructure; //定义 GPIO 结构体
```

说明：在本教程第 1 章中提到过结构体这个数据类型，结构体将多个独立的变量组合成一个整体，构成新的变量类型。

表 3-4 函数 GPIO_Init 参数的说明中也介绍了该结构体，并给出了结构体 GPIO 模式 GPIO_Mode、引脚号 GPIO_Pin、速度 GPIO_Speed 等成员变量以及其可取值。

2）时钟使能，程序如下：

```
8.    RCC_APB2PeriphClockCmd(RCC_APB2Periph_GPIOC,ENABLE); //使能 GPIOC 时钟
```

说明：正如前文中提到过的，为了降低功耗，STM32 单片机的外设默认关闭。因为在本案例中使用了 C 组的 GPIO 引脚 PC11，所以要通过开启 GPIOC 的时钟来激活 C 组 GPIO。根据配套的意法半导体官方资料“STM32 固件库使用手册（中文翻译版）”中关于 RCC_APB2PeriphClockCmd 的说明（见表 3-16），可以知道该函数是用来关闭或者激活 APB2 时钟的。

表 3-16　RCC_APB2PeriphClockCmd 说明

函数名	RCC_APB2PeriphClockCmd
函数原型	void RCC_APB2PeriphClockCmd（u32 RCC_APB2Periph，FunctionalState NewState）
功能描述	使能或者失能 APB2 外设时钟
输入参数 1	RCC_APB2Periph：门控 APB2 外设时钟
输入参数 2	NewState：指定外设时钟的新状态，这个参数可取 ENABLE 或者 DISABLE
输出参数	无
返回值	无

APB2 是 STM32 单片机的总线桥，CPU 需要通过总线桥才能够控制具体外设。如图 3-9

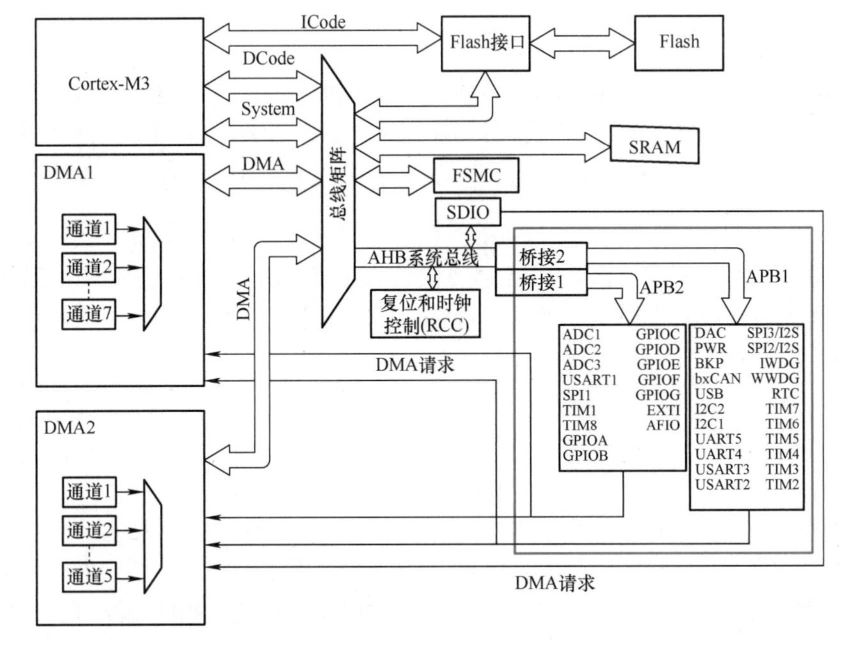

图 3-9　STM32 系统结构

所示，STM32 除了有 APB2 总线桥，还有 APB1 总线桥。APB1 和 APB2 分别连接了不少外设，如本章使用的通用输入输出模块（GPIOA、GPIOB、…、GPIOG）都是连接到 APB2 上的。

通过 APB2 总线桥连接的外设需要通过 RCC_APB2PeriphClockCmd 总线来激活或者关闭。此外，还有 STM32 的库函数 RCC_AHBPeriphClockCmd、RCC_APB1PeriphClockCmd 用于控制其他的外设。RCC_APB2PeriphClockCmd 的参数 RCC_AHB2Periph（外设时钟）取值见表 3-17（参见配套的意法半导体官方资料“STM32 固件库使用手册（中文翻译版）”第 208 页 Table 373），即该表中的外设都是被 APB2 总线桥所控制的。

表 3-17　RCC_AHB2Periph 值

RCC_AHB2Periph	描　述
RCC_APB2Periph_AFIO	功能复用 IO 时钟
RCC_APB2Periph_GPIOA	GPIOA 时钟
RCC_APB2Periph_GPIOB	GPIOB 时钟
RCC_APB2Periph_GPIOC	GPIOC 时钟
RCC_APB2Periph_GPIOD	GPIOD 时钟
RCC_APB2Periph_GPIOE	GPIOE 时钟
RCC_APB2Periph_ADCx	x 为 1 或 2，表示 ADC1 和 ADC2 的时钟
RCC_APB2Periph_TIM1	TIM1 时钟
RCC_APB2Periph_SPI1	SPI1 时钟
RCC_APB2Periph_USART1	USART1 时钟
RCC_APB2Periph_ALL	全部 APB2 外设时钟

因此，要使能 D 组 GPIO，程序中对应处则应更新为：

RCC_APB2PeriphClockCmd（RCC_APB2Periph_GPIOD，ENABLE）;

3）为结构体变量 GPIO_Initstructure 成员变量赋值，程序如下：

```
9.  GPIO_Initstructure.GPIO_Mode = GPIO_Mode_Out_PP;   //配置为推挽输出模式
10. GPIO_Initstructure.GPIO_Pin = GPIO_Pin_11;         //LED2 对应引脚为 PC11
11. GPIO_Initstructure.GPIO_Speed = GPIO_Speed_50MHz;  //GPIO 速度 50MHz
```

成员变量 1：GPIO_Mode，定义的是 GPIO 工作在前文（3.1 节）提到的 8 种模式之一。本程序中，使用的是推挽输出模式，该模式可以提供较大的驱动电流来点亮 LED。读者可以尝试把工作模式修改为其他工作模式，然后再观察实验效果有无变化，从而加深对这 8 种工作方式的理解。

成员变量 2：GPIO_Pin，该成员变量是定义所配置引脚的引脚号。本案例中使用的引脚为 PC11，它属于 C 组的 GPIO 第 11 号引脚，所以配置引脚号为 GPIO_Pin_11。假设使用的是其他引脚，如 PB4，该成员变量应改为 GPIO_Pin_4。

成员变量 3：GPIO_Speed，用于配置 GPIO 引脚电平的最快切换速度，见表 3-6（参见配套的意法半导体官方资料“STM32 固件库使用手册（中文翻译版）”的第 125 页 Table 184），一般可以配置为 2MHz、10MHz、50MHz 等，即 10MHz 对应 GPIO_Speed_10MHz、50MHz 对应 GPIO_Speed_50MHz 等。

4）完成IO初始化，程序如下：

```
13.    GPIO_Init(GPIOC,&GPIO_Initstructure);
```

说明：需要注意的是，第9~11行程序虽然对GPIO_Initstructure成员变量进行了赋值，但其实并没有真正发挥作用。因为如果要通过程序来控制单片机硬件，必须得对相应寄存器进行赋值。函数GPIO_Init就是使用结构体GPIO_Initstructure中的参数来初始化GPIO相关的寄存器。GPIO_Init的第一个参数是GPIOC，它确定了第二个参数中各参数是对C组GPIO相应寄存器进行设置。第二个参数“&GPIO_Initstructure”中的“&”表示取结构体变量GPIO_Initstructure的地址（因为该参数为指针类型，见表3-4）。在后续章节中也有不少函数是类似这样调用的。读者也可以参考配套的意法半导体官方资料“STM32固件库使用手册（中文翻译版）”第124页Table 182中关于函数GPIO_Init的说明。

最终，上述配置部分程序开启了C组GPIO时钟，从而使外设GPIOC开始工作；并通过调用标准库函数对C组GPIO第11号引脚进行配置，指定其工作方式为推挽输出模式GPIO_Mode_Out_PP，速度为GPIO_Speed_50MHz。

2. 控制部分

控制部分的程序主要是while结构中的语句，即：

```
17.    while(1)//死循环，让程序持续运行
18.    {
19.            GPIO_SetBits(GPIOC,GPIO_Pin_11);
20.    }
```

说明：while(1)构成一个死循环，反复执行GPIO_SetBits（GPIOC，GPIO_Pin_11）。其实只执行一次也可以，采用死循环只是为了避免单片机程序**跑飞**（即程序运行过程中，计算机程序指针会自动累加，指向后续程序，从而使程序顺序执行。跑飞意味着用户写的程序已经执行完了，程序指针继续累加，指向没有程序的存储区域，导致单片机执行未知指令），产生意外效果，所以实际在单片机编程中常常会有一个while(1)死循环结构。

本案例中，控制部分程序的核心为GPIO_SetBits函数（其用法及参数定义见表3-12），该函数功能为使设定端口输出高电平。在3.4.2小节工作原理部分可知，只要让PC11输出高电平即可点亮LED2。控制部分程序第19行中的GPIOC表示端口组别为C组，GPIO_Pin_11表示引脚号为11号。该行程序就是让引脚PC11输出了高电平，点亮LED2。

所谓GPIO的输出功能，是通过GPIO_SetBits函数或GPIO_ResetBits函数让指定引脚输出高或低电平。其中，函数GPIO_ResetBits的说明见表3-13（参见“STM32固件库使用手册（中文翻译版）”第129页Table 194），此函数将在3.5节的修改任务中使用到。读者们也可查找该使用手册相应部分，了解相关函数。

3.4.3 习题

3.4节详细介绍了如何通过C语言程序点亮LED2。请在理解开发板原理图（见图3-7）的基础上，打开“3. 实验例程包\1. GPIO\GPIO点亮LED2\user”里面的工程文件“project. uvprojx”，修改其main. c程序，实现点亮LED3。

提示：使GPIO输出低电平的库函数为GPIO_ResetBits。

3.5 GPIO 输入应用案例：按键控制 LED

除了 3.4 节中学习的输出功能，GPIO 还具有输入功能。通过输入功能，单片机能够检测引脚处于高电平还是低电平，从而感知外部信号。这使得单片机能够获取传感器检测到的各种输出状态，并利用这些状态完成控制任务。需要注意的是，与输出功能不同，GPIO 的输入功能是对外部信号进行感知和检测，而不是向外输出信号。

本节将介绍“按键控制 LED”案例实现步骤，讲解硬件原理和软件设计，并通过习题进行实践。

3.5.1 实现步骤

通过单片机的 GPIO 输入功能来实现“按键控制 LED”案例的步骤如下：

1）和 3.4 节的案例一样，先要连接好单片机开发板电源、J-Link、计算机。

2）打开配套资料“3. 实验例程包\1. GPIO\GPIO 按键\user”里面的工程文件“project. uvprojx”，将程序编译；在编译通过后烧录至单片机。

3）烧录完成后，当按下 USER1 按键时，可以发现开发板上 LED2 点亮了；当再按下 USER2 按键后，LED2 又熄灭了。

本案例展示了：可通过单片机的 GPIO 的输入功能检测按键的状态，进而根据按键的状态来控制 LED 亮灭。

3.5.2 工作原理

3.5.2.1 硬件原理

在配套资料的开发板原理图中，可以找到按键检测的原理图，如图 3-10 所示。

从图 3-10 中可知，USER1 按键左边与单片机引脚 PC12 相连接，并通过电阻 R30 与 3.3V 电源相连；右边则接地。因此，当按键没被按下时，3.3V 电源和地之间有电阻 R30 和电容 C25。由于电容具有隔断直流的特性，此时电阻 R30 没有电流通过（两端电压相等）。因此引脚 PC12 检测到的电平为高电平（3.3V）。而当按键按下后，PC12 直接和地相连，此时引脚 PC12 检测到电平则为低电平（0V）。据此，单片机可以通过根据引脚 PC12 的高低电平来判断对应的按键是否被按下。在后续内容中将介绍用于检测引脚高低电平的库函数。

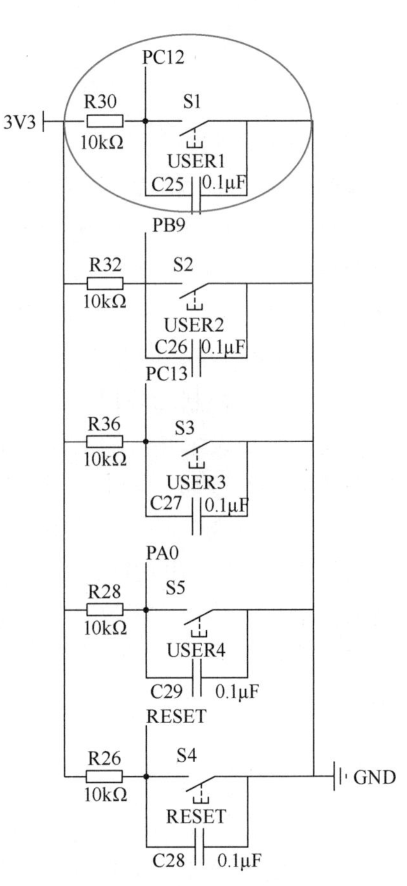

图 3-10 开发板按键检测原理图

3.5.2.2 软件设计

本案例程序同样由配置和控制两部分组成，具体如下：

```
1.  #include "stm32f10x.h"//标准外设库头文件
2.
3.  int main(void)
4.  {
5.    GPIO_InitTypeDef  GPIO_InitStructure;  //定义 GPIO 结构体
6.    /********************** LED2 配置 ********************************/
7.    RCC_APB2PeriphClockCmd(RCC_APB2Periph_GPIOC,ENABLE);
8.    GPIO_InitStructure.GPIO_Mode = GPIO_Mode_Out_PP;  //配置为输出模式
9.    GPIO_InitStructure.GPIO_Pin = GPIO_Pin_11;
10.   GPIO_InitStructure.GPIO_Speed = GPIO_Speed_50MHz;
11.   GPIO_Init(GPIOC,&GPIO_InitStructure);  //调用库函数 GPIO_Init()初始化 GPIO
12.   /********************** USER1 按键配置 ***************************/
13.   GPIO_InitStructure.GPIO_Mode = GPIO_Mode_IPU; //配置为上拉输入
14.   GPIO_InitStructure.GPIO_Pin = GPIO_Pin_12;
15.   GPIO_Init(GPIOC,&GPIO_InitStructure);
16.   /********************** USER2 按键配置 ***************************/
17.   RCC_APB2PeriphClockCmd(RCC_APB2Periph_GPIOB,ENABLE);
18.   GPIO_InitStructure.GPIO_Mode = GPIO_Mode_IPU;
19.   GPIO_InitStructure.GPIO_Pin = GPIO_Pin_9;
20.   GPIO_Init(GPIOB,&GPIO_InitStructure);
21.   while(1)
22.   {
23.       if(GPIO_ReadInputDataBit(GPIOC,GPIO_Pin_12) ==0) //如果 USER1 按下，即判断 PC12 输入电平是否为低电平
24.       {
25.           GPIO_SetBits(GPIOC,GPIO_Pin_11); //PC11 输出高电平，点亮 LED2
26.       }
27.       else if(GPIO_ReadInputDataBit(GPIOB,GPIO_Pin_9) ==0) //如果 USER2 按下，即判断 PB9 输入电平是否为低电平
28.       {
29.           GPIO_ResetBits(GPIOC,GPIO_Pin_11);  //PC11 输出低电平，熄灭 LED2
30.       }
31.
32.   }
33. }
```


1. 配置部分

上述程序中的配置部分包含 GPIO 输出部分和输入部分。输出部分在 3.4 节 GPIO 输出

案例中已经介绍过，不再赘述。输入部分是两个按键（USER1 和 USER2 按键）对应引脚的配置，也是需要使能相应时钟，激活相应组的 GPIO。由图 3-10 中可知，USER1 按键使用的 GPIO 引脚是 PC12，USER2 按键使用的 GPIO 引脚是 PB9。因此，先要通过 RCC_APB2PeriphClockCmd 函数使能 C 组和 B 组 GPIO 时钟，再将引脚 PC12 和 PB9 配置为上拉输入模式（由于有外部上拉电阻，浮空输入模式也可以，读者可以自行修改测试）。至此，引脚 PC12 和 PB9 就可以检测电平变化，从而判断 USER1 和 USER2 按键是否被按下。以 USER1 为例，因为 C 组 GPIO 时钟已经在第 7 行使能了，无须再次配置；因此第 12 ~ 15 行程序将 PC12 引脚模式配置为上拉输入模式。USER1 按键配置的程序如下：


```
12.    /********************** USER1 按键配置 ***************************/
13.    GPIO_InitStructure.GPIO_Mode = GPIO_Mode_IPU; //配置为上拉输入
14.    GPIO_InitStructure.GPIO_Pin = GPIO_Pin_12;
15.    GPIO_Init(GPIOC,&GPIO_InitStructure);
```

可见，GPIO 输入和输出配置只有 GPIO_Mode 模式不同，其他部分相同。

2. 控制部分

程序第 21 ~ 32 行是控制部分，具体如下：

```
21.    while(1)
22.    {
23.        if(GPIO_ReadInputDataBit(GPIOC,GPIO_Pin_12) = =0) //如果 USER1 按
下，即判断 PC12 输入电平是否为低电平
24.        {
25.          GPIO_SetBits(GPIOC,GPIO_Pin_11); //PC11 输出高电平，点亮 LED2
26.        }
27.        else if(GPIO_ReadInputDataBit(GPIOB,GPIO_Pin_9) = =0) //如果 USER2
按下，即判断 PB9 输入电平是否为低电平
28.        {
29.          GPIO_ResetBits(GPIOC,GPIO_Pin_11);  //PC11 输出低电平，熄灭 LED2
30.        }
31.
32.    }
```

第 25 行和第 29 行的 GPIO_SetBits 和 GPIO_ResetBits 函数在 3.2 节中已经介绍过。它们用于控制 GPIO 引脚输出高电平或低电平，从而点亮或者熄灭 LED。其中第 23 行和第 27 行中的 GPIO_ReadInputDataBit（见表 3-8）是本节首次接触的标准库函数，可以在标准库函数手册“STM32 固件库使用手册（中文翻译版）”第 126 页 Table 189 中查到其相关说明。在表 3-8 的功能描述中，可知该函数是用于读取引脚的输入电平。当输入引脚为高电平时，该函数将返回 1；当输入引脚为低电平时，则返回 0。因此，控制部分在不停读取 PC12 和 PB9 的电平，进而根据所读取的电平高低来控制 LED2 的亮灭。根据硬件部分的介绍，当 USER1 按下时，引脚 PC12 降为低电平；同样当 USER1 按下时，引脚 PB9 降为低电平。再将硬件部分与程序相结合，最终实现按下 USER1 点亮 LED2，而按下 USER1 熄灭 LED2 的效果。

思考和习题

1. 简述 STM32 常见的封装方式。
2. STM32F103 的 I/O 端口可配置为哪几种模式？哪些是输入，哪些是输出？
3. 简述 GPIO、AFIO 的含义。
4. 读取指定端口引用的输入用哪个函数？
5. 根据 3.5 节，请在理解开发板原理图（见图 3-11）的基础上，打开“3. 实验例程包\1. GPIO\GPIO 按键\user”里面的工程文件“project. uvprojx”，修改其 main. c 程序，实现用 USER3 按键点亮 LED3，用 USER4 按键熄灭 LED3。

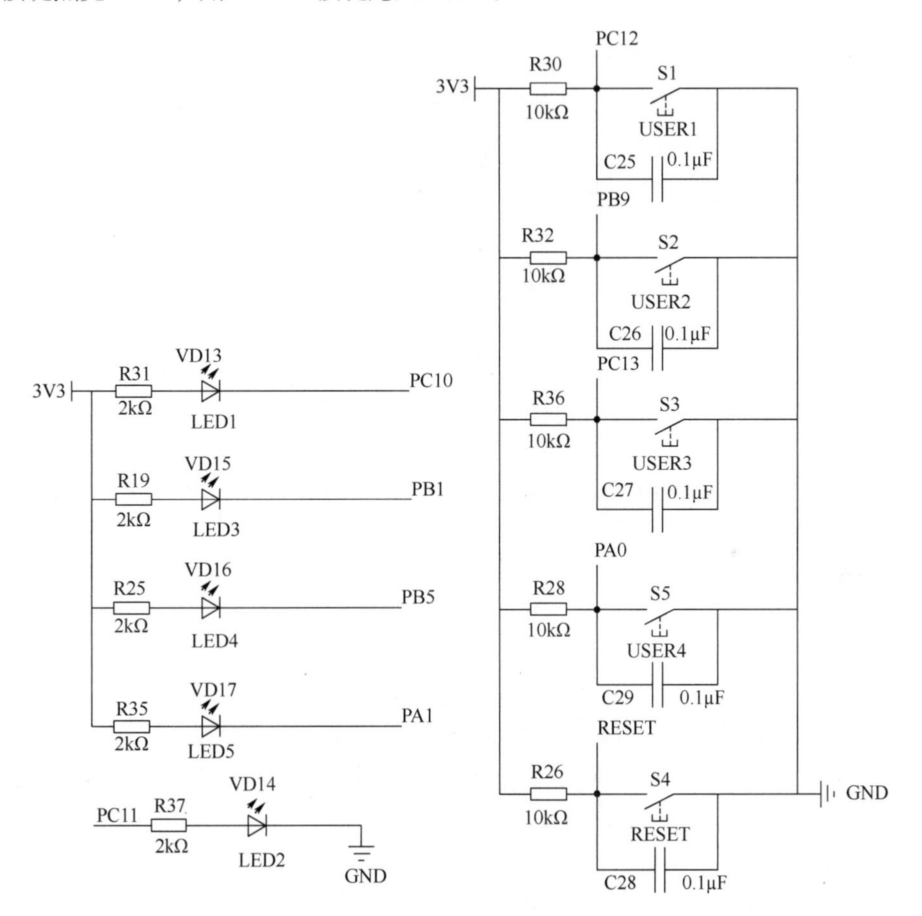

图 3-11　LED 和按键原理图

第4章 中断和事件

中断是单片机外设中的一个重要概念。中断可以简化程序开发过程，提高处理器的执行效率。本章将专门讲解 STM32 的外部中断，包括中断原理、常用库函数、使用流程和中断控制等方面。同时，本章将通过一个“中断方式按键控制 LED”的例子进行实践。在后续的章节中，还将介绍其他类型的中断，如定时器中断和串口中断。

4.1 中断原理

1. 函数调用原理

在介绍中断概念之前，需要先了解计算机程序正常的执行流程。计算机程序最主要的执行方式是执行完一句之后再执行下一句，依次往下。如果有分支语句或者函数调用，那么在跳转之后也是依次往下执行。重点来看下函数调用执行的方式，图 4-1 所示为函数调用流程。在函数调用过程中，主程序先主动调用某个函数，执行函数程序之后再接着执行主程序后续部分。

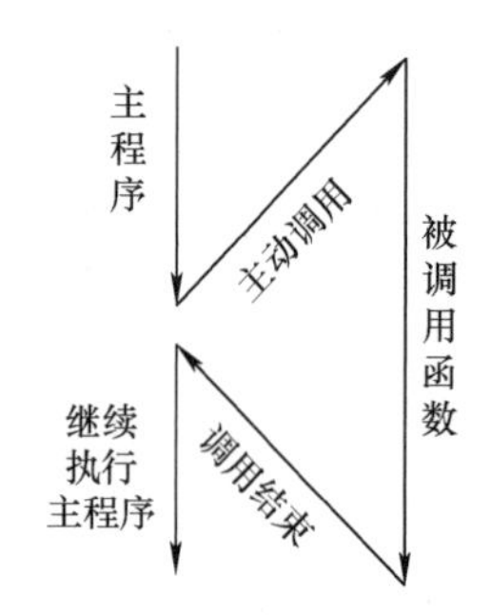

图 4-1　函数调用流程

需要注意的是，除了 main 函数是 C 语言程序入口以外，其他函数一定是被其他程序主动调用之后才开始执行的。如果某函数没有被调用，则该函数将不起作用。例如，如下所示程序虽然定义了 3 个函数“Fun1”“Fun2”和“Fun3”，但在 main 函数中只调用了“Fun1”和“Fun2”，在这种情况下，“Fun3”并不会起任何作用。

```
1.  void Fun1()
2.  {
3.      …
4.  }
5.  void Fun2()
6.  {
7.      …
8.  }
9.  void Fun3()
10. {
```

```
11.  …
12.  }
13.  void main()
14.  {
15.      Fun1();
16.      Fun2();
17.  }
```


2. 中断调用原理

中断指的是当出现合适条件时，CPU 暂时停止当前程序的执行转而执行处理新情况的程序和执行的过程。

如图 4-2 所示为中断响应流程，中断函数的调用过程类似于一般函数调用。两者的区别在于何时调用一般函数在程序中是事先安排好的；而何时调用中断函数事先却无法确定，因为中断的发生是由外部因素决定的，在程序中无法事先安排调用语句。即：中断服务函数不需要别的程序主动调用，而是满足一定条件时自动执行。使用中断，要满足两个基本条件：一是单片机允许的中断通道有中断发生；二是有定义好的中断服务函数。这样，当特定的中断发生时，CPU 即自动开始执行相应的中断服务函数。

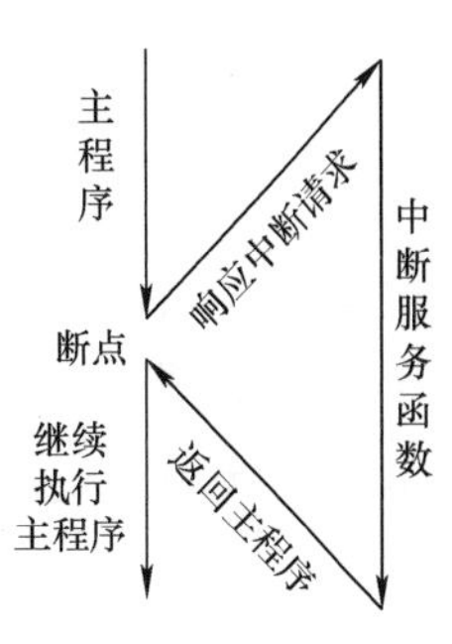

图 4-2　中断响应流程

实际上，日常生活中也时时存在与"中断响应"类似的事件。例如，某同学正在做 A 事（做作业），但是突然间收到了更重要的 B 事的提醒（烧水壶的水烧开了），所以需要马上去做 B 事（关烧水壶），做完之后再回来继续做 A 事（做作业）。在这个过程中，水烧开了就是中断事件，去做 B 事就是中断或称中断响应。水在哪个时刻烧开是不确定的，只需要在烧开时暂停 A 事（做作业）去处理 B 事（关烧水壶）就可以了。

STM32 单片机中的每个 I/O 端口都可以作为中断输入，但是在使用中断之前要对系统向量中断控制器进行设定。这就需要使用嵌套向量中断控制器（Nested Vectored Interrupt Controller，NVIC），它是 STM32 的中断管理器。NVIC 是 Cortex-M3 不可分割的一部分，它与 Cortex-M3 内核的逻辑紧密耦合，通过与 Cortex-M3 内核相辅相成，共同完成对中断的响应。

NVIC 的寄存器以存储器映射的方式来访问，除了包含控制寄存器和中断处理的控制逻辑之外，NVIC 还包含了 MPU 的控制寄存器、SysTick 定时器以及调试控制。

4.2　嵌套向量中断控制器（NVIC）

NVIC 主要被用于配置中断的优先级、中断通道、中断优先级分组等信息。

日常生活中，有无数类似于水烧开了这种中断事件，同样 STM32 单片机也支持非常多的中断事件。STM32 单片机支持 84 个中断通道（包括 16 个内核中断和 68 个可屏蔽中断通道），表 4-1 是配套的意法半导体官方资料"STM32 中文参考手册"中表 55 的一部分中断通道（感兴趣的读者可以在文档中查看完整的中断通道）。一旦满足配置好的中断发生，

CPU 立即自动执行这些中断对应的中断服务函数。在 STM32 程序开发中，中断服务函数名是已经预先确定好的，用户只需要用相应的函数名编写具体程序代码。

表 4-1　STM32 单片机中断向量表（局部）

位置	优先级	类型	名称	说明	地址
5	12	可设置	RCC	复位和时钟控制（RCC）中断	0x0000_0054
6	13	可设置	EXTI0	外部中断/事件控制器（EXTI）线 0 中断	0x0000_0058
7	14	可设置	EXTI1	EXTI 线 1 中断	0x0000_005C
8	15	可设置	EXTI2	EXTI 线 2 中断	0x0000_0060
9	16	可设置	EXTI3	EXTI 线 3 中断	0x0000_0064
10	17	可设置	EXTI4	EXTI 线 4 中断	0x0000_0068
11	18	可设置	DMA1 通道 1	DMA1 通道 1 全局中断	0x0000_006C
12	19	可设置	DMA1 通道 2	DMA1 通道 2 全局中断	0x0000_0070
13	20	可设置	DMA1 通道 3	DMA1 通道 3 全局中断	0x0000_0074
14	21	可设置	DMA1 通道 4	DMA1 通道 4 全局中断	0x0000_0078
15	22	可设置	DMA1 通道 5	DMA1 通道 5 全局中断	0x0000_007C
16	23	可设置	DMA1 通道 6	DMA1 通道 6 全局中断	0x0000_0080
17	24	可设置	DMA1 通道 7	DMA1 通道 7 全局中断	0x0000_0084
18	25	可设置	ADC1_2	ADC1 和 ADC2 全局中断	0x0000_0088
19	26	可设置	USB_HP_CAN_TX	USB 高优先级或 CAN 发送中断	0x0000_008C
20	27	可设置	USB_LP_CAN_RX0	USB 低优先级或 CAN 接收 0 中断	0x0000_0090
21	28	可设置	CAN_RX1	CAN 接收 1 中断	0x0000_0094
22	29	可设置	CAN_SCE	CAN 状态变化错误（SCE）中断	0x0000_0098
23	30	可设置	EXTI9_5	EXTI 线［9：5］中断	0x0000_009C
⋮					
64	71	可设置	CAN2_RX0	CAN2 接收 0 中断	0x0000_0140
65	72	可设置	CAN2_RX1	CAN2 接收 1 中断	0x0000_0144
66	73	可设置	CAN2_SCE	CAN2 的 SCE 中断	0x0000_0148
67	74	可设置	OTG_FS	全速的 USB OTG 全局中断	0x0000_014C

1. NVIC 和中断优先级

嵌套向量中断控制器（NVIC）主要用于控制中断的抢占优先级和响应优先级。在日常生活中，我们会接收到各种中断信号，如前面提到的烧水壶水烧开的信号、手机闹铃、火灾警报等，显然这些信号优先级是不同的。特别是当多个中断信号同时发生时，必须根据不同的紧急程度来决定先做什么事情。在单片机的中断中，也可以给不同的中断信号分配不同的优先级，这个优先级又包括抢占优先级和响应优先级。

所谓抢占优先级指的是，一个低抢占优先级的中断程序正在执行的时候发生了一个高抢占优先级的中断，则第一个中断要暂停来响应这个新的中断，即所谓的中断嵌套（见图 4-3）。

响应优先级也叫“亚优先级”或“副优先级”。在抢占优先级相同时，响应优先级高的中断不会打断正在执行的响应优先级低的中断，只是优先响应前者。例如，当两个抢占优先级相同的中断同时到达时，则优先处理响应优先级高的中断，处理完响应优先级高的中断之后再处理响应优先级低的。可见，抢占优先级要高于响应优先级，因此，响应优先级也称为“副优先级”。

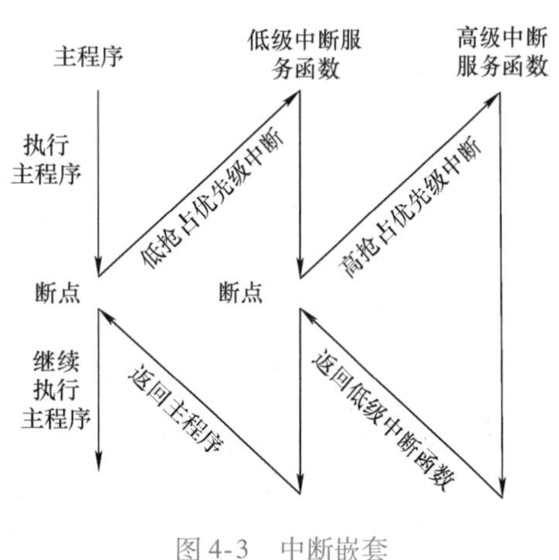

图 4-3　中断嵌套

每个中断源使用前都需要事先指定抢占优先级和响应优先级，需要注意的是，这两个优先级属性编号越小，表明它的优先级别越高。

具有高抢占优先级的中断可以在具有低抢占优先级的中断处理过程中被响应，即高抢占优先级的服务函数可以打断低抢占优先级的服务函数。这种情况被称为中断嵌套，也就是说，高抢占优先级的中断可以嵌套低抢占优先级的中断。

当两个中断源的抢占优先级相同时，则这两个中断将没有嵌套关系；当一个中断到来后，如果正在处理另一个中断，则后到来的中断就要等到前一个中断处理完之后才能被处理。如果这两个中断同时到达，则中断控制器根据它们的响应优先级高低来决定先处理哪一个。如果它们的抢占优先级和响应优先级都相等，则根据它们在中断表中的排位顺序决定先处理哪一个。

下面，通过举例来说明抢占优先级和响应优先级，假设有 3 个中断 A、B、C，它们各自的优先级见表 4-2。

表 4-2　抢占优先级和响应优先级

中断	抢占优先级	响应优先级
A	0	0
B	1	0
C	1	1

若程序正在执行 C 的中断服务函数，则它能被抢占优先级更高的 A 打断，由于 B 和 C 的抢占优先级相同，所以 C 不能被 B 打断。但如果 B 和 C 的中断是同时到达的，则会优先响应 B 的中断服务函数。

2. 中断优先级分组

使用中断之前必须通过配置 NVIC 来设定其抢占优先级和响应优先级。STM32 中有 5 种优先级分组来确定不同中断的优先级（见表 4-3），包括 NVIC_PriorityGroup_0 ~ NVIC_PriorityGroup_4。系统先应确定使用哪一种优先级分组，如确定了使用 NVIC_PriorityGroup_0，那么所有中断的抢占优先级都为 0（1 种），而响应优先级则可以设置为 0 ~ 15（16 种），总共为 1 × 16 = 16 种。而如果使用的是 NVIC_PriorityGroup_1 分组，那么不同中断的抢占优先级可以设置为 0 ~ 1（2 种），同时响应优先级可以设置为 0 ~ 7（8 种），总共为 2 × 8 = 16 种。因此，无论使用哪种优先级分组，最终总共都是有 16 种不同优先级。不同的是，抢占优先级还是响应优先级之间的分配。

表 4-3　NVIC 中断分组

优先级分组	抢占优先级	响应优先级
NVIC_PriorityGroup_0	0 级抢占优先级	0 ~ 15 级响应优先级
NVIC_PriorityGroup_1	0 ~ 1 级抢占优先级	0 ~ 7 级响应优先级
NVIC_PriorityGroup_2	0 ~ 3 级抢占优先级	0 ~ 3 级响应优先级
NVIC_PriorityGroup_3	0 ~ 7 级抢占优先级	0 ~ 1 级响应优先级
NVIC_PriorityGroup_4	0 ~ 15 级抢占优先级	0 级响应优先级

后续内容将学习如何通过库函数来具体配置中断，以及如何用中断来解决实际任务需求。本章通过外部中断讲解中断的具体使用，其他类型的中断在后续章节中会有所涉及，如定时器中断、串口中断等。使用外部中断功能来完成一个看起来和第 3 章 GPIO 输入实验相同实验现象的案例，然后其实现的方式却是本章学习的中断。请读者们仔细对比这两个案例编程方法的不同，从而彻底理解中断的使用。

4.3　NVIC 相关的常用库函数

本节将介绍与 NVIC 有关的常用库函数用法及其参数定义。

表 4-4 给出了 NVIC 的标准库。

表 4-4　NVIC 标准库

函数名称	功　能
NVIC_DeInit	将外设 NVIC 寄存器重设为默认值
NVIC_SCBDeInit	将外设 SCB 寄存器重设为默认值
NVIC_Init	根据 NVIC_InitStruct 中指定的参数初始化 NVIC 寄存器
NVIC_PriorityGroupConfig	设定优先级分组：抢占优先级和响应优先级
NVIC_StructInit	把 NVIC_InitStruct 中的每一个参数按默认值填入
NVIC_SETPRIMASK	使能 PRIMASK 优先级：提升执行优先级至 0
NVIC_RESETPRIMASK	失能 PRIMASK 优先级
NVIC_SETFAULTMASK	使能 FAULTMASK 优先级：提升执行优先级至 -1
NVIC_RESETFAULTMASK	失能 FAULTMASK 优先级
NVIC_BASEPRICONFIG	改变执行优先级从 N（最低可设置优先级）提升至 1
NVIC_GetBASEPRI	返回 BASEPRI 屏蔽值
NVIC_GetCurrentPendingIRQChannel	返回当前待处理 IRQ（中断请求）标识符
NVIC_GetIRQChannelPendingBitStatus	检查指定的 IRQ 通道待处理位设定与否
NVIC_SetIRQChannelPendingBit	设置指定的 IRQ 通道待处理位
NVIC_ClearIRQChannelPendingBit	清除指定的 IRQ 通道待处理位
NVIC_GetCurrentActiveHandler	返回当前活动的 Handler 的标识符
NVIC_GetIRQChannelActiveBitStatus	检查指定的 IRQ 通道活动位设置与否
NVIC_GetCPUID	返回 ID 号码、Cortex-M3 内核的版本号和实现细节
NVIC_SetVectorTable	设置向量表的位置和偏移

（续）

函数名称	功　　能
NVIC_GenerateSystemReset	产生一个系统复位
NVIC_GenerateCoreReset	产生一个内核（内核＋NVIC）复位
NVIC_SystemLPConfig	选择系统进入低功率模式的条件
NVIC_SystemHandlerConfig	使能或者使能指定的系统 Handler
NVIC_SystemHandlerPriorityConfig	设置指定的系统 Handler 优先级
NVIC_GetSystemHandlerPendingBitStatus	检查指定的系统 Handler 待处理位设置与否
NVIC_SetSystemHandlerPendingBit	设置系统 Handler 待处理位
NVIC_ClearSystemHandlerPendingBit	清除系统 Handler 待处理位
NVIC_GetSystemHandlerActiveBitStatus	检查系统 Handler 活动位设置与否
NVIC_GetFaultHandlerSources	返回表示出错的系统 Handler 源
NVIC_GetFaultAddress	返回产生表示出错的系统 Handler 所在位置的地址

下面简单介绍 NVIC 相关的常用库函数。

1. 函数 NVIC_DeInit

表 4-5 描述了函数 NVIC_DeInit 的用法及其参数定义。

表 4-5　函数 NVIC_DeInit 的说明

函数原型	void NVIC_DeInit（void）
功能描述	将外设 NVIC 寄存器重设为默认值
输入参数	无
输出参数	无
返回值	无

将外设 NVIC 寄存器设为默认值的示例如下：

```
1.    NVIC_DeInit( );
```

2. 函数 NVIC_SCBDeInit

表 4-6 描述了函数 NVIC_SCBDeInit 的用法及其参数定义。

表 4-6　函数 NVIC_SCBDeInit 的说明

函数原型	void NVIC_SCBDeInit（void）
功能描述	将外设 SCB 寄存器重设为默认值
输入参数	无
输出参数	无
返回值	无

将外设 SCB 寄存器设为默认值的示例如下：

```
1.    NVIC_SCBDeInit( );
```

3. 函数 NVIC_Init

表 4-7 描述了函数 NVIC_Init 的用法及其参数定义。

表 4-7　函数 NVIC_Init 的说明

函数原型	void NVIC_Init（NVIC_InitTypeDef * NVIC_InitStruct）
功能描述	根据 NVIC_InitStruct 中指定的参数初始化外设 NVIC 寄存器
输入参数	NVIC_InitStruct：指向结构 NVIC_InitTypeDef 的指针，包含了外设 GPIO 的配置信息
输出参数	无
返回值	无

其中，NVIC_InitTypeDef 定义于文件“stm32f10x_nvic. h”，具体如下所示：

```
1.  typedef struct
2.  {
3.     u8 NVIC_IRQChannel;
4.     u8 NVIC_IRQChannelPreemptionPriority;
5.     u8 NVIC_IRQChannelSubPriority;
6.     FunctionalState NVIC_IRQChannelCmd;
7.  } NVIC_InitTypeDef;
```

通过上述的代码可以看出该结构体有 4 个成员变量，如下所示：

1）NVIC_IRQChannel：用以使能或者失能指定的 IRQ 通道，表 4-8 给出了该参数的可取值。

2）NVIC_IRQChannelPreemptionPriority：设置了成员 NVIC_IRQChannel 中的抢占优先级，表 4-9 列举了该参数的取值。

3）NVIC_IRQChannelSubPriority：设置了成员 NVIC_IRQChannel 中的响应优先级，表 4-9 列举了该参数的取值。

4）NVIC_IRQChannelCmd：指定了在成员 NVIC_IRQChannel 中定义的 IRQ 通道被使能还是失能。这个参数取值为 ENABLE 或者 DISABLE。

对外设 NVIC 初始化的示例如下：

```
1.  NVIC_InitTypeDef NVIC_InitStructure;
2.  NVIC_PriorityGroupConfig(NVIC_PriorityGroup_1);
3.  NVIC_InitStructure. NVIC_IRQChannel = TIM3_IRQChannel;
4.  NVIC_InitStructure. NVIC_IRQChannelPreemptionPriority = 0;
5.  NVIC_InitStructure. NVIC_IRQChannelSubPriority = 2;
6.  NVIC_InitStructure. NVIC_IRQChannelCmd = ENABLE;
7.  NVIC_Init(&NVIC_InitStructure);
```

表 4-8　NVIC_IRQChannel 可取值

NVIC_IRQChannel	描　述
WWDG_IRQChannel	窗口看门狗中断
PVD_IRQChannel	PVD（可编程电压探测器）通过 EXTI 探测中断
TAMPER_IRQChannel	篡改中断
RTC_IRQChannel	RTC（实时时钟）全局中断

（续）

NVIC_IRQChannel	描　述
FlashItf_IRQChannel	Flash 全局中断
RCC_IRQChannel	RCC 全局中断
EXTIx_IRQChannel（x 为 0、1、2、3、4）	外部中断线 0、1、2、3、4 中断
DMAChannelx_IRQChannel（x 为 1 ~ 7 的整数）	DMA（直接存储器访问）通道 1 ~ 7 中断
ADC_IRQChannel	ADC 全局中断
USB_HP_CANTX_IRQChannel	USB 高优先级或者 CAN 发送中断
USB_LP_CAN_RX0_IRQChannel	USB 低优先级或者 CAN 接收 0 中断
CAN_RX1_IRQChannel	CAN_RX1_IRQChannel
CAN_SCE_IRQChannel	CAN SCE 中断
EXTI9_5_IRQChannel	外部中断线 9 ~ 5 中断
EXTI15_10_IRQChannel	外部中断线 15 ~ 10 中断
TIM1_BRK_IRQChannel	TIM1 暂停中断
TIM1_UP_IRQChannel	TIM1 刷新中断
TIM1_TRG_COM_IRQChannel	TIM1 触发和通信中断
TIM1_CC_IRQChannel	TIM1 捕获比较中断
TIM2_IRQChannel	TIM2 全局中断
TIM3_IRQChannel	TIM3 全局中断
TIM4_IRQChannel	TIM4 全局中断
I^2C1_EV_IRQChannel	I^2C1 事件中断
I^2C1_ER_IRQChannel	I^2C1 错误中断
I^2C2_EV_IRQChannel	I^2C2 事件中断
I^2C2_ER_IRQChannel	I^2C2 错误中断
SPI1_IRQChannel	SPI1 全局中断
SPI2_IRQChannel	SPI2 全局中断
USART1_IRQChannel	USART1 全局中断
USART2_IRQChannel	USART2 全局中断
USART3_IRQChannel	USART3 全局中断
RTCAlarm_IRQChannel	RTC 闹钟通过 EXTI 线中断
USBWakeUp_IRQChannel	USB 通过 EXTI 线从悬挂唤醒中断

表 4-9　NVIC_PriorityGroup 可取值

NVIC_PriorityGroup	NVIC_IRQChannel 的抢占优先级	NVIC_IRQChannel 的响应优先级	描述
NVIC_PriorityGroup_0	0	0 ~ 15	抢占优先级 0 位，响应优先级 4 位
NVIC_PriorityGroup_1	0 ~ 1	0 ~ 7	抢占优先级 1 位，响应优先级 3 位
NVIC_PriorityGroup_2	0 ~ 3	0 ~ 3	抢占优先级 2 位，响应优先级 2 位
NVIC_PriorityGroup_3	0 ~ 7	0 ~ 1	抢占优先级 3 位，响应优先级 1 位
NVIC_PriorityGroup_4	0 ~ 15	0	抢占优先级 4 位，响应优先级 0 位

注：“STM32 固件库使用手册（中文翻译版）”第 165 页 Table269 中，将“抢占优先级”译为“先占优先级”，将“响应优先级”译为“从优先级”。

由表4-9可以得出以下两点：

1）选中 NVIC_PriorityGroup_0，则参数 NVIC_IRQChannelPreemptionPriority 对中断通道的设置不产生影响。

2）选中 NVIC_PriorityGroup_4，则参数 NVIC_IRQChannelSubPriority 对中断通道的设置不产生影响。

4. 函数 NVIC_PriorityGroupConfig

表4-10描述了函数 NVIC_PriorityGroupConfig 的用法及其参数定义。

表4-10　函数 NVIC_PriorityGroupConfig 的说明

函数原型	void NVIC_PriorityGroupConfig（u32 NVIC_PriorityGroup）
功能描述	设置优先级分组：抢占优先级和响应优先级
输入参数	NVIC_PriorityGroup：优先级分组位长度。可取值见表4-9
输出参数	无
返回值	无
先决条件	优先级分组只能设置一次

优先级分组设置示例如下：

```
1.  NVIC_PriorityGroupConfig(NVIC_PriorityGroup_1);
```

5. 函数 NVIC_StuctInit

表4-11描述了函数 NVIC_StructInit 的用法及其参数定义。

表4-11　函数 NVIC_StructInit 的说明

函数原型	void NVIC_StructInit（NVIC_InitTypeDef * NVIC_InitStruct）
功能描述	把 NVIC_InitStruct 中的每一个参数按默认值填入
输入参数	NVIC_InitStruct：指向结构 NVIC_InitTypeDef 的指针，待初始化
输出参数	无
返回值	无

初始化结构体的示例如下：

```
1.  NVIC_InitTypeDef NVIC_InitStructure;
2.  NVIC_StructInit(&NVIC_InitStructure);
```

6. 函数 NVIC_GetCPUID

表4-12描述了函数 NVIC_GetCPUID 的用法及其参数定义。

表4-12　函数 NVIC_GetCPUID 的说明

函数原型	u32 NVIC_GetCPUID（void）
功能描述	返回 ID 号码、Cortex-M3 内核的版本号和实现细节
输入参数	无
输出参数	无
返回值	无

返回 CPU 的 ID 号码的示例如下：

```
1.  u32 CM3_CPUID;
2.  CM3_CPUID = NVIC_GetCPUID();
```

7. 函数 NVIC_GenerateSystemReset

表 4-13 描述了函数 NVIC_GenerateSystemReset 的用法及其参数定义。

表 4-13 函数 NVIC_GenerateSystemReset 的说明

函数原型	void NVIC_GenerateSystemReset (void)
功能描述	产生一个系统复位
输入参数	无
输出参数	无
返回值	无

产生一个系统复位示例如下：

```
1.  NVIC_GenerateSystemReset();
```

8. 函数 NVIC_GenerateCoreReset

表 4-14 描述了函数 NVIC_GenerateCoreReset 的用法及其参数定义。

表 4-14 函数 NVIC_GenerateCoreReset 的说明

函数原型	void NVIC_GenerateCoreReset (void)
功能描述	产生一个内核（内核 + NVIC）复位
输入参数	无
输出参数	无
返回值	无

产生一个内核复位示例如下：

```
1.  NVIC_GenerateCoreReset();
```

4.4 中断设计

STM32 中断设计包括 3 部分，即 NVIC 设置、中断端口配置以及中断处理。

4.4.1 NVIC 设置

在使用中断时先要对 NVIC 进行设置。NVIC 的设置流程如图 4-4 所示，主要包括：

1）根据需要对中断优先级进行分组，确定抢占优先级和响应优先级的个数。

2）选择中断通道，不同的引脚对应不同的中断通道，在 stm32f10x.h 中定义了中断通道结构体 IRQn_Type，包含了所有型号芯片的所有中断通道。外部中断线 EXTI0 ~ EXTI4 有独立的中断通道 EXTI0_IRQn ~ EXTI4_IRQn，而 EXTI9 ~ EXTI5 共用一个中断通道 EXTI9_5_IRQn，EXTI15 ~ EXTI10 共用一个中断通道 EXTI15_10_IRQn。

3）根据系统要求设置中断优先级，包括抢占优先级和响应优先级。

4）使能相应的中断，完成 NVIC 配置。

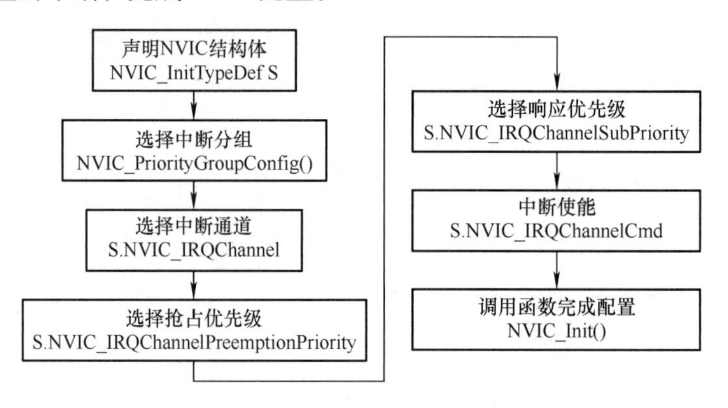

图 4-4　NVIC 的设置流程

4.4.2　中断端口配置

NVIC 设置完成后，对中断端口进行配置，即配置哪个引脚发生什么中断。其中，GPIO 外部中断端口配置流程图如图 4-5 所示。中断端口配置主要包括以下内容：

1）进行 GPIO 配置，对引脚进行配置，使能引脚，具体方法参考第 3 章的 GPIO 配置，如果使用了复用功能，需要打开复用时钟。

2）对外部中断方式进行配置，包括中断线路设置、中断或事件选择、触发方式设置、使能中断线完成设置。

其中，中断线路 EXTI_Line0 ~ EXTI_Line15 分别对应 EXTI0 ~ EXTI15，即每个端口的 16 个引脚。外部中断 GPIO 映射关系在 4.5.1 小节会详细介绍。

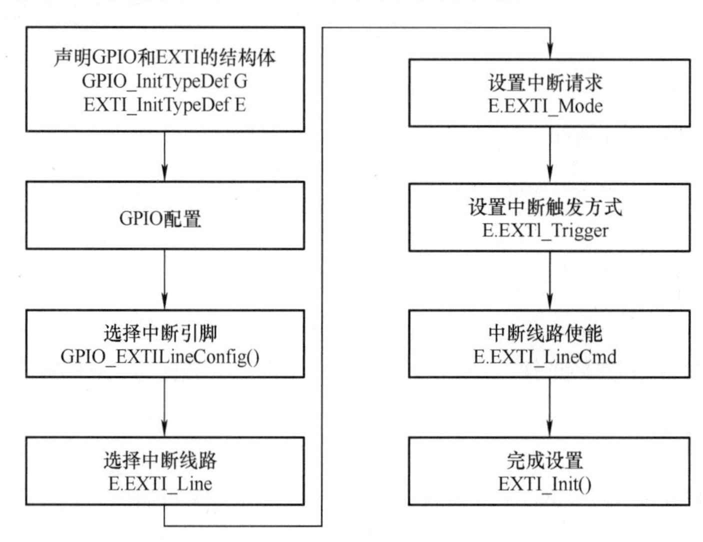

图 4-5　GPIO 外部中断端口配置流程图

4.4.3　中断处理

中断处理的整个过程包括 4 个步骤：中断请求、中断响应、中断服务程序及中断返回。

1. 中断请求

如果系统中存在多个中断源，处理器则先对当前中断的优先级进行判断，响应优先级高的中断。当多个中断请求同时到达且抢占优先级相同时，则先处理响应优先级高的中断。

2. 中断响应

在中断事件产生后，处理器响应中断要满足下列条件：

1）无同级或高级中断正在服务。

2）当前指令周期结束，如果查询中断请求的机器周期不是当前指令的最后一个周期，则无法执行当前中断请求。

3）若处理器正在执行系统指令，则需要执行到当前指令及下一条指令才能响应中断请求。

如果中断发生，且处理器满足上述条件，系统将按照下列步骤执行相应中断请求：

1）置为中断优先级有效触发器，即关闭同级和低级中断。

2）调用入门地址，断点入栈。

3）进入中断服务程序。

值得注意的是，外部中断 EXTI0 ~ EXTI4 有独立的入口 EXTI0_IRQHandler ~ EXTI4_IRQHandler，而 EXTI9 ~ EXTI5 共用一个入口 EXTI9_5_IRQHandler，EXTI15 ~ EXTI10 共用一个入口 EXTI15_10_IRQHandler。

3. 中断服务程序

以外部中断为例，中断服务程序的处理流程如图 4-6 所示。

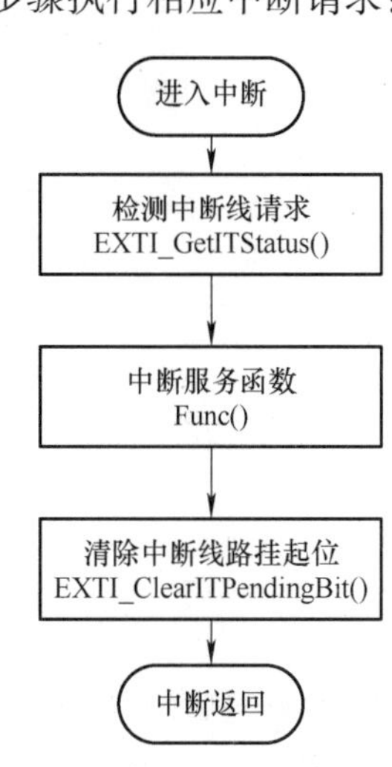

图 4-6　中断服务程序处理流程图

4. 中断返回

中断返回是指中断服务完成后，处理器返回原来程序断点处继续执行原来程序。

4.5　外部中断/事件控制器（EXTI）

4.5.1　EXTI 的 GPIO 映射

外部中断/事件控制器（External Interrupt/Event Controller，EXTI）用来管理控制器的 19 个中断/事件线。每个中断/事件线都对应一个边沿检测器，可以实现输入信号的上升沿和下降沿检测。EXTI 可以实现对每个中断/事件线配置，步骤如下：

1）设置中断线和 I/O 端口的映射关系。

2）配置指定的中断线路。

3）配置该中断线的触发条件。

STM32 每一个 GPIO 都可以触发一个外部中断，GPIO 的中断是以组为单位的，同组间的外部中断同一时间使用一个 EXTI。例如 PA0、PB0、PC0、PD0、PE0、PF0 和 PG0 为一组，也就是说 GPIO 组别的第 0 号引脚最终都可以触发 EXTI0 中断线。如果使用 PA0 作为外部中断源，那么同组的 GPIO（PB0、PC0、PD0、PE0、PF0 和 PG0）就不能再作为外部中断源使用了，这种情况下，只能使用其他组的外部中断源了。

外部中断 GPIO 映射关系如图 4-7 所示。

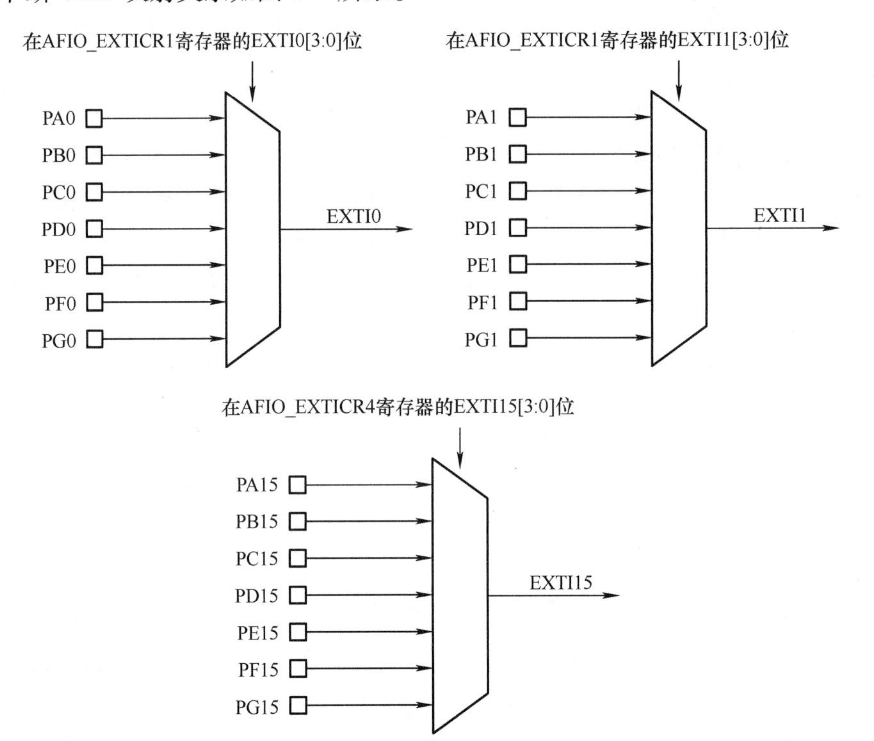

图 4-7　外部中断 GPIO 映射关系

由图 4-7 可知，19 个外部中断/事件输入线（图中为非互联网产品，互联网产品有 20 个）被 GPIO 端口占用了 16 个（EXTI0 ~ EXTI15），另三条线的映射如下：EXTI16 连接到 PVD 输出；EXTI17 连接到 RTC 闹钟事件；EXTI18 连接到 USB 唤醒事件。

4.5.2　EXTI 库函数

STM32 标准库中提供了几乎覆盖所有 EXTI 操作的函数，见表 4-15。

表 4-15　EXTI 标准库

函数名称	功能
EXTI_DeInit	将外设 EXTI 寄存器重设为默认值
EXTI_Init	根据 EXTI_InitStruct 中指定的参数初始化外设 EXTI 寄存器
EXTI_StructInit	把 EXTI_InitStruct 中的每一个参数按默认值填入
EXTI_GenerateSWInterrupt	产生一个软件中断
EXTI_GetFlagStatus	检查指定的 EXTI 线路标志位设置与否
EXTI_ClearFlag	清除 EXTI 线路挂起标志位
EXTI_GetITStatus	检查指定的 EXTI 线路触发请求发生与否
EXTI_ClearITPendingBit	清除 EXTI 线路挂起位

1. 函数 EXTI_DeInit

表 4-16 描述了函数 EXTI_DeInit 的用法及其参数定义。

表 4-16　函数 EXTI_DeInit 的说明

函数原型	void EXTI_DeInit（void）
功能描述	将外设 EXTI 寄存器重设为默认值
输入参数	无
输出参数	无
返回值	无

将外设 EXTI 寄存器重设为默认值的示例如下：

```
1.    EXTI_DeInit();
```

2. 函数 EXTI_Init

表 4-17 描述了函数 EXTI_Init 的用法及其参数定义。

表 4-17　函数 EXTI_Init 的说明

函数原型	void EXTI_Init（EXTI_InitTypeDef * EXTI_InitStruct）
功能描述	根据 EXTI_InitStruct 中指定的参数初始化外设 EXTI 寄存器
输入参数	EXTI_InitStruct：指向结构 EXTI_InitTypeDef 的指针，包含了外设 EXTI 的配置信息
输出参数	无
返回值	无

其中，EXTI_InitTypeDef 定义于文件"stm32f10x_exti.h"，具体如下：

```
1.    typedef struct
2.    {
3.        u32 EXTI_Line;
4.        EXTIMode_TypeDef EXTI_Mode;
5.        EXTITrigger_TypeDef EXTI_Trigger;
6.        FunctionalState EXTI_LineCmd;
7.    } EXTI_InitTypeDef;
```

可以看出该结构体一共有 4 个成员变量。

1）EXTI_Line：选择了待使能或者失能的外部线路。表 4-18 给出了该参数可取的值。

表 4-18　EXTI_Line 可取值

EXTI_Line	描述
EXTI_Linex（x 可为 0～18）	外部中断线 0～18

2）EXTI_Mode：设置了被使能线路的模式。表 4-19 给出了该参数可取的值。

表 4-19　EXTI_Mode 可取值

EXTI_Mode	描述
EXTI_Mode_Event	设置 EXTI 线路为事件请求
EXTI_Mode_Interrupt	设置 EXTI 线路为中断请求

3）EXTI_Trigger：设置了被使能线路的触发边沿。表4-20给出了该参数可取的值。

表4-20　EXTI_Trigger可取值

EXTI_Trigger	描述
EXTI_Trigger_Falling	设置输入线路下降沿为中断请求
EXTI_Trigger_Rising	设置输入线路上升沿为中断请求
EXTI_Trigger_Rising_Falling	设置输入线路上升沿和下降沿为中断请求

4）EXTI_LineCmd：用来定义选中线路的新状态。它可以被设为ENABLE或者DISABLE。

使能外部中断线路12和14，以及下降沿触发的示例如下：

```
1.  EXTI_InitTypeDef EXTI_InitStructure;
2.  EXTI_InitStructure.EXTI_Line = EXTI_Line12|EXTI_Line14;
3.  EXTI_InitStructure.EXTI_Mode = EXTI_Mode_Interrupt;
4.  EXTI_InitStructure.EXTI_Trigger = EXTI_Trigger_Falling;
5.  EXTI_InitStructure.EXTI_LineCmd = ENABLE;
6.  EXTI_Init(&EXTI_InitStructure);
```

3. 函数EXTI_StructInit

表4-21描述了函数EXTI_StructInit的用法及其参数定义。

表4-21　函数EXTI_StructInit的说明

函数原型	void EXTI_StructInit（EXTI_InitTypeDef * EXTI_InitStruct）
功能描述	把EXTI_InitStruct中的每一个参数按默认值填入
输入参数	无
输出参数	无
返回值	无

初始化EXTI结构体的示例如下：

```
2.  EXTI_InitTypeDef EXTI_InitStructure;
3.  EXTI_StructInit(&EXTI_InitStructure);
```

4. 函数EXTI_GenerateSWInterrupt

表4-22描述了函数EXTI_GenerateSWInterrupt的用法及其参数定义。

表4-22　函数EXTI_GenerateSWInterrupt的说明

函数原型	void EXTI_GenerateSWInterrupt（u32 EXTI_Line）
功能描述	产生一个软件中断
输入参数	EXTI_Line：待检查的EXTI线路标志位
输出参数	无
返回值	无

外部中断线路6产生一个软件中断请求的示例如下：

```
1. EXTI_GenerateSWInterrupt(EXTI_Line6);
```

5. 函数 EXTI_GetFlagStatus

表 4-23 描述了函数 EXTI_GetFlagStatus 的用法及其参数定义。

表 4-23 函数 EXTI_GetFlagStatus 的说明

函数原型	FlagStatus EXTI_GetFlagStatus (u32 EXTI_Line)
功能描述	检查指定的 EXTI 线路标志位设置与否
输入参数	EXTI_Line：待检查的 EXTI 线路标志位
输出参数	无
返回值	EXTI_Line 的新状态 (SET 或 RESET)

得到外部中断线路 8 的标志位状态的示例如下：

```
1. FlagStatus EXTIStatus;
2. EXTIStatus = EXTI_GetFlagStatus(EXTI_Line8);
```

6. 函数 EXTI_ClearFlag

表 4-24 描述了函数 EXTI_ClearFlag 的用法及其参数定义。

表 4-24 函数 EXTI_ClearFlag 的说明

函数原型	void EXTI_ClearFlag (u32 EXTI_Line)
功能描述	清除 EXTI 线路挂起标志位
输入参数	EXTI_Line：待清除标志位的 EXTI 线路
输出参数	无
返回值	无

清除 EXTI_Line2 状态标记位的示例如下：

```
1. EXTI_ClearFlag(EXTI_Line2);
```

7. 函数 EXTI_GetITStatus

表 4-25 描述了函数 EXTI_GetITStatus 的用法及其参数定义。

表 4-25 函数 EXTI_GetITStatus 的说明

函数原型	ITStatus EXTI_GetITStatus (u32 EXTI_Line)
功能描述	检查指定的 EXTI 线路触发请求发生与否
输入参数	EXTI_Line：待检查 EXTI 线路的挂起位
输出参数	无
返回值	EXTI_Line 的新状态 (SET 或 RESET)

得到 EXTI_Line8 的中断触发请求状态的示例如下：

```
1. ITStatus EXTIStatus;
2. EXTIStatus = EXTI_GetITStatus(EXTI_Line8);
```

8. 函数 EXTI_ClearITPendingBit

表4-26 描述了函数 EXTI_ClearITPendingBit 的用法及其参数定义。

表 4-26 函数 EXTI_ClearITPendingBit 的说明

函数原型	void EXTI_ClearITPendingBit（u32 EXTI_Line）
功能描述	清除 EXTI 线路挂起位
输入参数	EXTI_Line：待清除 EXTI 线路的挂起位
输出参数	无
返回值	无

清除 EXTI_Line2 线路中断挂起位的示例如下：

```
1.    EXTI_ClearITpendingBit(EXTI_Line2);
```

4.6 中断应用案例：中断方式按键控制 LED

本节将先介绍“中断方式按键控制 LED”案例的实现步骤，接着讲解硬件原理和软件设计，最后通过习题进行实践。

4.6.1 实现步骤

通过单片机的中断方式来按键控制 LED 的步骤如下：

1）连接好单片机开发板电源、J-Link 以及计算机等。

2）打开配套资料“3. 实验例程包 \ 2. 外部中断 \ 外部中断控制 LED \ user”里面的工程文件“project. uvprojx”，将程序编译，在编译通过后烧录至单片机。

3）烧录完成后，当如图 4-8 所示的 USER1 按键被按下时，可以发现开发板上 LED2 点亮了，再按一次 USER1 按键，LED2 又熄灭了，再按时，LED2 再次被点亮……也就是通过 USER1 按键可以切换 LED2 的状态。

图 4-8 实验现象

显然，通过第3章学习的GPIO功能，也可以实现上述效果，具体如下：在main函数中加入一个死循环，不停检测USER1按键状态，再根据这个状态切换LED2的亮灭。这种方法称为“查询”方式。然而，本章实现这个效果时，采用的是外部中断的方法。与“查询”方式相比，中断的方法具有效率高、编程简单（特别是复杂工程中）的优点。接下来学习如何用外部中断来实现上述实验效果。

4.6.2　硬件原理

本节中使用的中断是外部中断，STM32的每个GPIO引脚都可以作为外部中断的输入口。一旦某个GPIO引脚被配置好，当该引脚上电平满足设定的条件时便会触发一个外部端信号，从而自动执行相应的中断服务函数。根据如图4-9所示的开发板按键检测原理图，将引脚PC12的外部中断配置好，当按下USER1按键时，CPU就会自动执行对应的中断服务函数。如果在该中断服务函数中加入控制LED2的程序，就可以实现所要的实验效果。

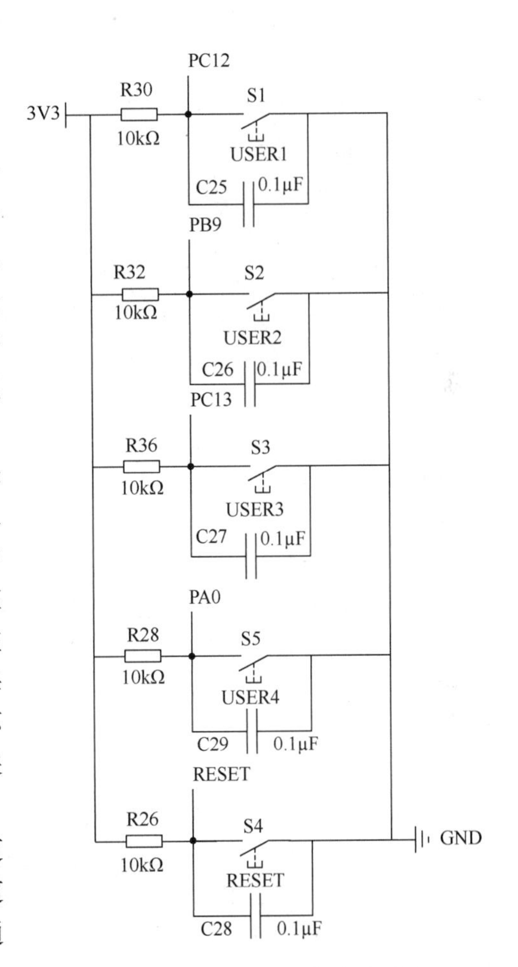

图4-9　开发板按键检测原理图

要使用中断，必须满足两个基本条件：一是单片机允许的中断通道有中断发生，二是有定义好的中断服务函数。在STM32单片机开发中，中断服务函数名称是已经定义好的，用户只需要在固定的中断服务函数内编写所需的程序。还要注意的是，前文提到的中断线0～15其实并不是每一个中断线都对应一个中断通道，也就是说并不是一个中断线对应一个中断服务函数。具体来说，中断线0～4各自对应一个中断通道EXTI0～EXTI4，而中断线5～9合并对应一个中断通道EXTI9_5，中断线10～15又合并对应中断通道EXTI15_10。表4-27为外部中断线对应的中断通道和中断服务函数。

表4-27　外部中断线对应的中断通道和中断服务函数

外部中断线	中断通道	中断服务函数名称
中断线0	EXTI0	EXTI0_IRQHandler
中断线1	EXTI1	EXTI1_IRQHandler
中断线2	EXTI2	EXTI2_IRQHandler
中断线3	EXTI3	EXTI3_IRQHandler
中断线4	EXTI4	EXTI4_IRQHandler
中断线5～9	EXTI9_5	EXTI9_5_IRQHandler
中断线10～15	EXTI15_10	EXTI15_10_IRQHandler

总结：由于 USER1 按键使用的是引脚 PC12（其对应的中断线应为中断线 12，对应的中断通道是 EXTI15_10），因此当 USER1 按键触发中断时，CPU 将自动调用名为 EXTI15_10_IRQHandler 中断服务函数。在软件设计中，只需要将控制 LED2 的程序写在这个中断服务函数中即可实现本章案例的效果。

4.6.3 软件设计

本小节先给出完整的案例程序，然后详细讲解程序的原理。本案例程序由 3 部分组成：配置部分、死循环部分和中断服务函数部分，具体如下：


```
1.  #include "stm32f10x.h"
2.  int flagLed =0;
3.  int main(void)
4.  {
5.    GPIO_InitTypeDef   GPIO_Initstructure;
6.    EXTI_InitTypeDef   EXTI_Initstructure;
7.    NVIC_InitTypeDef   NVIC_Initstructure;
8.
9.    /********************** LED2 配置 **********************/
10.   //开启 GPIOC 时钟
11.   RCC_APB2PeriphClockCmd(RCC_APB2Periph_GPIOC,ENABLE);
12.   //GPIO 配置
13.   GPIO_Initstructure.GPIO_Mode = GPIO_Mode_Out_PP;  //推挽输出
14.   GPIO_Initstructure.GPIO_Pin = GPIO_Pin_11;
15.   GPIO_Initstructure.GPIO_Speed = GPIO_Speed_50MHz;
16.   GPIO_Init(GPIOC,&GPIO_Initstructure);
17.   /********************** USER1 按键配置 ******************/
18.   //开启 GPIOC 时钟和端口复用时钟 AFIO
19.   RCC_APB2PeriphClockCmd(RCC_APB2Periph_GPIOC | RCC_APB2Periph_AFIO,
ENABLE);
20.   //GPIO 配置
21.   GPIO_Initstructure.GPIO_Mode = GPIO_Mode_IPU; //上拉输入
22.   GPIO_Initstructure.GPIO_Pin = GPIO_Pin_12;
23.   GPIO_Initstructure.GPIO_Speed = GPIO_Speed_50MHz;
24.   GPIO_Init(GPIOC,&GPIO_Initstructure);
25.
26.   //外部中断 EXTI 配置
27.   GPIO_EXTILineConfig(GPIO_PortSourceGPIOC,GPIO_PinSource12); //端口映射
28.
29.   EXTI_Initstructure.EXTI_Line = EXTI_Line12; //配置中断线路
30.   EXTI_Initstructure.EXTI_Mode = EXTI_Mode_Interrupt; //配置为中断模式
```

```
31.     EXTI_Initstructure. EXTI_Trigger  =  EXTI_Trigger_Falling; //下降沿触发
32.     EXTI_Initstructure. EXTI_LineCmd  =  ENABLE; //中断线使能
33.     EXTI_Init( &EXTI_Initstructure) ;
34.
35.     NVIC_PriorityGroupConfig( NVIC_PriorityGroup_4) ; //设置中断优先级分组
36.
37.     //嵌套中断向量控制器 NVIC 配置
38.     NVIC_Initstructure. NVIC_IRQChannel  =  EXTI15_10_IRQn; //配置中断通道
39.     NVIC_Initstructure. NVIC_IRQChannelPreemptionPriority  =  0; //抢占优先级为 0
40.     NVIC_Initstructure. NVIC_IRQChannelSubPriority  =  0; //响应优先级为 0
41.     NVIC_Initstructure. NVIC_IRQChannelCmd  =  ENABLE; //中断通道使能
42.     NVIC_Init( &NVIC_Initstructure) ;
43.
44.     while(1)//在死循环中等待中断
45.     {
46.     }
47. }
48.
49. //外部中断服务函数
50. void EXTI15_10_IRQHandler( void)
51. {
52.   if( EXTI_GetITStatus( EXTI_Line12) !  = RESET) //判断中断线 12 是否发生中断
53.     {
54.         if( flagLed = =1)
55.         {
56.             flagLed =0;
57.             GPIO_ResetBits( GPIOC, GPIO_Pin_11) ; //熄灭 LED2
58.         }
59.         else if( flagLed = =0)
60.         {
61.             flagLed =1;
62.             GPIO_SetBits( GPIOC, GPIO_Pin_11) ; //点亮 LED2
63.         }
64.   }
65.   EXTI_ClearITPendingBit( EXTI_Line12) ; //清除中断标志位
66. }
```

1. 配置部分

1）上述程序中，第5~7行定义了3个结构体。其中，GPIO_InitTypeDef类型的结构体是用于GPIO配置的（在第3章已经学过）。EXTI_InitTypeDef和NVIC_InitTypeDef类型结构体将在后续中断配置中使用到，稍后进行具体讲解。

```
5.    GPIO_InitTypeDef   GPIO_Initstructure;
6.    EXTI_InitTypeDef   EXTI_Initstructure;
7.    NVIC_InitTypeDef   NVIC_Initstructure;
```

2）程序第9~16行是关于LED2所使用的GPIO引脚PC11的相关配置（它和第3章案例中的完全相同，不再赘述）。第17~24行（如下所示）则是对USER1按键所用引脚PC12的配置，其方法也和第3章基本相同，唯一的不同在于第19行。

```
17. /***********************USER1 按键配置*****************************/
18.   //开启 GPIOC 时钟和端口复用时钟 AFIO
19.   RCC_APB2PeriphClockCmd(RCC_APB2Periph_GPIOC | RCC_APB2Periph_AFIO,
ENABLE);
20.   //GPIO 配置
21.   GPIO_Initstructure.GPIO_Mode = GPIO_Mode_IPU; //上拉输入
22.   GPIO_Initstructure.GPIO_Pin = GPIO_Pin_12;
23.   GPIO_Initstructure.GPIO_Speed = GPIO_Speed_50MHz;
24.   GPIO_Init(GPIOC,&GPIO_Initstructure);
```

3）第19行如下所示，其中RCC_APB2PeriphClockCmd的第一个参数是RCC_APB2Periph_GPIOC和RCC_APB2Periph_AFIO进行逻辑“或”操作，其含义是同时开启C组GPIO时钟和AFIO复用时钟。因为，在此处引脚PC12除了IO功能，还作为外部中断使用，所以需要开启AFIO复用时钟。

```
19.   RCC_APB2PeriphClockCmd(RCC_APB2Periph_GPIOC | RCC_APB2Periph_AFIO,
ENABLE);
```

4）第27行（如下所示）定义了中断线映射，而一个中断线可以对应多个外部中断引脚（见图4-6），具体选择哪个引脚需要通过函数GPIO_EXTILineConfig进行配置。由于电路中USER1按键使用的GPIO引脚为PC12，需要将中断线12的中断源选择为C组GPIO端口。

```
27.   GPIO_EXTILineConfig(GPIO_PortSourceGPIOC,GPIO_PinSource12);
```

表4-28是标准库函数文档中关于函数GPIO_EXTILineConfig的说明，表4-29则给出了其参数GPIO_PortSource的可取值。该函数第一个参数是GPIO组别，第二个参数是外部中断线号。

表4-28　函数GPIO_EXTILineConfig的说明

函数名	GPIO_EXTILineConfig
函数原型	void GPIO_EXTILineConfig（u8 GPIO_PortSource，u8 GPIO_PinSource）
功能描述	选择GPIO引脚用作外部中断线路

（续）

输入参数1	GPIO_PortSource：选择用作外部中断线源的 GPIO 端口
输入参数2	GPIO_PinSource：待设置的外部中断线路 该参数可以取 GPIO_PinSourcex（x 可以是 0 ~ 15）
输出参数	无
返回值	无

表 4-29　GPIO_PortSource 可取值

GPIO_PortSource	描述
GPIO_ PortSourceGPIOA	选择 GPIOA
GPIO_ PortSourceGPIOB	选择 GPIOB
GPIO_ PortSourceGPIOC	选择 GPIOC
GPIO_ PortSourceGPIOD	选择 GPIOD
GPIO_ PortSourceGPIOE	选择 GPIOE

如果想要设置中断线 8 对应 B 组 GPIO，也就是对应 PB8，即选择 GPIOB 的 Pin8 引脚作为外部中断线路的示例如下：

```
1.   GPIO_EXTILineConfig(GPIO_PortSource_GPIOB,GPIO_PinSource8);
```

5）第 29 ~ 33 行（如下所示）是配置外部中断的部分，先填充了第 6 行所定义的结构体 EXTI_Initstructure，再通过库函数 EXTI_Init 将该结构体配置到寄存器，从而发挥作用。

```
29.    EXTI_Initstructure. EXTI_Line = EXTI_Line12; //配置中断线路
30.    EXTI_Initstructure. EXTI_Mode = EXTI_Mode_Interrupt; //配置为中断模式
31.    EXTI_Initstructure. EXTI_Trigger = EXTI_Trigger_Falling; //下降沿触发
32.    EXTI_Initstructure. EXTI_LineCmd = ENABLE; //中断线使能
33.    EXTI_Init(&EXTI_Initstructure);
```

EXTI_Initstructure 结构体的数据类型是 EXTI_InitTypeDef，该结构体在前文中已经涉及。

6）NVIC 配置中断优先级。第 35 行（如下所示）选择将 NVIC 配置为分组 NVIC_PriorityGroup_4。根据前文中所提到的嵌套向量中断控制器（NVIC）中的内容，NVIC_PriorityGroup_4 分组代表所有优先级都是抢占优先级，抢占优先级的级别可以设为 0 ~ 15，而响应优先级只能设为 0。如果有多个中断，抢占优先级高（优先级号越小，优先级越高）的中断将打断抢占优先级低的中断，完成中断嵌套。表 4-10 为关于 NVIC_PriorityGroupConfig 的具体说明。

```
35.    NVIC_PriorityGroupConfig(NVIC_PriorityGroup_4); //设置中断优先级分组
```

在设定了 NVIC 分组的基础上，第 37 ~ 41 行先填充了结构体 NVIC_Initstructure 的参数，再在第 42 行通过 NVIC_Init 将该结构体的参数配置到单片机寄存器，从而真正生效。

```
37.  //嵌套中断向量控制器 NVIC 配置
38.  NVIC_Initstructure. NVIC_IRQChannel = EXTI15_10_IRQn; //配置中断通道
39.  NVIC_Initstructure. NVIC_IRQChannelPreemptionPriority = 0; //抢占优先级为0
40.  NVIC_Initstructure. NVIC_IRQChannelSubPriority = 0; //响应优先级为0
41.  NVIC_Initstructure. NVIC_IRQChannelCmd = ENABLE; //中断通道使能
42.  NVIC_Init(&NVIC_Initstructure);
```

在本书第 70 页已阐述了 NVIC_Initstructure 的 4 个成员变量：NVIC_IRQChannel（用于配置中断通道）、NVIC_IRQChannelPreemptionPriority（中断的抢占优先级）、NVIC_IRQChannelSubPriority（中断响应优先级）、NVIC_IRQChannelCmd（使能或失能中断通道）。在此，对这 4 个成员变量做一些补充：

成员变量 1：NVIC_IRQChannel 用于配置中断通道。由于本案例使用的引脚为 PC12，根据表 4-27，可知中断线 12 使用的中断通道应为 EXTI15_10。成员变量 NVIC_IRQChannel 允许的取值范围部分见表 4-30（参见配套的意法半导体官方资料“STM32 固件库使用手册（中文翻译版）”第 166 页 Table 272），从中可以确定程序中第 39 行的中断通道取值为 EXTI15_10_IRQn。如果使用其他中断通道，也可以根据“STM32 固件库使用手册（中文翻译版）”第 166 页 Table 272 进行选取，并在 NVIC_IRQChannel 中更新 NVIC_IRQChannel 的取值，比如后面章节的串口中断、定时器中断等。

表 4-30　NVIC_IRQChannel 允许的取值

NVIC_IRQChannel	描述
WWDG_IRQChannel	窗口看门狗中断
PVD_IRQChannel	PVD 通过 EXTI 探测中断
TAMPER_IRQChannel	篡改中断
RTC_IRQChannel	RTC 全局中断
FlashItf_IRQChannel	Flash 全局中断
RCC_IRQChannel	RCC 全局中断
EXTI0_IRQChannel	外部中断线 0 中断
EXTI1_IRQChannel	外部中断线 1 中断
EXTI2_IRQChannel	外部中断线 2 中断
EXTI3_IRQChannel	外部中断线 3 中断
EXTI4_IRQChannel	外部中断线 4 中断
EXTI9_5_IRQChannel	外部中断线 5 ~ 9 中断
EXTI15_10_IRQChannel	外部中断线 10 ~ 15 中断
TIM1_BRK_IRQChannel	TIM1 暂停中断
USART1_IRQChannel	USART1 全局中断
USART2_IRQChannel	USART2 全局中断
USART3_IRQChannel	USART3 全局中断
RTCAlarm_IRQChannel	RTC 闹钟通过 EXTI 线中断
USBWakeUp_IRQChannel	USB 通过 EXTI 线从悬挂唤醒中断

成员变量2、3：成员变量2——NVIC_IRQChannelPreemptionPriority 表示中断的抢占优先级；成员变量 3——NVIC_IRQChannelSubPriority 表示响应优先级。前面提到 NVIC_Priority-Group_4 分组抢占优先级的级别可以设为0～15，则响应优先级只能设为0。在此，设定抢占优先级和响应优先级都为0（见第 39、40 行），表示目前使用的中断为最高优先级。当然，本案例中只使用了一个中断，即使将优先级定为更低的优先级，也不影响使用。在比较复杂的单片机应用中有多个中断，开发者必须仔细安排好不同中断的优先级。

成员变量4：NVIC_IRQChannelCmd，值取为 ENABLE 表示使能相应中断通道。

综上，这一小节的程序配置部分先将 PC12 的中断模式设置为下降沿触发，使引脚 PC12 作为外部中断。然后，程序选择了 NVIC 分组，将 PC12 对应的外部中断配置好了优先级，并使能该中断。这样，需要的中断配置就完成了，一旦引脚 PC12 上电平由高电平转换为低电平，CPU 将自动执行对应的中断服务函数。

2. 死循环

完成了配置之后，程序第 44～46 行（如下所示）是一个死循环。

```
44.    while(1)//在死循环中等待中断
45.    {
46.    }
```

此循环中没有任何程序语句，但这点和第3 章 GPIO 实验程序有本质不同。在第3 章中，程序通过死循环不停判断按键状态（“查询”方式），然后根据状态选择点亮还是熄灭 LED。而在本程序中，这里 CPU 只是单纯等待中断发生，一旦相应外部中断产生即开始自动调用中断服务函数。在复杂些的工程中，可以在死循环中执行其他程序而不用不停查询按键状态。因此，虽然第3 章“查询”的方式也可以实现同样的效果，但是本章“中断”的方式具有效率更高和编程更简单的优势。请读者将本章案例和第 3 章案例进行仔细对比，理解“中断”与“查询”这两种方式的区别。

3. 中断服务函数

在4.6.2 小节的图 4-9 中，PC12 对应的外部中断线 12 发生中断时，CPU 将自动执行名为 EXTI15_10_IRQHandler 的函数。由于已将 PC12 中断触发配置为下降沿触发模式，当 USER1 按键按下时，系统即进入中断服务函数。因此，程序开发时只需定义好函数名为 EXTI15_10_IRQHandler 的中断服务函数，并在其中写好具体代码，比如本案例程序的第 49～66 行（如下所示）。

```
49.   //外部中断服务函数
50.   void EXTI15_10_IRQHandler(void)
51.   {
52.       if(EXTI_GetITStatus(EXTI_Line12) != RESET) //判断中断线 12 是否发生中断
53.       {
54.           if(flagLed == 1)
55.           {
56.               flagLed = 0;
```

```
57.                 GPIO_ResetBits(GPIOC,GPIO_Pin_11); //熄灭 LED2
58.             }
59.             else if(flagLed = =0)
60.             {
61.                 flagLed =1;
62.                 GPIO_SetBits(GPIOC,GPIO_Pin_11); //点亮 LED2
63.             }
64.         }
65.         EXTI_ClearITPendingBit(EXTI_Line12); //清除中断标志位
66.     }
```


1）程序第52行（如下所示）使用EXTI_GetITStatus函数判断中断线12是否发生了中断，也就是判断引脚PC12是否发生了中断。这是因为中断服务函数EXTI15_10_IRQHandler是中断线10～15共同的中断服务函数，而不仅仅对应中断线12（详见4.5.1小节的图4-7）。因此，用EXTI_GetITStatus函数读取了中断线12的中断标志位，函数的返回值为SET表示相应中断线发生了中断，返回值为RESET则表示没有反生中断。程序中的“!”表示取反，不等于RESET即发生了中断，此时才执行后续的程序。当然，第52行也可以改成“if（EXTI_GetITStatus（EXTI_Line12）= =SET）”，效果相同。

```
52.     if(EXTI_GetITStatus(EXTI_Line12) ! =RESET) //判断中断线12是否发生了
中断
```

2）第54行（如下所示）对变量flagLed进行了判断，flagLed变量是程序第2行定义的全局变量，用于记录LED的状态。

```
54.     int  flagLed =0;
```

因此，第52～64行表示USER1按键按下时先对flagLed变量进行判断：如果flagLed为1，则将LED2熄灭，并将flagLed设为0；如果flagLed为0，则将LED2点亮，并将flagLed设为1。因为flagLed初始值为0，因此第一次按下USER1按键时，LED2被点亮了；再次按下USER1按键，系统第二次进入中断服务函数之后，LED2被熄灭了。如此反复，从而实现了通过按键切换LED的效果。

3）最后，在第65行（如下所示）使用EXTI_ClearITPendingBit清除了外部中断线12的中断标志位，这是为了避免CPU误认为中断线1再次发生了中断。

```
65.     EXTI_ClearITPendingBit(EXTI_Line12); //清除中断标志位
```

思考和习题

1. 什么是中断？中断的优势在哪？
2. 简述抢占优先级和响应优先级的区别。
3. 画出外部中断/事件线路映射关系。
4. 编写程序，使能EXTI0中断，设置抢占优先级为1，响应优先级为0。
5. 在理解开发板原理图（见图4-10）的基础上，使用外部中断的方式，修改程序实现用 USER3 按键完成 LED4 的状态切换：第一次按下 USER3 按键时点亮 LED4，再次按下USER3按键时熄灭 LED4，以此类推。

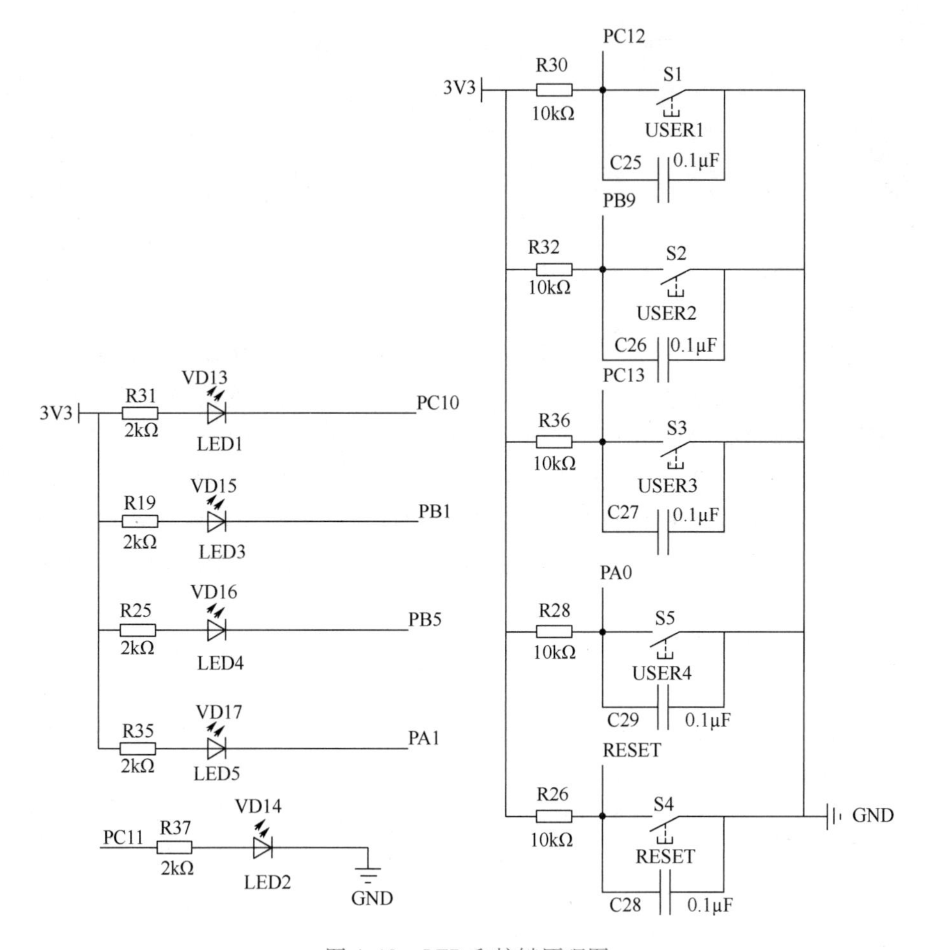

图 4-10　LED 和按键原理图

第 5 章

通用同步/异步串行通信

本章学习 STM32 外设 USART（通用同步/异步串行接收/发送器）。USART 是一个高度灵活的串行通信设备，通常被简称为串口。在实际工程中，通过通信功能可以极大扩展单片机的应用范围，而串口是最简单的一种通信外设。本章将从四个方面来介绍 USART 的基础知识，包括串行通信的原理、接口结构及工作方式、常用库函数和使用流程。在此基础上，将通过一个案例来实现单片机向计算机发送数据和计算机控制开发板上的 LED 的亮灭等功能。通过本章内容的学习，读者将掌握使用 STM32 的串口进行数据发送和接收的技能。

5.1 串行通信原理概述

串行通信是数据字节一位一位地依次传送的通信方式。这种通信的速度慢，但占用的传输线条数少，适用于远距离的数据传送。

在介绍串口之前，需要了解单片机是如何进行通信的。就像在日常生活中人们使用微信、QQ 等通信工具进行交流一样，当两个设备需要进行通信时，需要满足一些基本条件和协议。当网友 A 接收到网友 B 发送的消息“Hi”时，计算机内部到底发生了什么呢？

第 1 章提到过，所有的信息在计算机内部都是用二进制表示的。站在计算机的角度来看接收到消息“Hi”意味着什么。假设某个单片机引脚的电压随时间变化曲线如图 5-1所示，在 8s 时间里，引脚电压在 0V 和 3.3V 之间切换。如果网友 A 和网友 B 双方事先约定好：3.3V 为逻辑 1，0V 为逻辑 0。由此，这一串电压变化就可以视为一串二进制数。此外，还需要约定每一位持续时间多长。在此，假设每 1s 传输一个逻辑位，并再约定信息以一个字节（8 位）为单位进行传输。在此情况下，这一串电压变化理解为二进制的“01001000”，对应十六进制 0x48，对应十进制则是 72。

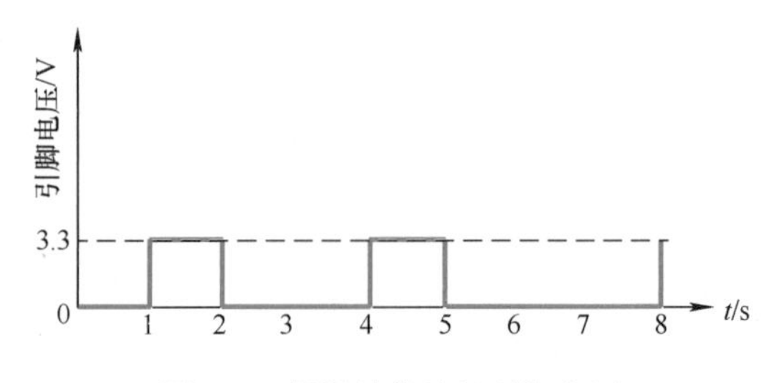

图 5-1　假想的单片机引脚电压

如果网友 A 和网友 B 双方事先约定好了采用 ASCII 码进行通信。根据 ASCII 码表（见表 1-3），大写字母“H”的 ASCII 码正是 72。因此，当接收到图 5-1 的电压时，网友 A 就知道网友 B 是发送了字母“H”。当再接收到代表字母“i”的二进制“01011001”（十进制的 105）时，网友 A 就接收到对方所发送的信息“Hi”了。

以上就是计算机相互通信的一个简化的过程。可见，在通信之前通信双方应该约定一定的规则（即通信协议），比如以字节为单位传输，以及每秒传输一个逻辑位。这里每秒传输多少个逻辑位也称为波特率。波特率即数据的传送速率，在串行异步通信中，每秒钟传送的二进制数的位数称为波特率，单位是位/秒（bit/s）或波特（Baud）。波特率的倒数就是每一位数的传送时间，称为位传送时间，单位为秒（s）。USART 根据波特率发生器提供宽范围的波特率进行选择。

STM32 串口通信基本上也是类似的过程。STM32 的 USART 就是实现通信功能的外设。从该外设的名称可以看出，STM32 串口具有同步和异步模式，并同时具有串行接收和发送数据功能。所谓“异步传输”是指主机只负责发送数据，而从机（接收数据的设备）不一定在主机发送数据的同时接收数据，收发不一定同步。比如，邮递员向邮箱投递了一封信件，或许收件人三天后才将它从邮箱里拿出来并阅读。而所谓“同步传输”就是指收发数据是同步进行的。此外，“串行传输”和“并行传输”是两个相对的概念，并行传输是使用多根数据线同时传输多个位，而串行传输是一个位一个位地传输。显然，上面介绍的几个通信的例子都是属于串行传输。

虽然 STM32 的 USART 串口既能同步传输也能异步传输，但实际使用中基本上采用异步传输方式。因此，本章只介绍异步通信的方式。STM32 串口的异步通信对于用户来说使用非常简单。用户只需要将信息以字节为单位输入 USART 即可完成发送。接收时对于用户来说也是以完整的字节为单位的。比如，STM32 单片机要往外发送“Hi”这个信息（包含了两个字节），用户只需先发送字节“H”，再发送字节“i”，而不需要关心“H”是如何变成一位一位高低电平并传输出去的。同样，接收端也是先接收到字节“H”，再接收到字节“i”，不需对电平变化进行分析就可得到接收内容。使用串口时，只需要关注单片机的接收（RX）、发送（TX）和地（GND）这 3 个引脚，如图 5-2 所示，将单片机 1 的发送是连接到单片机 2 的接收，单片机 1 的接收则连到单片机 2 的发送（发送对接收，接收对发送），即可实现两个单片机之间的相互通信。

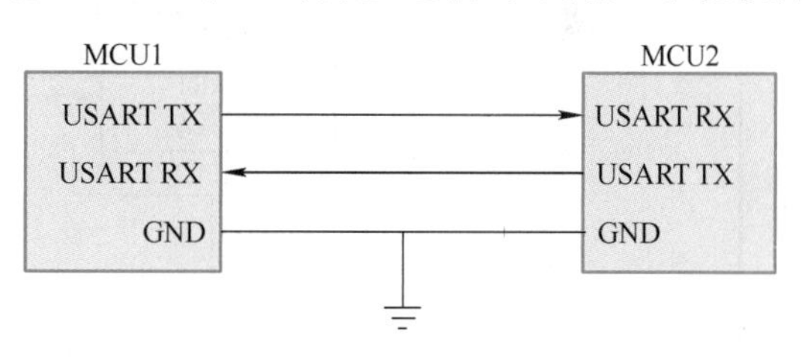

图 5-2　通信连接

接下来通过案例来学习 STM32 的串口是如何发送数据。

5.2　串行异步通信接口（USART）结构及工作方式

5.2.1　USART 结构

STM32 有 3 ~ 5 个全双工的串行异步通信接口 USART，可实现设备之间串行数据的传输。STM32 的 USART 的结构如图 5-3 所示。

STM32 的 USART 的主要组成部分包括接收数据输入（RX）和发送数据输出（TX）、清除发送（nCTS）、发送请求（nRTS）以及发送器时钟输出（SCLK）等相应的引脚（与外设相连）。

USART 内部包括发送数据寄存器（TDR）、接收数据寄存器（RDR）、移位寄存器、IrDA SIR编解码模块、硬件数据流控制器、串行时钟（SCLK）控制、发送器控制、唤醒单

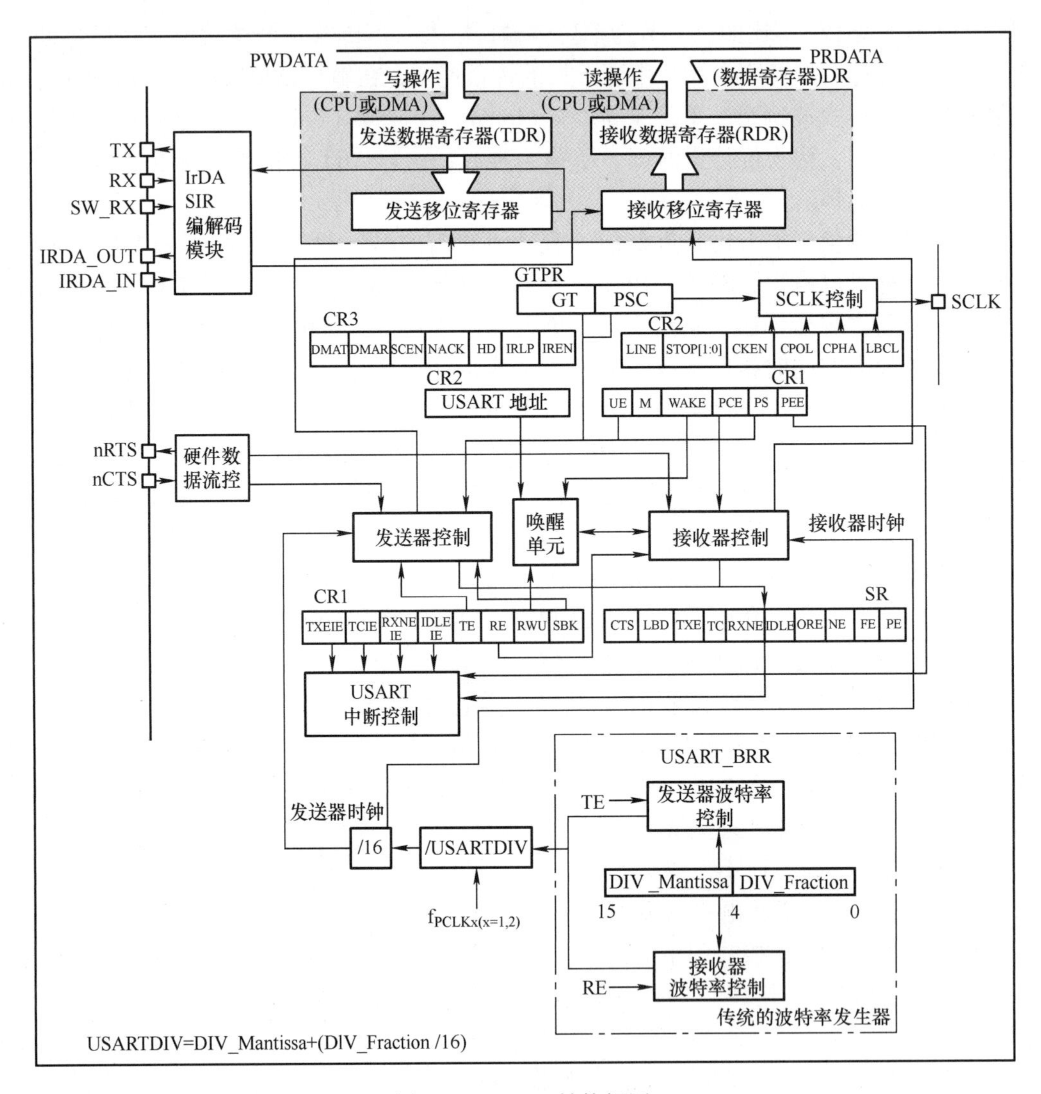

图 5-3 USART 结构框图

元、接收器控制、USART 中断控制以及波特率控制等。

USART 接口通过 3 个引脚与其他设备连接在一起（见图 5-2）。任何 USART 双向通信至少需要两个引脚：接收数据输入（RX）和发送数据输出（TX）。

1）RX：接收数据输入。通过过采样技术来区别数据和噪声，从而恢复数据。

2）TX：发送数据输出。当发送器被禁止时，输出引脚恢复到它的 I/O 端口配置。当发送器被激活，并且不发送数据时，TX 引脚处于高电平。在单线和智能卡模式里，此 I/O 口被同时用于数据的发送和接收。

清除发送（nCTS）和发送请求（nRTS）用于调制解调。nCTS 为清除发送，若是高电平，则在当前数据传输结束时不进行下一次的数据发送。nRTS 为发送请求，若是低电平，表明 USART 准备好接收数据。

发送器时钟输出（CK）是用于同步传输的时钟，使数据可以在 RX 上同步被接收，可以用来控制带有移位寄存器的外设（例如 LCD 驱动器）。时钟相位和极性都是软件可编程的。在智能卡模式中，CK 可以为智能卡提供时钟。

STM32FIO3RBT6 有 3 个 USART，即 USART1、USART2 和 USART3，各引脚的对应情况如下：USART1_RX（PA10）、USART1_TX（PA9）、USART1_CTS（PA11）、USART1_RTS（PA12）、USART1_CK（PA8）；USART2_RX（PA3）、USART2_TX（PA2）、USART2_CTS（PA0）、USART2_RTS（PA1）、USART2_CK（PA4）；USART3_RX（PBL1）、USART3_TX（PB10）、USART3_CTS（PB13）、USART3_RTS（PB14）、USART3_CK（PB12）。IRDA_OUT 和 IRDA_IN 本身没有对应的引脚，当把 USART 配置为红外模式时，IRDA_OUT 和 IRDA_IN分别对应 TX 和 RX。SW_RX 也没有单独的引脚对应，当 USART 配置为单线或智能卡模式时，SW_RX 对应 TX。

USART 的功能是通过操作相应寄存器来实现的，包括数据寄存器（USART_DR）、控制寄存器 1（USART_CR1）、控制寄存器 2（USART_CR2）、控制寄存器 3（USART_CR3）、状态寄存器（USART_SR）、波特率寄存器（USART_BRR）、保护时间和预分频寄存器（USART_GTPR）。

5.2.2　USART 工作方式

1. 数据发送

发送器根据 CR1 寄存器 M 位的状态发送 8 位或 9 位的数据。当发送使能位（TE）被置位时，发送移位寄存器中的数据在 TX 引脚上输出；字符发送在 TX 引脚上首先移出数据的最低有效位，相应的时钟脉冲在 CK 引脚上输出。

需要注意的是，当需要关闭 USART 或需要进入停机模式之前，为了避免破坏最后一次传输，需要确认传输结束再进行停机；即串行发送最后一个数据后，要等待 TC =1，它表示最后一个数据帧的传输结束。

2. 数据接收

在 USART 接收期间，数据的最低有效位首先从 RX 引脚移进。当一个字符被接收时，RXNE 位被置位，它表明移位寄存器的内容被转移到 RDR，也就是说，数据已经被接收并且可以被读出。如果 RXNEIE 位被设置，则可以产生中断。在接收期间如果检测到帧错误、噪声或溢出错误，错误标志将被置起。

在多缓冲器通信时，RXNE 在每个字节接收后被置起，并由 DMA 对数据寄存器的读操作来清零。由软件读 USART_DR 寄存器完成对 RXNE 位清除。RXNE 标志也可以通过对它写 0 来清除，但这个清零必须在下一节字符被接收结束前被清零，以避免溢出错误。

5.3　USART 相关的常用库函数

STM32 标准库中提供了几乎覆盖所有 USART 操作的函数（见表 5-1）。为了理解这些函数的具体使用方法，本节将介绍与 USART 有关的常用库函数的用法及其参数定义。

表 5-1　USART 的标准库函数

函数	功能
USART_DeInit	将外设 USARTx 寄存器重设为默认值
USART_Init	根据 USART_InitStruct 中指定的参数初始化外设 USARTx 寄存器
USART_StructInit	把 USART_InitStruct 中的每一个参数按默认值填入

（续）

函数	功能
USART_Cmd	使能或失能 USART 外设
USART_ITConfig	使能或失能指定的外设中断
USART_DMACmd	使能或者失能指定 USART 的 DMA 请求
USART_SetAddress	设置 USART 节点的地址
USART_WakeUpConfig	选择 USART 的唤醒方式
USART_ReceiverWakeUpCmd	检查 USART 是否处于静默模式
USART_LINBreakDetectLengthConfig	设置 USART LIN 中断检测长度
USART_LINCmd	使能或者失能 USARTx 的 LIN 模式
USART_SendData	通过外设 USARTx 发送单个数据
USART_ReceiveData	返回 USARTx 最近接收到的数据
USART_SendBreak	发送中断字
USART_SetGuardTime	设置指定的 USART 保护时间
USART_SetPrescaler	设置 USART 时钟预分频
USART_SmartCardCmd	使能或者失能指定 USART 的智能卡模式
USART_SmartCardNackCmd	使能或者失能 NACK 传输
USART_HalfDuplexCmd	使能或者失能 USART 半双工模式
USART_IrDAConfig	设置 USART IrDA 模式
USART_IrDACmd	使能或者失能 USART IrDA 模式
USART_GetFlagStatus	检查指定的 USART 标志位设置与否
USART_ClearFlag	清除 USARTx 的待处理标志位
USART_GetITStatus	检查指定的 USART 中断发生与否
USART_ClearITPendingBit	清除 USARTx 的中断待处理位

1. 函数 USART_DeInit

表 5-2 描述了函数 USART_DeInit 的用法及其参数定义。

表 5-2 库函数 USART_DeInit 的说明

函数原型	void USART_DeInit（USART_TypeDef * USARTx）
功能描述	将外设 USARTx 寄存器重设为默认值
输入参数	USARTx：x 可以是 1、2 或 3，来选择 USART 外设
输出参数	无
返回值	无

重设 USART1 的例程如下：

```
1.    USART_DeInit(USART1);
```

2. 函数 USART_Init

表 5-3 描述了函数 USART_Init 的用法及其参数定义。

表 5-3　库函数 USART_Init 的说明

函数原型	Void USART_Init（USART_TypeDef * USARTx，USART_InitTypeDef * USART_InitStruct）
功能描述	根据 USART_InitStruct 中指定的参数初始化外设 USARTx 寄存器
输入参数 1	USARTx：x 可以是 1、2 或 3，来选择 USART 外设
输入参数 2	USART_InitStruct：指向结构 USART_InitTypeDef 的指针，包含了外设 USART 的配置信息
输出参数	无
返回值	无

其中，USART_InitTypeDef 定义于文件“stm32f10x_usart. h”，具体如下：

```
1.    typedef struct
2.    {
3.        u32 USART_BaudRate;
4.        u16 USART_WordLength;
5.        u16 USART_StopBits;
6.        u16 USART_Parity;
7.        u16 USART_HardwareFlowControl;
8.        u16 USART_Mode;
9.        u16 USART_Clock;
10.       u16 USART_CPOL;
11.       u16 USART_CPHA;
12.       u16 USART_LastBit;
13.   } USART_InitTypeDef
```

表 5-4 描述了结构 USART_InitTypeDef 在同步和异步模式下使用的不同成员，其中 X 表示使用的成员。

表 5-4　USART_InitTypeDef 型结构体的成员变量

成员	异步模式	同步模式
USART_BaudRate	X	X
USART_WordLength	X	X
USART_StopBits	X	X
USART_Parity	X	X
USART_HardwareFlowControl	X	X
USART_Mode	X	X
USART_Clock		X
USART_CPOL		X
USART_CPHA		X
USART_LastBit		X

1）USART_BaudRate：设置了 USART 传输的波特率。波特率可以由以下公式计算：

IntegerDivider = ((APBClock) / (16 * (USART_InitStruct->USART_BaudRate)))

FractionalDivider = ((IntegerDivider - ((u32) IntegerDivider)) * 16) +0.5

2）USART_WordLength：提示了在一个帧中传输或者接收到的数据位数。表5-5给出了该参数的可取值。

表5-5 USART_WordLength可取值

USART_WordLength	描述
USART_WordLength_8b	8位数据
USART_WordLength_9b	9位数据

3）USART_StopBits：定义了发送的停止位数目。表5-6给出了该参数可取的值。

表5-6 USART_StopBits可取值

USART_StopBits	描述
USART_StopBits_1	在帧结尾传输1个停止位
USART_StopBits_0.5	在帧结尾传输0.5个停止位
USART_StopBits_2	在帧结尾传输2个停止位
USART_StopBits_1.5	在帧结尾传输1.5个停止位

4）USART_Parity：定义了奇偶模式。表5-7给出了该参数可取的值。

表5-7 USART_Parity可取值

USART_Parity	描述
USART_Parity_No	奇偶失能
USART_Parity_Even	偶模式
USART_Parity_Odd	奇模式

注意：奇偶校验一旦使能，在发送数据的MSB位插入经计算的奇偶位（字长9位时的第9位，字长8位时的第8位）。

5）USART_HardwareFlowControl：指定了硬件流控制模式使能还是失能。表5-8给出了该参数可取的值。

表5-8 USART_HardwareFlowControl可取值

USART_HardwareFlowControl	描述
USART_HardwareFlowControl_None	硬件流控制失能
USART_HardwareFlowControl_RTS	发送请求RTS使能
USART_HardwareFlowControl_CTS	清除发送CTS使能
USART_HardwareFlowControl_RTS_CTS	RTS和CTS使能

6）USART_Mode：指定了使能或者失能发送和接收模式。表5-9给出了该参数可取的值。

表5-9 USART_Mode可取值

USART_Mode	描述
USART_Mode_Tx	发送使能
USART_Mode_Rx	接受使能

其他成员在同步通信才会使用，如果需要，请查阅配套的意法半导体官方资料“STM32固件库使用手册（中文翻译版）”。

3. 函数 USART_Cmd

表5-10描述了函数USART_Cmd的用法及其参数定义。

表5-10　库函数USART_Cmd的说明

函数原型	void USART_Cmd（USART_TypeDef＊ USARTx，FunctionalState NewState）
功能描述	使能或者失能USART外设
输入参数1	USARTx：x可以是1、2或3，来选择USART外设
输入参数2	NewState：外设USARTx的新状态，ENABLE或DISABLE
输出参数	无
返回值	无

使能USART1的例程如下：

```
1.    USART_Cmd(USART1, ENABLE);
```

4. 函数 USART_ITConfig

表5-11描述了函数USART_ITConfig的用法及其参数定义。

表5-11　库函数USART_ITConfig的说明

函数原型	void USART_ITConfig（USART_TypeDef＊ USARTx，u16 USART_IT，FunctionalState NewState）
功能描述	使能或者失能指定的USART中断
输入参数1	USARTx：x可以是1、2或3，来选择USART外设
输入参数2	USART_IT：待使能或者失能的USART中断源，取值查阅表5-12
输出参数	无
返回值	无

输入参数USART_IT使能或者失能USART的中断。可以取表5-12的一个或者多个取值的组合作为该参数的值。

表5-12　USART_IT的可取值

USART_IT	描述
USART_IT_PE	奇偶错误中断
USART_IT_TXE	发送中断
USART_IT_TC	传输完成中断
USART_IT_RXNE	接收中断
USART_IT_IDLE	空闲总线中断
USART_IT_LBD	LIN中断检测中断
USART_IT_CTS	CTS中断
USART_IT_ERR	错误中断

使能USART1的中断例程如下：

```
1.  USART_ITConfig(USART1, USART_IT_Transmit ENABLE);
```

5. 函数 USART_SetAddress

表 5-13 描述了函数 USART_SetAddress 的用法及其参数定义。

表 5-13　库函数 USART_SetAddress 的说明

函数原型	void USART_SetAddress (USART_TypeDef * USARTx, u8 USART_Address)
功能描述	设置 USART 节点的地址
输入参数 1	USARTx：x 可以是 1、2 或 3，来选择 USART 外设
输入参数 2	USART_Address：提示 USART 节点的地址
输出参数	无
返回值	无

设置 USART2 的节点地址例程如下：

```
1.  USART_SetAddress(USART2,0x5);
```

6. 函数 USART_SendData

表 5-14 描述了函数 USART_SendData 的用法及其参数定义。

表 5-14　库函数 USART_SendData 的说明

函数原型	void USART_SendData (USART_TypeDef * USARTx, u8 Data)
功能描述	通过外设 USARTx 发送单个数据
输入参数 1	USARTx：x 可以是 1、2 或 3，来选择 USART 外设
输入参数 2	Data：待发送的数据
输出参数	无
返回值	无

USART3 发送数据的例程如下：

```
1.  USART_SendData(USART3, 0x26);
```

7. 函数 USART_ReceiveData

表 5-15 描述了函数 USART_ ReceiveData 的用法及其参数定义。

表 5-15　库函数 USART_ ReceiveData 的说明

函数原型	uint16_t USART_ReceiveData (USART_TypeDef * USARTx)
功能描述	返回 USARTx 最近接收到的数据
输入参数 1	USARTx：x 可以是 1、2 或 3，来选择 USART 外设
输出参数	无
返回值	接收到的字

USART2 接收数据的例程如下：

```
1.  u16 RxData;
2.  RxData = USART_ReceiveData(USART2);
```

8. 函数 USART_GetITStatus

表 5-16 描述了函数 USART_ GetITStatus 的用法及其参数定义。

表 5-16 库函数 USART_ GetITStatus 的说明

函数原型	ITStatus USART_GetITStatus（USART_TypeDef * USARTx，u16 USART_IT）
功能描述	检查指定的 USART 中断发生与否
输入参数 1	USARTx：x 可以是 1、2 或 3，来选择 USART 外设
输入参数 2	USART_IT：待检查的 USART 中断源 USART_IT 的取值范围参阅表 5-17
输出参数	无
返回值	USART_IT 的新状态

表 5-17 给出了所有可以被函数 USART_GetITStatus 检查的中断标志位（USART_IT）列表。

表 5-17 USART_IT 的可取值

USART_IT	描述
USART_IT_PE	奇偶错误中断
USART_IT_TXE	发送中断
USART_IT_TC	发送完成中断
USART_IT_RXNE	接收中断
USART_IT_IDLE	空闲总线中断
USART_IT_LBD	LIN 中断探测中断
USART_IT_CTS	CTS 中断
USART_IT_ORE	溢出错误中断
USART_IT_NE	噪声错误中断
USART_IT_FE	帧错误中断

USART1 接收中断的例程如下：

```
1.  ITStatus ErrorITStatus;
2.  ErrorITStatus = USART_GetITStatus(USART1, USART_IT_RXNE);
```

9. 函数 USART_ClearITPendingBit

表 5-18 描述了函数 USART_ ClearITPendingBit 的用法及其参数定义。

表 5-18 库函数 USART_ ClearITPendingBit 的说明

函数原型	void USART_ClearITPendingBit（USART_TypeDef * USARTx，u16 USART_IT）
功能描述	清除 USARTx 的中断待处理位
输入参数 1	USARTx：x 可以是 1、2 或 3，来选择 USART 外设
输入参数 2	USART_IT：待检查的 USART 中断源 USART_IT 的取值范围参阅表 5-17
输出参数	无
返回值	无

清除 USART1 接收中断的待处理位例程如下：

```
1.    USART_ClearITPendingBit(USART1,USART_IT_RXNE);
```

10. 函数 USART_ClearFlag

表 5-19 描述了函数 USART_ClearFlag 的用法及其参数定义。

表 5-19　库函数 USART_ClearFlag 的说明

函数原型	void USART_ClearFlag（USART_TypeDef * USARTx, u16 USART_FLAG）
功能描述	清除 USARTx 的中断待处理标志位
输入参数 1	USARTx：x 可以是 1、2 或 3，来选择 USART 外设
输入参数 2	USART_FLAG：待清除的 USART 标志位 USART_FLAG 的取值范围参阅表 5-20
输出参数	无
返回值	无

表 5-20 给出了所有可以被函数 USART_GetFlagStatus 检查的标志位（USART_FLAG）列表。

表 5-20　USART_FLAG 的可取值

USART_FLAG	描述
USART_FLAG_CTS	CTS 标志位
USART_FLAG_LBD	LIN 中断检测标志位
USART_FLAG_TXE	发送数据寄存器空标志位
USART_FLAG_TC	发送完成标志位
USART_FLAG_RXNE	接收数据寄存器非空标志位
USART_FLAG_IDLE	空闲总线标志位
USART_FLAG_ORE	溢出错误标志位
USART_FLAG_NE	噪声错误标志位
USART_FLAG_FE	帧错误标志位
USART_FLAG_PE	奇偶错误标志位

清除 USART1 待处理标志位的例程如下：

```
1.    USART_ClearFlag(USART1,USART_FLAG_RXNE);
```

5.4　USART 使用流程

USART 的功能有很多，最基本的功能就是发送和接收。其功能的实现需要三部分程序：串口工作方式配置、串口发送和串口接收。本节只介绍 USART 的基本配置，其流程如图 5-4所示。配置过程首先声明了结构体变量，在开启了时钟之后，将 GPIO 引脚设为复用推挽输出和浮空输入模式，然后再设置串口通信的波特率、数据格式、模式，最后完成串口设置并使能串口。

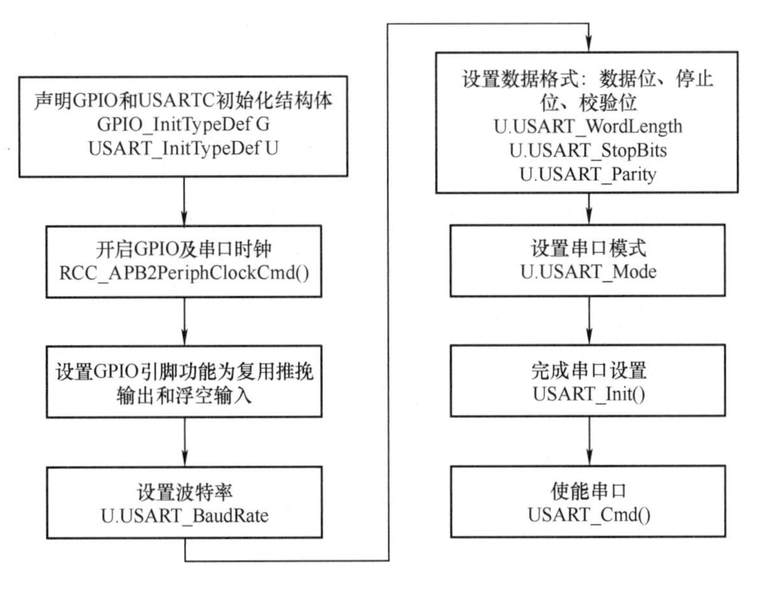

图 5-4　USART 的基本配置流程

5.5　应用案例：串口发送数据

在本节中，将学习如何通过单片机串口 1 发送数据，并通过计算机接收和显示出来。

5.5.1　实现步骤

通过单片机串口 1 发送数据和计算机接收显示的步骤如下：

1）与之前的案例一样，先需要连接好单片机开发板电源、J-Link 以及计算机。

2）将 USB 转串口模块的 DB9 端口与开发板的 RS232 接口 1（注意：开发板有两个 RS232 接口，参见开发板实物图 2-2），同时将 USB 转串口模块的 USB 端连接至计算机，如图 5-5 所示。

图 5-5　USB 转串口模块与开发板连接示意

3）打开计算机控制面板中的设备管理器，图 5-6 所示为 Windows7 系统中的控制面板。

图 5-6　控制面板中的设备管理器

4）如果已经根据第 2 章 2.1.3 小节装好了 USB 转串口模块驱动程序，则在设备管理器中可以找到名为“端口（COM 和 LPT）”列表，其中 COM 就是代表串口。展开这个列表，从中可以看到用户计算机的串口，其中名字含“CH340”的串口即为 USB 转串口模块所对应的串口。图 5-7 所示为作者计算机的串口情况，可知这个串口号为“COM4”，请读者们查看自己计算机中 USB 转串口模块的串口号，下文将使用到这个串口号。

图 5-7　查看 USB 转串口模块的串口号

5）正常情况下，USB 转串口模块的串口号为 COM1 ~ COM4 中的一个，则可直接跳过本步骤。如果读者计算机的串口号大于 COM4，则需要将串口号修改为 COM1 ~ COM4 中的一个。

① 如图 5-8 所示，选中串口列表并右击打开快捷菜单，并单击“属性”命令。

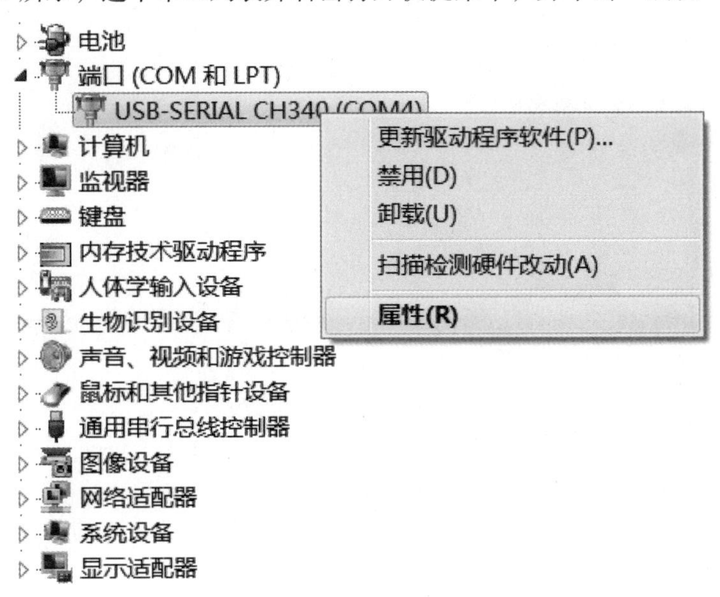

图 5-8　查看串口属性

② 在如图 5-9 所示的串口属性对话框中，单击“高级”按钮。

图 5-9　串口属性对话框

③ 弹出高级设置对话框如图 5-10 所示，可以在最下面的“COM 端口号”列表中将选择 COM1～COM4 中的一个，并在单击“确定”按钮后完成当前串口号修改。

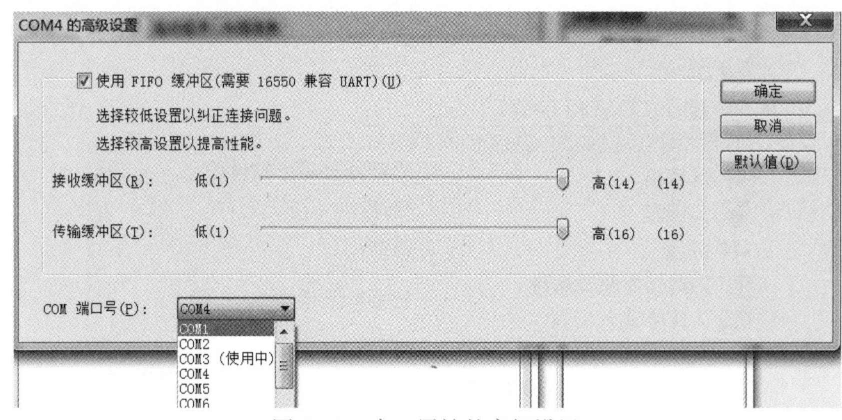

图 5-10　串口属性的高级设置

6）打开配套资料“3. 实验例程包\3. USART\串口发送\user\”里面的工程文件“project. uvprojx”，将程序编译，编译通过后烧录至单片机。

7）如图 5-11 所示，打开配套资料“4. 工具软件包”文件夹中的串口调试助手“UartAssis. exe”。

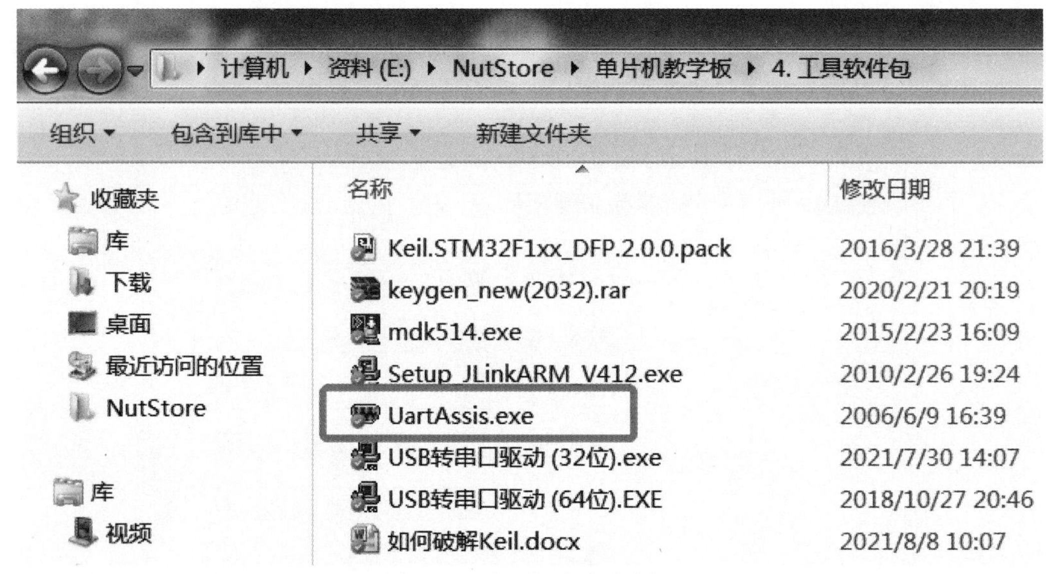

图 5-11　串口调试助手路径

8）打开串口调试助手后连接串口，并将串口设置为 USB 转串口的串口号（比如笔者计算机的“COM4”），再将“波特率”设置为“115200”，“校验位”“数据位”和“停止位”设置如图 5-12 所示。正确打开串口后，通信设置标签下红色指示灯会点亮，指示灯右边文字为“断开”，如图 5-12 所示。如果串口连接指示灯是灰色的，并且按钮文字为“连接”，则串口没有打开，需要单击该按钮连接串口。如果串口驱动没安装成功，或者串口设置等有问题，出现连接失败，请读者根据前面内容修正设置重新连接。

9）完成上述步骤之后，可以观察到串口调试助手接收区每隔一段时间都会显示“OK”字样，如图 5-13 所示。此外，开发板上的 LED1 会间隔闪烁。

图 5-12　串口调试助手

图 5-13　成功接收单片机发送的信息

5.5.2 工作原理

5.5.2.1 硬件原理

本章5.1节介绍了STM32串口通信的原理，了解到STM32的串口可以实现与其他计算机或者设备进行通信。实际工程中，经常会根据一些通信标准将STM32串口的电压进行转换后再通信，从而达到延长通信距离、增强抗干扰性等目的。在此，介绍一种常见的串口通信标准——RS232，除此之外，工业中常用的串口通信标准还有RS485、RS422等。

RS232简称232，是由电子工业协会（EIA）在1962年制订并发布的工业标准，被广泛用于数据设备和终端之间进行通信。早期的台式计算机都会保留232接口用于串口通信，目前基本被USB接口取代。虽然新上市的计算机已经取消232接口，但该接口仍然在工业仪器仪表设备中大量应用。

RS232最开始的标准接口是一个25针DB-25连接器，后来逐渐简化为目前常用的9针DB-9连接器。DB-9包含两种形式：带针脚公头（Male）和带孔座的母座（Female），如图5-14所示。

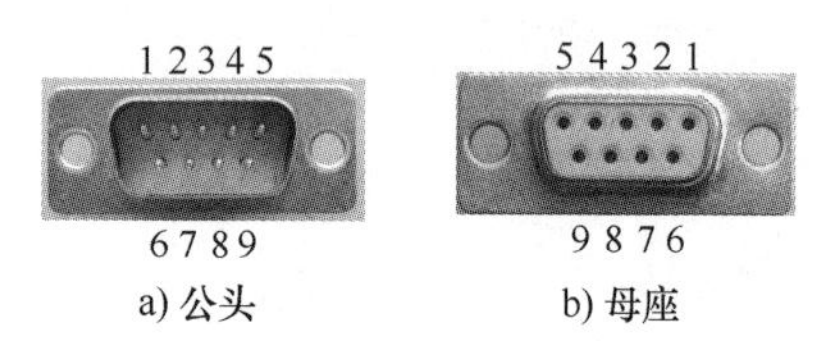

a) 公头　　b) 母座

图5-14　两种RS232连接座以及引脚编号

图5-14标注了RS232公头和母座的引脚编号，这些引脚的具体含义见表5-21。注意该表中有3个比较重要的引脚：引脚2 RXD、引脚3 TXD和引脚5 GND。其中，引脚3 TXD是发送数据引脚，单片机通过发送引脚发送信号；引脚2 RXD是接收数据引脚，单片机通过接收引脚接收信号；引脚5 GND则是地信号，相互通信不同的系统需要将各自的地信号连接在一起（称为“共地”），形成共同的参考地。

表5-21　RS232接口引脚定义

引脚编号	引脚定义	说明
1	DCD	载波检测
2	RXD	接收数据
3	TXD	发送数据
4	DTR	数据终端准备好
5	GND	地信号
6	DSR	数据准备好
7	RTS	请求发送
8	CTS	清除发送
9	RI	振铃提示

两个系统采用RS232进行通信，通常有三种连接方法：9线式连接（见图5-15）、5线式连接（见图5-16）和3线式连接（见图5-17）。这三种连接方式共同之处在于：都连接了发送（TXD）、接收（RXD）和地线（GND）这三条线，而其他线可以根据情况进行取舍（实际工程中经常空置）。

实际工程中经常不直接使用单片机的串口通信而采用RS232，这是因为采用RS232之后能够延长通信距离、增强抗干扰性。能够实现这些优点的原因在于，RS232对单片机输出的电平进行了转换，增强了传输信号的电压。单片机输出的通信电平称为“TTL电平”，转换

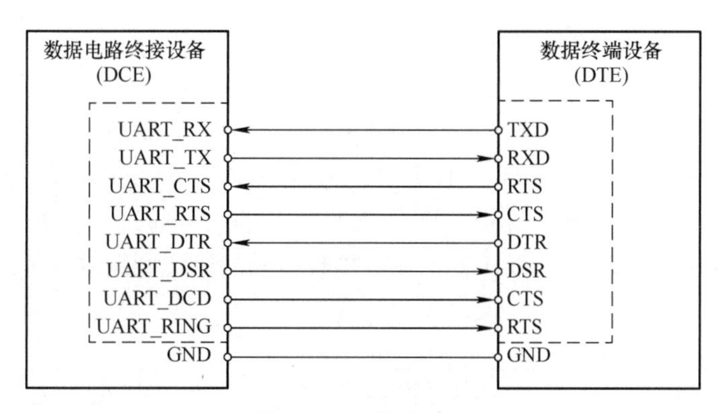

图 5-15　9 线式连接

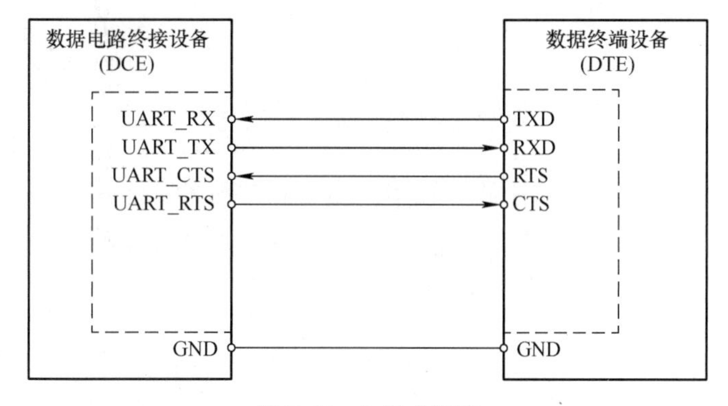

图 5-16　5 线式连接

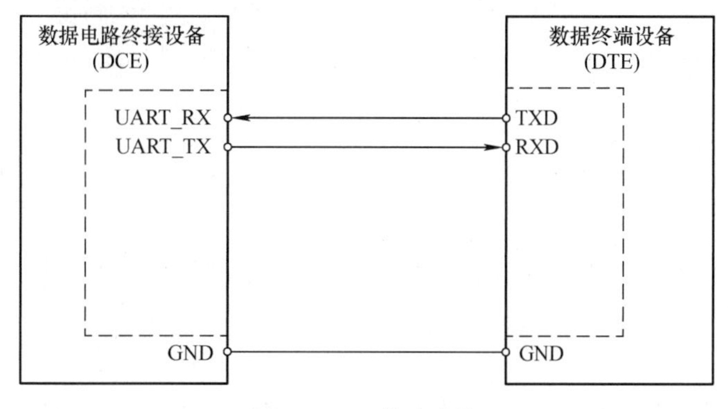

图 5-17　3 线式连接

之后称为“RS232 电平”。对于 STM32 单片机的 TTL 电平，可以简单理解为 3.3V 表示高电平（逻辑 1），0V 表示低电平（逻辑 0）。RS232 电平则规定逻辑 1 为 -15 ~ -3V，逻辑 0 为 3 ~ 15V，而 -3 ~ 3V 之间的电压则为非法状态，见表 5-22。通过使用 RS232 电平，串口通信的最大通信距离得以提高。

表 5-22　RS232 电平

电平状态	电压
0	3 ~ 15V
1	-15 ~ -3V
非法状态	-3 ~ 3V

STM32 单片机的电平为 TTL 电平，是用 3.3V 表示高电平的。那么，如何将 TTL 电平转换为 RS232 电平呢？这就涉及 RS232 收发器了，它是一块集成芯片（常见的有 MAX232、MAX3232），能够将 TTL 电平转换为 RS232 电平。图 5-18 为 RS232 信号传输过程，包括两步：STM32 单片机的串口（USART）把将要发送的一个字节（共 8 位，用 D0 ~ D7 表示）处理成串行一位一位的 TTL 电平信号，然后该 TTL 电平信号通过收发器再转换为 RS232 电平信号，最终传输至接收设备。STM32 单片机接收信号的流程则刚好反过来。

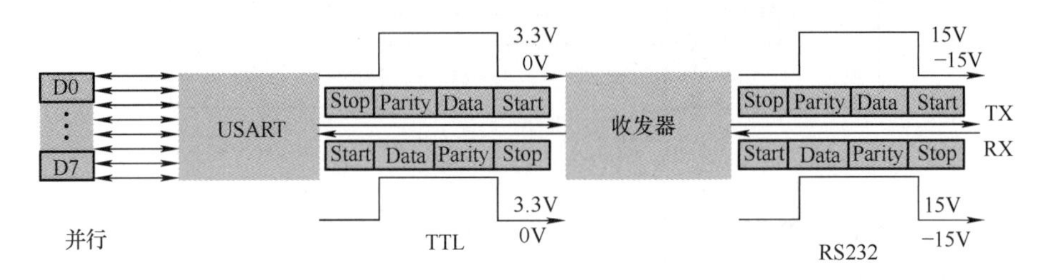

图 5-18　RS232 信号传输过程

图 5-19 为开发板单片机串口引脚，该图圈出了单片机的 3 个串口相关引脚，分别是串口 USART1、USART2 以及 USART3 的接收和发送引脚。例如，串口 USART1 的发送引脚为 PA9，接收引脚为 PA10，它们的网络标号分别是 U1_TX 和 U1_RX。

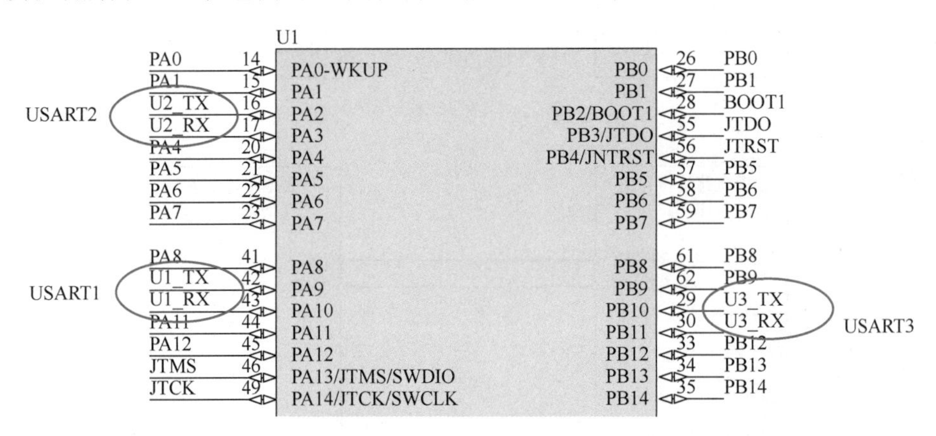

图 5-19　单片机串口引脚

PA9 和 PA10 属于 GPIO 组别 A 的引脚，它们可以作为串口 1 的收发引脚使用。图 5-20 为 PA9 ~ PA12 的引脚说明（参见配套的意法半导体官方资料“芯片数据手册”），该图中，在 PA9 右侧表格中标有 USART1_TX，这就表示 PA9 可以作为串口 USART1 的发送（TX）引脚；同样 PA10 则可以作为串口 USART1 的接收（RX）引脚。根据图 5-20 和图 5-21“芯片数据手册”中的引脚说明，同样可以确定 PA2 和 PA3 可以作为串口 USART2 的收发引脚，以及 PB10 和 PB11 则可以作为串口 USART3 的收发引脚。

图 5-22 为串口电平转换电路，该电路使用了一块 MAX3232 芯片作为 RS232 收发器，来完成单片机 TTL 电平和 232 电平之间的相互转换。MAX3232 可以同时支持两路串口电平的转换。在该电路中，单片机串口 1 和串口 2 的收发信号（U1_TX、U1_RX 和 U2_TX、U2_RX）连到了 MAX3232 芯片，意味着这两个串口的电平进行了转换，变成了标准的 RS232 信号，从而可以和其他标准 RS232 设备进行通信。该电路中的串口 3 收发引脚（U3_TX、U3_

Pins						Pin name	Type(1)	I / O Level(2)	Main function(3) (after reset)	Alternate functions(4)	
LFBGA144	LFBGA100	WLCSP64	LQFP64	LQFP100	LQFP144					Default	Remap
D12	C9	D2	42	68	101	PA9	I/O	FT	PA9	USART1_TX(9)/ TIM1_CH2(9)	-
D11	D10	D3	43	69	102	PA10	I/O	FT	PA10	USART1_RX(9)/ TIM1_CH3(9)	-
C12	C10	C1	44	70	103	PA11	I/O	FT	PA11	USART1_CTS/USBDM CAN_RX(9)/TIM1_CH4(9)	-
B12	B10	C2	45	71	104	PA12	I/O	FT	PA12	USART1_RTS/USBDP/ CAN_TX(9)/TIM1_ETR(9)	-

图 5-20　芯片数据手册中 PA9 ~ PA12 的引脚说明

Pins						Pin name	Type(1)	I / O Level(2)	Main function(3) (after reset)	Alternate functions(4)	
LFBGA144	LFBGA100	WLCSP64	LQFP64	LQFP100	LQFP144					Default	Remap
H4	F3	-	11	18	29	PC3(7)	I/O	-	PC3	ADC123_IN13	-
J1	G1	E7	12	19	30	V_{SSA}	S	-	V_{SSA}	-	-
K1	H1	-	-	20	31	V_{REF-}	S	-	V_{REF-}	-	-
L1	J1	F7 (8)	-	21	32	V_{REF+}	S	-	V_{REF+}	-	-
M1	K1	G8	13	22	33	V_{DDA}	S	-	V_{DDA}	-	-
J2	G2	F6	14	23	34	PA0-WKUP	I/O	-	PA0	WKUP/USART2_CTS(9) ADC123_IN0 TIM2_CH1_ETR TIM5_CH1/TIM8_ETR	-
K2	H2	E6	15	24	35	PA1	I/O	-	PA1	USART2_RTS(9) ADC123_IN1/ TIM5_CH2/TIM2_CH2(9)	-
L2	J2	H8	16	25	36	PA2	I/O	-	PA2	USART2_TX(9)/TIM5_CH3 ADC123_IN2/ TIM2_CH3 (9)	-
M2	K2	G7	17	26	37	PA3	I/O	-	PA3	USART2_RX(9)/TIM5_CH4 ADC123_IN3/TIM2_CH4(9)	-

图 5-21　芯片数据手册中 PA2 和 PA3 引脚说明

RX）并没有连接 RS232 收发芯片，而是直接连到了接插件 J1，这样串口 3 的电平依旧是 TTL 电平，不能和 RS232 设备进行通信，但是可以和别的单片机直接进行通信。

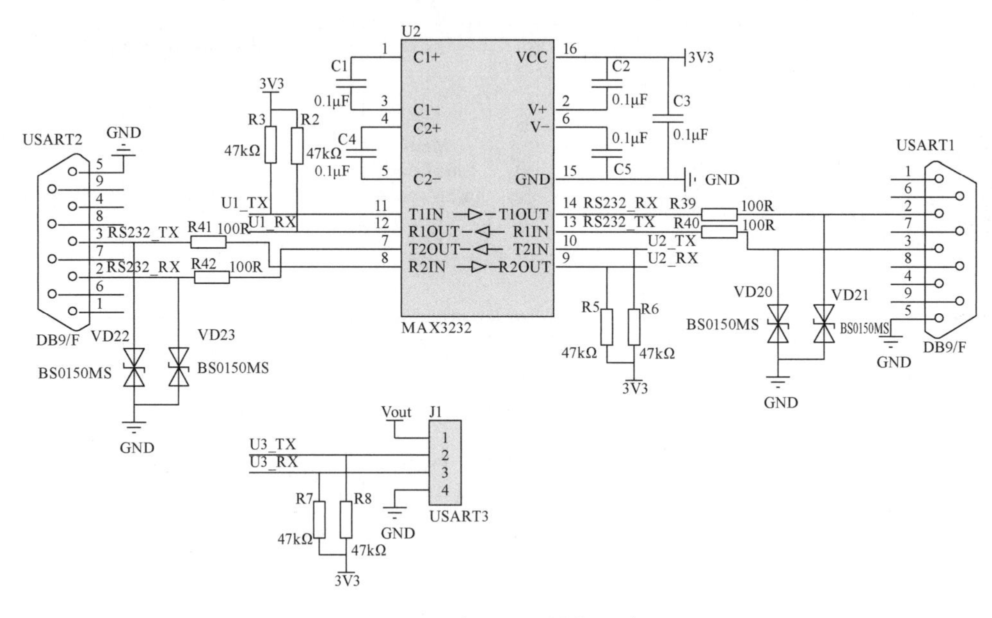

图 5-22　串口电平转换电路

以串口 USART1 来具体分析图 5-22 中信号流向。单片机发送的信号通过串口 1 发送引脚 U1_TX 传输，通过引脚 11（T1IN）输入 MAX3232，经过 MAX3232 转换为 RS232 电平，从 MAX3232 芯片的引脚 14（T1OUT）输出，再连接到 RS232 的标准 DB9 接口的引脚 2 上。如果其他的 232 设备要接收单片机串口 USART1 的输出信号，只需要将通信线缆连接到这个 DB9 接口（对应开发板实物图 2-2 中的 RS232 接口 1）上。另一方面，其他 232 设备的发送至单片机的信号（232 电平）流向如下：通过 DB9 接口的引脚 3 连接到开发板，经过 MAX3232 的引脚 13 进入后转换为 TTL 电平，再从 MAX3232 的引脚 12 输出，从而最终传输至单片机的串口 1 接收引脚 U1_RX。同理，串口 2 和其他 232 设备通信信号传输过程也类似，只是使用的 DB9 端口是图 5-22 串口电平转换电路中的 USART2（对应开发板实物图 2-2 中的 RS232 接口 2）。

本案例使用了 LED1 作为串口数据发送指示 LED，其相关电路请参考图 3-7。

5.5.2.2　软件设计

本小节先展示出完整的源程序，而后解释程序具体含义。本案例程序同样由配置部分和控制部分组成，具体如下：

```
1.  #include "stm32f10x.h"
2.  //自定义延时函数
3.  void delay(int i)
4.  {
5.      while(i--);
6.  }
7.  //主函数
8.  int main(void)
9.  {
```

```
10. /************************串口 1 配置 **********************************/
11.     GPIO_InitTypeDef            GPIO_Initstructure;
12.     USART_InitTypeDef            USART_Initstructure;
13.     //1. 开启时钟
14.     RCC_APB2PeriphClockCmd(RCC_APB2Periph_GPIOA | RCC_APB2Periph_AFIO |
RCC_APB2Periph_USART1,ENABLE);
15.     //2. 串口复位
16.     USART_DeInit(USART1);
17.     //3. GPIO 端口配置
18.     //tx 设置
19.     GPIO_Initstructure.GPIO_Mode = GPIO_Mode_AF_PP;
20.     GPIO_Initstructure.GPIO_Speed = GPIO_Speed_50MHz;
21.     GPIO_Initstructure.GPIO_Pin = GPIO_Pin_9;
22.     GPIO_Init(GPIOA,&GPIO_Initstructure);
23.     //rx 设置
24.     GPIO_Initstructure.GPIO_Mode = GPIO_Mode_IN_FLOATING;
25.     GPIO_Initstructure.GPIO_Pin = GPIO_Pin_10;
26.     GPIO_Init(GPIOA,&GPIO_Initstructure);
27.
28.     //4. 串口参数初始化
29.     USART_Initstructure.USART_BaudRate = 115200;
30.     USART_Initstructure.USART_HardwareFlowControl = USART_HardwareFlowControl_
None; //无硬件控制流
31.     USART_Initstructure.USART_Mode = USART_Mode_Rx | USART_Mode_Tx;    //
使能输入输出
32.     USART_Initstructure.USART_Parity = USART_Parity_No;  //无奇偶校验位
33.     USART_Initstructure.USART_StopBits = USART_StopBits_1; //一位停止位
34.     USART_Initstructure.USART_WordLength = USART_WordLength_8b; //8 位字长
35.     USART_Init(USART1,&USART_Initstructure);
36.     //5. 使能串口
37.     USART_Cmd(USART1,ENABLE);
38.
39.     /***************************LED1 配置 *******************************/
40.
41.     RCC_APB2PeriphClockCmd(RCC_APB2Periph_GPIOC,ENABLE);   //开始端口 C
时钟
```

```
42.  GPIO_Initstructure. GPIO_Mode = GPIO_Mode_Out_PP; //推挽输出模式
43.  GPIO_Initstructure. GPIO_Pin = GPIO_Pin_10; //配置引脚, PC10 对应灯 LED1
44.  GPIO_Initstructure. GPIO_Speed = GPIO_Speed_50MHz;  //配置速度
45.  GPIO_Init(GPIOC,&GPIO_Initstructure);  //调用库函数初始化 LED
46.  while (1)
47.  {
48.    //串口 1 发送字符串"OK\n"
49.    USART_SendData(USART1,'O');
50.    //等待字符发送完成
51.    while(USART_GetFlagStatus(USART1,USART_FLAG_TXE) == RESET);
52.    USART_SendData(USART1,'K');
53.    while(USART_GetFlagStatus(USART1,USART_FLAG_TXE) == RESET);
54.    USART_SendData(USART1,'\n');
55.    while(USART_GetFlagStatus(USART1,USART_FLAG_TXE) == RESET);
56.    //LED1 灯闪烁
57.    delay(6000000);
58.    GPIO_SetBits(GPIOC,GPIO_Pin_10);
59.    delay(6000000);
60.    GPIO_ResetBits(GPIOC,GPIO_Pin_10);
61.  }
62. }
```


1. 配置部分

1）上述程序第 11～37 行是串口配置部分。其中，第 12 行（如下所示）首先定义了一个 USART_InitTypeDef 类型结构体，用于后续的串口配置，其具体成员变量在后续使用时再详细介绍。

```
12.    USART_InitTypeDef        USART_Initstructure;
```

2）第 14 行（如下所示）开启了 GPIOA、复用时钟 AFIO 和串口 USART1 的时钟；参数中“|”表示按位运算的或逻辑运算，即这 3 个时钟同时被 RCC_APB2PeriphClockCmd 激活使能（参见表 3-16 中关于函数 RCC_APB2PeriphClockCmd 的说明）。从图 5-19 可知，PA9 和 PA10 是串口 1 的收发引脚，因此这里要激活 GPIOA 的时钟；由于这两个引脚在此不是作为 GPIO（通用输入输出），而是作为串口的相关引脚，因此还使能了复用时钟 AFIO；显然，串口 USART1 自身的时钟也应该使能才可以使用。

```
13.    //1. 开启时钟
14.    RCC_APB2PeriphClockCmd(RCC_APB2Periph_GPIOA | RCC_APB2Periph_AFIO |
RCC_APB2Periph_USART1,ENABLE);
```

3）第 16 行中函数 USART_DeInit 是将相应串口的设置恢复为默认值，也可以说将串口复位。在本程序串口 1 只使用了一次，因此即使删除这一句也不影响程序运行。

```
15.    //2. 串口复位
16.    USART_DeInit(USART1);
```

4）第 17～26 行（如下所示）对 GPIO 引脚 PA9 和 PA10 进行了配置，配置方法和之前章节涉及的 GPIO 配置是相同的，但要注意 GPIO 模式的选择。如前所述，PA9 用作串口 1 的发送引脚，第 19 行将其模式配置为复用推挽输出模式（GPIO_Mode_AF_PP）；PA10 用作接收引脚，其模式配置为浮空输入模式（ GPIO_Mode_IN_FLOATING）。

```
17.    //3. GPIO 端口配置
18.    //tx 设置
19.    GPIO_Initstructure.GPIO_Mode = GPIO_Mode_AF_PP;
20.    GPIO_Initstructure.GPIO_Speed = GPIO_Speed_50MHz;
21.    GPIO_Initstructure.GPIO_Pin = GPIO_Pin_9;
22.    GPIO_Init(GPIOA,&GPIO_Initstructure);
23.    //rx 设置
24.    GPIO_Initstructure.GPIO_Mode = GPIO_Mode_IN_FLOATING;
25.    GPIO_Initstructure.GPIO_Pin = GPIO_Pin_10;
26.    GPIO_Init(GPIOA,&GPIO_Initstructure);
```

5）第 28～35 行（如下所示）是配置部分的重点。这段程序首先填充了第 11 行所定义的结构体 USART_Initstructure，再通过库函数 USART_Init 将该结构体配置到寄存器，从而发挥作用。USART_Initstructure 结构体的数据类型是 USART_InitTypeDef，在库函数手册中有关于该数据类型的说明，见表 5-4。在本章 5.1 节中提到，本教程只使用异步模式，在异步模式下，USART_Initstructure 共有 6 个成员变量，具体分别如下：

成员变量 1：USART_BaudRate 是串口波特率。5.1 节提到波特率是每秒钟传输二进制位的数目，表示了串行数据的传输速率。第 29 行将波特率设置为 115200bit/s，通信双方波特率应该一致，否则通信将失败。

成员变量 2：USART_HardwareFlowControl，硬件流控制是专门用于连续数据流速率的控制，防止收发缓存溢出的一种手段，一般都选择无硬件流控制，故第 30 行设置为 USART_HardwareFlowControl_None。

成员变量 3：USART_Mode 串口模式选择，串口可以选择配置为发送模式（USART_Mode_Tx）或接收模式（USART_Mode_Rx），采用按位或可以设置串口为既可以接收又可以发送，如第 31 行。

成员变量 4、5、6：USART_Parity、USART_StopBits、USART_WordLength 分别为奇偶校验位、停止位、字长。需要注意的是，两个串口设备相互通信时，它们的奇偶校验位、停止位和字长都应该分别一致，否则通信将失败。第 32～34 行将这几个变量设置为最常见的无奇偶校验位、一位停止位和 8 位字长。

填充完结构体的 USART_Initstructure 的成员变量后，第 35 行将结构体成员变量设置到相应寄存器中，从而真正发挥作用。

```
28.    //4. 串口参数初始化
29.    USART_Initstructure. USART_BaudRate = 115200;
30.    USART_Initstructure. USART_HardwareFlowControl = USART_HardwareFlow Control_None; //无硬件控制流
31.    USART_Initstructure. USART_Mode = USART_Mode_Rx | USART_Mode_Tx;   //使能输入输出
32.    USART_Initstructure. USART_Parity = USART_Parity_No;  //无奇偶校验位
33.    USART_Initstructure. USART_StopBits = USART_StopBits_1; //一位停止位
34.    USART_Initstructure. USART_WordLength = USART_WordLength_8b; //8 位字长
35.    USART_Init(USART1,&USART_Initstructure);
```

6）第 37 行（如下所示）中的 USART_Cmd 函数激活使能了串口 1。


```
36.    //5. 使能串口
37.    USART_Cmd(USART1,ENABLE);
```

7）第 39 ~45 行是 LED 相关的 GPIO 设置程序，其原理前文已介绍过，在此不再赘述。

2. 控制部分

第 46 ~61 行控制部分的程序主要是 while 结构中的语句，具体如下：

```
46.    while (1)
47.    {
48.      //串口 1 发送字符串"OK\n"
49.      USART_SendData(USART1,'O');
50.      //等待字符发送完成
51.      while(USART_GetFlagStatus(USART1,USART_FLAG_TXE) = =RESET);
52.      USART_SendData(USART1,'K');
53.      while(USART_GetFlagStatus(USART1,USART_FLAG_TXE) = = RESET);
54.      USART_SendData(USART1,'\n');
55.      while(USART_GetFlagStatus(USART1,USART_FLAG_TXE) = = RESET);
56.      //LED1 灯闪烁
57.      delay(6000000);
58.      GPIO_SetBits(GPIOC,GPIO_Pin_10);
59.      delay(6000000);
60.      GPIO_ResetBits(GPIOC,GPIO_Pin_10);
61.    }
```

控制部分由一个无限循环组成，主要包括串口发送（第 49 ~55 行）和 LED 控制（第 57 ~60 行）。

第 49 ~55 行串口发送部分使用到两个函数 USART_SendData 和 USART_GetFlagStatus。USART_SendData 的功能是向串口发送一个字符，其第一个参数指定使用哪个串口发送，第二个参数为发送的内容。比如第 49 行表示向串口 1 发送字符‘O’。串口发送一个字符需要时间，当串口正在发送数据时又发送新的数据，此时将打断当前发送过程并导致发送错误。

因此，在发送新字符之前，需要使用 USART_GetFlagStatus 函数进行判断，确认发送是否完成。

USART_GetFlagStatus 顾名思义是查询状态的函数，其第二个参数为 USART_FLAG，通过给定不同标志位函数可以查询串口的不同状态，标志位取值如本章 5.3 节中的表 5-20 所示。

第 51 行中，USART_GetFlagStatus 函数的第一个参数为 USART1；第二个参数为 USART_FLAG_TXE，用于查询串口 1 发送是否为空，即是否发送完成。如果函数返回值为 RESET，即表示发送不空，也就是发送尚未完成，此时单片机将空循环，等待直到发送完成。

因此，这部分程序先后将字符‘O’、‘K’和换行符“\n”通过串口 1 发送出去，最终计算机端串口调试助手接收到“OK\n”。

第 56 ~60 行（如下所示）为 LED 控制部分，使 LED1 在串口发送后闪烁。这段程序使用了一个自定义的延时函数 delay。delay 函数定义在程序的第 2 ~6 行，其内部是一个空的 while 循环，实现一段时间的延时。因此，第 57 行的 delay（6000000）相当于单片机循环 6000000 次。


```
56.    //LED1 灯闪烁
57.    delay(6000000);
58.    GPIO_SetBits(GPIOC,GPIO_Pin_10);
59.    delay(6000000);
60.    GPIO_ResetBits(GPIOC,GPIO_Pin_10);
```

自定义 delay 函数是一种不精确的延时，若要精确延时需要使用到后面将讲到的定时器。

5.5.3　习题

请将串口通信线从 RS232 接口 1 更换到 RS232 接口 2（参考第 2 章图 2-2），修改本节例程，实现使用串口 2 完成发送实验。

提示：串口 USART 1 属于总线 APB2，串口 USART 2 和 USART 3 属于总线 APB1（参见 3.4.2.2 小节中的图 3-9），因此激活 USART2 时钟的库函数应该是 RCC_APB1PeriphClockCmd，而非 RCC_APB2PeriphClockCmd。

5.6　应用案例：串口接收数据

5.5 节已经学习了如何通过单片机串口发送数据，本节案例将学习单片机如何通过串口接收数据。在本节中，计算机通过串口调试助手软件向单片机发送特定字符，单片机接收到字符后进行判断，如果字符满足预定条件则会做出相应反应。单片机接收串口数据也有两种方式：查询方式和中断方式，本节使用中断方式来接收数据。

5.6.1　实现步骤

通过单片机串口发送、接收数据的实现步骤如下：

1）与 5.5 节的串口发送案例一样，将单片机开发板的电源、J-Link 以及 USB 转串口模块连接好。USB 转串口模块仍然连接开发板的 RS232 接口 1。

2）确认设备管理器中 USB 转串口模块的串口号（如果串口号大于 COM4，则需要将串口号修改为 COM1 ~ COM4 中的一个），打开配套资料“4. 工具软件包”文件夹中的串口调试助手，选择正确的串口号，并按 5.4 节将波特率、停止位、数据位等设置好。

3）打开配套资料“3. 实验例程包 \ 3. USART \ 串口中断接收 \ user \ ”里面的工程文件“project. uvprojx”，将程序编译，编译通过后烧录至单片机。

4）当通过串口调试助手的发送对话框发送字符‘o’或‘O’时，接收区（左上编辑框）都会显示“OK”字样，如图 5-23 所示，并且开发板上的 LED2 亮起；当发送字符‘c’或‘C’时，接收区同样显示“OK”字样，开发板上的 LED2 熄灭。

图 5-23　串口调试助手

5.6.2　工作原理

和发送案例一样，单片机接收数据之前要完成相应配置，包括串口和 GPIO 等。由于本节使用中断方式接收数据，还需要将中断配置好，包括允许串口接收中断、选择串口中断优先级等。在完成所有配置后，一旦 STM32 串口接收到数据，系统就会自动执行串口中断服务函数。在串口中断服务函数中，单片机对接收到的字符进行判断，并做出点亮/熄灭 LED、发送数据等相应处理，从而实现案例功能。STM32 单片机中断服务函数名称是预定义好的，不同串口对应不同名字，见表 5-23。本节仍然使用串口 1 作为通信串口。

表 5-23　串口中断服务函数名称

串口	中断服务函数
USART1	void USART1_IRQHandler（void）
USART2	void USART2_IRQHandler（void）
USART3	void USART3_IRQHandler（void）

5.6.2.1　硬件原理

硬件部分与 5.5.2.1 小节串口发送案例相同，不再赘述。

5.6.2.2　软件设计

依旧先给出完整程序，并在稍后详细解释。本节串口发送案例程序主要包含主程序的配置部分和串口中断服务函数部分，具体如下：


```
1.  #include "stm32f10x.h"
2.  int main(void)
3.  {
4.    GPIO_InitTypeDef          GPIO_Initstructure;
5.    USART_InitTypeDef         USART_Initstructure;
6.    NVIC_InitTypeDef          NVIC_Initstructure;
7.    //中断优先级分组
8.    NVIC_PriorityGroupConfig(NVIC_PriorityGroup_4);
9.    //开启时钟
10.   RCC_APB2PeriphClockCmd(RCC_APB2Periph_GPIOA | RCC_APB2Periph_AFIO |
RCC_APB2Periph_USART1,ENABLE);
11.   //配置 GPIO
12.   //TX 配置
13.   GPIO_Initstructure.GPIO_Mode = GPIO_Mode_AF_PP;
14.   GPIO_Initstructure.GPIO_Speed = GPIO_Speed_50MHz;
15.   GPIO_Initstructure.GPIO_Pin = GPIO_Pin_9;
16.   GPIO_Init(GPIOA,&GPIO_Initstructure);
17.
18.   //RX 配置
19.   GPIO_Initstructure.GPIO_Mode = GPIO_Mode_IN_FLOATING;
20.   GPIO_Initstructure.GPIO_Pin = GPIO_Pin_10;
21.   GPIO_Init(GPIOA,&GPIO_Initstructure);
22.   //配置串口 1
23.   USART_Initstructure.USART_BaudRate = 115200;
```

```
24.     USART_Initstructure. USART_HardwareFlowControl = USART_HardwareFlowCon-
trol_None; //无硬件控制流
25.     USART_Initstructure. USART_Mode = USART_Mode_Rx | USART_Mode_Tx; //
使能输入输出
26.     USART_Initstructure. USART_Parity = USART_Parity_No; //无奇偶校验位
27.     USART_Initstructure. USART_StopBits = USART_StopBits_1; //一位停止位
28.     USART_Initstructure. USART_WordLength = USART_WordLength_8b; //8 位字长
29.     USART_Init(USART1,&USART_Initstructure);
30.
31.     USART_ITConfig(USART1,USART_IT_RXNE,ENABLE);
32.
33.     USART_Cmd(USART1,ENABLE);
34.
35.     //NVIC 配置
36.     NVIC_Initstructure. NVIC_IRQChannel = USART1_IRQn;
37.     NVIC_Initstructure. NVIC_IRQChannelCmd = ENABLE;
38.     NVIC_Initstructure. NVIC_IRQChannelPreemptionPriority = 0;
39.     NVIC_Initstructure. NVIC_IRQChannelSubPriority = 0;
40.
41.     NVIC_Init(&NVIC_Initstructure);
42.
43.     /****************************LED1 配置***************************/
44.     RCC_APB2PeriphClockCmd(RCC_APB2Periph_GPIOC,ENABLE);   //开始端口
C 时钟
45.
46.     GPIO_Initstructure. GPIO_Mode = GPIO_Mode_Out_PP;   //推挽输出模式
47.     GPIO_Initstructure. GPIO_Pin = GPIO_Pin_11; //配置引脚, PC11 对应 LED2
48.     GPIO_Initstructure. GPIO_Speed = GPIO_Speed_50MHz;      //配置速度
49.
50.     GPIO_Init(GPIOC,&GPIO_Initstructure); //调用库函数初始化 LED
51.   while (1)//等待中断
52.     {
53.     }
54. }
55.
56.   void USART1_IRQHandler(void)       //串口 1 中断服务程序
57. {
58.     unsigned char temp;
59.     GPIO_ResetBits(GPIOC,GPIO_Pin_10);
```

```
60.
61.     if(USART_GetITStatus(USART1, USART_IT_RXNE) ! = RESET) //接收中断
62.     {
63.       temp = USART_ReceiveData(USART1);  //库函数, 用于接收串口 1 数据
64.
65.       if(temp = = 'o' || temp = = 'O')
66.       {
67.         GPIO_SetBits(GPIOC,GPIO_Pin_11); //点亮 LED2
68.         //发送字符串 OK\n
69.         USART_SendData(USART1,'O');
70.         while(USART_GetFlagStatus(USART1,USART_FLAG_TXE) = = RESET);
71.         USART_SendData(USART1,'K');
72.         while(USART_GetFlagStatus(USART1,USART_FLAG_TXE) = = RESET);
73.         USART_SendData(USART1,'\n');
74.         while(USART_GetFlagStatus(USART1,USART_FLAG_TXE) = = RESET);
75.       }
76.       if(temp = = 'c' || temp = = 'C')
77.       {
78.         GPIO_ResetBits(GPIOC,GPIO_Pin_11); //熄灭 LED2
79.
80.         //发送字符串 OK\n
81.         USART_SendData(USART1,'O');
82.         while(USART_GetFlagStatus(USART1,USART_FLAG_TXE) = = RESET);
83.         USART_SendData(USART1,'K');
84.         while(USART_GetFlagStatus(USART1,USART_FLAG_TXE) = = RESET);
85.         USART_SendData(USART1,'\n');
86.         while(USART_GetFlagStatus(USART1,USART_FLAG_TXE) = = RESET);
87.       }
88.     }
89.     USART_ClearFlag(USART1,USART_FLAG_RXNE); //清除接收中断标志位, 否
则程序可能陷入死循环
90. }
```

1. 配置部分

1)第 9 ~ 33 行主要是串口的相关配置,大部分内容和 5.5.2 小节串口发送案例的配置相同,有需要的读者可以复习一下。比较特殊的地方在于,串口配置部分第 31 行(如下所示)使能了串口接收中断。

```
31.  USART_ITConfig(USART1,USART_IT_RXNE,ENABLE);
```

需要说明的是，由于需要使用到串口 1 接收中断（USART_IT_RXNE），所以需要使用该函数进行配置，然后当串口接收到数据后，程序才会自动进入串口中断服务函数。

2）第 6 ~ 8 行（如下所示），以及第 35 ~ 41 行是中断相关的配置。关于 STM32 中断的相关知识，读者可以翻阅第 4 章。

从程序中可知，第 8 行将 NVIC 分组设置为分组 4（NVIC_PriorityGroup_4）。根据 4.3 节中的表 4-9，分组 4 中将单片机的所有中断优先级都设为抢占优先级，抢占优先级的级别可以设为 0 ~ 15，响应优先级只能设为 0。

```
6.  NVIC_InitTypeDef    NVIC_Initstructure;
7.  //中断优先级分组
8.  NVIC_PriorityGroupConfig(NVIC_PriorityGroup_4);
```


第 35 ~ 41 行（具体如下所示）为 NVIC 的配置。第 36 行选定要配置的中断为串口 1 中断（USART1_IRQn 为串口 1 中断通道，类似地，串口 2 的中断通道为 USART2_IRQn……），并在第 38 行将其抢占优先级设为 0，第 39 行将响应优先级也设为 0，从而设定了串口 1 中断优先级最高。当然，本节案例中只用到了串口 1 中断这一个中断，将其设置为其他优先级也不影响程序结果。最后，第 41 行将 NVIC_Initstructure 关联至寄存器，使其生效。

```
35.  //NVIC 配置
36.  NVIC_Initstructure.NVIC_IRQChannel = USART1_IRQn;
37.  NVIC_Initstructure.NVIC_IRQChannelCmd = ENABLE;
38.  NVIC_Initstructure.NVIC_IRQChannelPreemptionPriority = 0;
39.  NVIC_Initstructure.NVIC_IRQChannelSubPriority = 0;
40.
41.  NVIC_Init(&NVIC_Initstructure);
```

3）第 43 ~ 50 行是 LED 的 GPIO 相关配置，其内容已经在之前学习过，这里就不再重复了。

2. 中断服务函数

配置好串口 1 之后，当使用计算机串口调试助手发送字符时，单片机串口 1 将收到该字符就满足串口 1 的中断触发条件，从而自动执行中断函数 USART1_IRQHandler。中断服务程序先确认了串口 1 接收到了数据，然后把接收到的数据存到字符变量 temp。如果接收字符为‘o’或者‘O’，则返回字符串“OK \ n”至计算机，并点亮 LED2；如果接收字符为‘c’或者‘C’，则返回字符串“OK \ n”至计算机，并熄灭 LED2。在中断服务程序末尾，程序清除了中断标志位。中断服务程序具体如下所示：

```
56.  void USART1_IRQHandler(void)      //串口 1 中断服务程序
57.  {
58.    unsigned char temp;
59.    GPIO_ResetBits(GPIOC,GPIO_Pin_10);
60.
61.    if(USART_GetITStatus(USART1, USART_IT_RXNE) ! = RESET) //接收中断
62.    {
63.      temp = USART_ReceiveData(USART1);  //库函数，用于接收串口 1 数据
64.
65.      if(temp = = 'o' || temp = = 'O')
66.      {
67.        GPIO_SetBits(GPIOC,GPIO_Pin_11); //点亮 LED2
68.        //发送字符串 OK\n
69.        USART_SendData(USART1,'O');
70.        while(USART_GetFlagStatus(USART1,USART_FLAG_TXE) = = RESET);
71.        USART_SendData(USART1,'K');
72.        while(USART_GetFlagStatus(USART1,USART_FLAG_TXE) = = RESET);
73.        USART_SendData(USART1,'\n');
74.        while(USART_GetFlagStatus(USART1,USART_FLAG_TXE) = = RESET);
75.      }
76.      if(temp = = 'c' || temp = = 'C')
77.      {
78.        GPIO_ResetBits(GPIOC,GPIO_Pin_11); //熄灭 LED2
79.
80.        //发送字符串 OK\n
81.        USART_SendData(USART1,'O');
82.        while(USART_GetFlagStatus(USART1,USART_FLAG_TXE) = = RESET);
83.        USART_SendData(USART1,'K');
84.        while(USART_GetFlagStatus(USART1,USART_FLAG_TXE) = = RESET);
85.        USART_SendData(USART1,'\n');
86.        while(USART_GetFlagStatus(USART1,USART_FLAG_TXE) = = RESET);
87.      }
88.    }
```

```
89.    USART_ClearFlag(USART1,USART_FLAG_RXNE); //清除接收中断标志位，否则程序可能陷入死循环
90. }
```

上述中断服务程序大部分内容在之前章节已经学习过，包括 GPIO 点亮 LED、通过串口发送字符等。新涉及的内容主要有这些：

1）第 61 行（如下所示），使用了库函数 USART_GetITStatus 对串口 1 状态进行了判断，其中参数 USART_IT_RXNE 表示接收缓存非空（参见 5.3 节的表 5-16）。如果串口 1 确实接收到了字符，那么这个函数返回值为 SET，也就是不等于 RESET。也就是第 61 行确认了串口 1 确实接收到了字符，才执行后续程序。

```
61.    if(USART_GetITStatus(USART1, USART_IT_RXNE)! = RESET) //接收中断
```


2）在确认串口 1 接收到数据之后，第 63 行（如下所示）USART_ReceiveData 函数将接收到的数据赋给变量 temp。其中，USART_ReceiveData 函数的参数是串口号，USART1 表示函数从串口 1 接收区获取所接收的数据。这样，后续程序对 temp 进行判断，也就是对计算机发送给单片机的字符进行判断。

```
63.    temp = USART_ReceiveData(USART1);  //库函数,用于接收串口 1 数据
```

3）最后一个需要注意的地方是第 89 行（如下所示），这一行程序将中断接收标志清零。这样操作是因为单片机是根据中断标志进入相应中断服务程序的，串口接收到字符后会设置接收中断标志 USART_FLAG_RXNE，这样单片机就会进入串口中断服务函数。串口接收中断标志不会自动清零；如果程序没有清零，单片机会以为又有新的数据接收到了，从而再次进入串口中断服务函数。

```
89.    USART_ClearFlag(USART1,USART_FLAG_RXNE); //清除接收中断标志位，否则程序可能陷入死循环
```

函数 USART_ClearFlag 的第一个参数为 USART1；第二个参数 USART_FLAG_RXNE，表示清除串口 1 的接收中断标志位，避免一直进入中断服务程序，以免程序进入死循环。值得注意的是，在 STM32 中 USART_ClearFlag 和函数 USART_ClearITPendingBit 完全一样。但很多例程中串口清除中断标志位都使用 USART_ClearFlag，而在其他外设的中断中通常使用 XXX_ClearITPendingBit 来清除中断标志位。

思考和习题

1. 什么是串行通信，什么是并行通信？比较两者的优缺点。
2. 简述串行通信的硬件原理。
3. 简述中断方式接收数据时，串口配置过程和数据接收过程。
4. 串口调试助手在嵌入式串行通信程序开发中的作用是什么？
5. 查询方式通信和中断方式通信有什么区别。
6. 将 RS232 接口与开发板串口 1 的连接断开，并重新连接到开发板串口 2 上，修改程序，完成 5.5 节和 5.6 节的案例（注意：串口 USART2 属于总线桥 APB1）。

第6章 定时器（TIM）

本章将学习单片机另一个重要外设模块——定时器（Timer，简称 TIM）。顾名思义，定时器最基本功能是完成定时。除此之外，定时器还有许多其他功能，例如在电动机控制中可用定时器控制输出脉冲宽度调制（PWM）波来控制电动机转速，并可捕获外部信号输入以测量信号频率、获得位置编码器的角度值等。本章将从定时器的概念、类别、结构、常用库函数等基础知识入手，并通过定时器定时中断和输出脉冲宽度调制（PWM）波这两个案例来介绍定时器的使用。

6.1 定时器概述

学习定时器，需要先了解 STM32 的时钟系统和晶振。时钟系统是为 CPU 和各部件提供时钟信号的关键组件，计算机需要时钟信号来按照时钟信号的节奏一步步执行程序。类似地，STM32 单片机也需要时钟信号来控制其内部各个部件的操作。与计算机和手机选择时钟频率一样，选择 STM32 单片机也需要考虑其时钟系统核心频率，以确定处理速度。例如，某计算机处理器主频是 2.80GHz，如图 6-1 所示，意味着其时钟频率为 2.8×10^9Hz。一般来说，单片机的主频要比计算机 CPU 低得多。例如，STM32F103 系列单片机的主频为 72MHz。

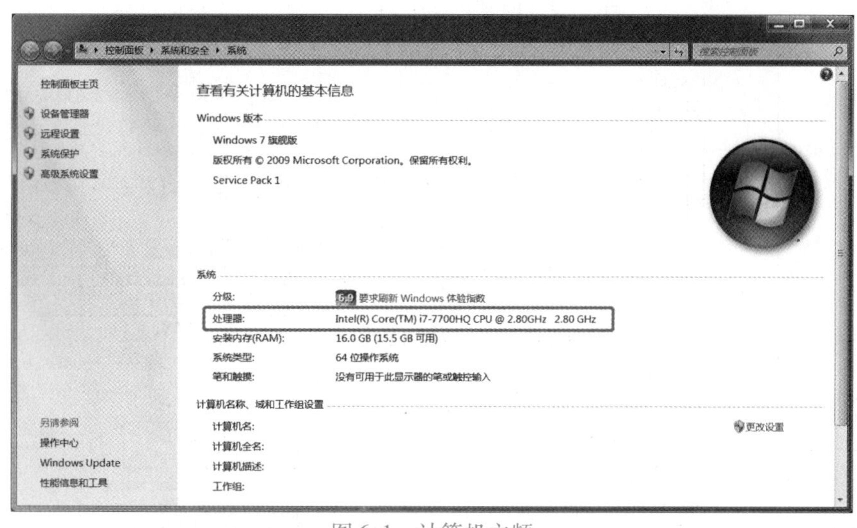

图 6-1 计算机主频

计算机时钟系统的时钟信号一般来自晶振。晶振全称是晶体振荡器，它能够以非常精准稳定的频率振荡，从而输出稳定频率的时钟信号，如图 6-2 所示。

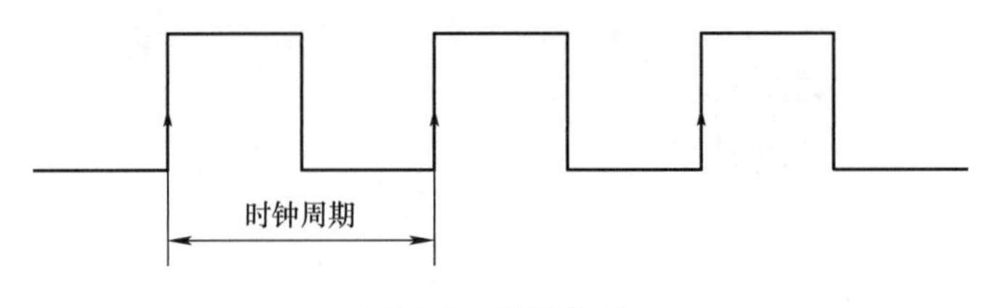

图 6-2　时钟信号

周期性的时钟信号会传递至定时器。而后，定时器通过内部的计数器对时钟信号的脉冲个数进行自动计数，进而确定时间，这就是定时器定时的基本工作原理。

STM32F103 系列主频最高为 72MHz，然而这个 72MHz 的时钟信号并不是直接由晶振提供的。

图 6-3 为配套的意法半导体官方资料“STM32 固件库使用手册（中文翻译版）”中 STM32 的时钟树，描述了 STM32 单片机的时钟系统。

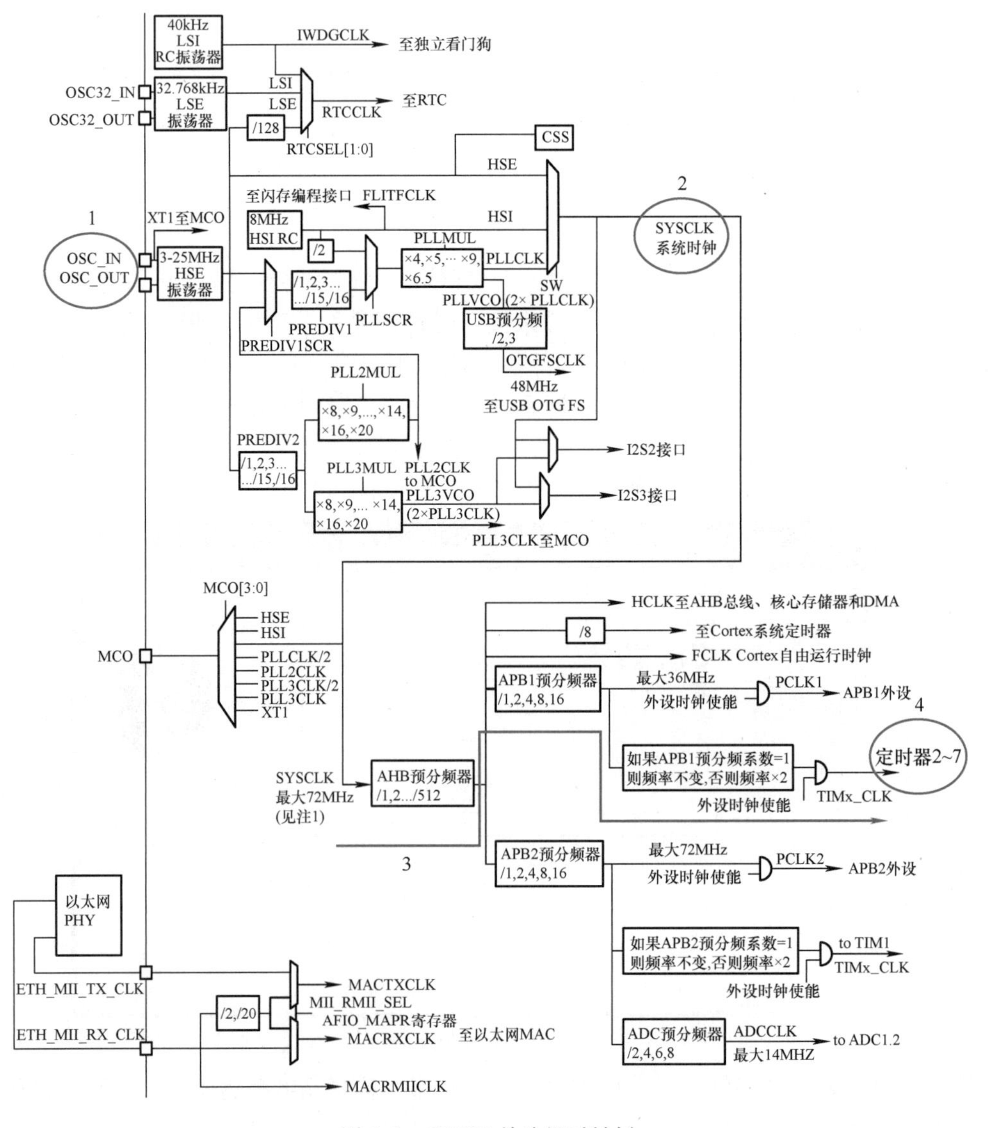

图 6-3　STM32 单片机时钟树

标识圈 1 中的 OSC_IN 和 OSC_OUT 是单片机连接晶振的引脚。在这两引脚之间一般连接一个 8MHz 的晶振。图 6-4 展示了电路原理图和实物照片中的晶振（在标识圈内）。该晶振可以提供频率为 8MHz 的振荡信号，此信号经过单片机锁相环（PLL）等电路处理，最终得到图 6-3 标识圈 2 中的系统时钟 SYSCLK。系统时钟 SYSCLK 的频率可以根据晶振和电路的处理得到不同的主频，最高为 72MHz（也是最常用主频）。

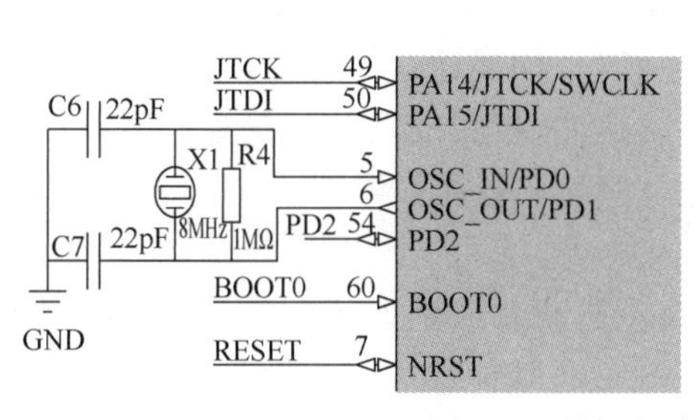

图 6-4　晶振电路图和实物

系统时钟 SYSCLK 会经过一系列的分频电路和选择开关，最终提供给外设使用，以图 6-3中的标识圈 4 中的定时器 2 ~ 7 来举例说明时钟信号的传递过程。沿着图 6-3 中标识 3 的箭头流向，可以看到系统时钟 SYSCLK 首先经过 AHB 预分频器，再经过 APB1 预分频器，最后经过外设使能时钟电路得到定时器 2 ~ 7 的时钟源信号 TIMx_CLK。在图 6-3 中，其时间信号的传递流程如下：

1）系统时钟 SYSCLK 通过 AHB 预分频器（将时钟信号频率降低的电路），将输入时钟频率除以 1、2，乃至 512（具体除以多少，可以根据实际情况编程设置）。

2）经过 APB1 预分频器后，又可以将信号频率再除以 1、2、4、8 或 16。

3）时钟信号还需要经过外设使能时钟电路，才最终变成供定时器 2 ~ 7 使用的时钟信号 TIMx_CLK；此时，如果 APB1 预分频系数不为 1，外设使能时钟电路会将 APB1 预分频器输出的信号频率乘以 2，最终才能得到 TIMx_CLK。

通过上述步骤，就可计算出定时器 2 ~ 7 时钟源的 TIMx_CLK 频率。假设主频为 72MHz，AHB 预分频系数设为 2，APB1 预分频器的分频系数也为 2，定时器 2 ~ 7 时钟频率计算如下：

1）经过 AHB 分频时钟信号先变为 72MHz/2 = 36MHz。

2）经过 APB1 预分频器，时钟信号降为 36MHz/2 = 18MHz。

3）由于 APB1 预分频系数不为 1，外设使能时钟之前信号频率会乘以 2，这样又升回 18MHz × 2 = 36MHz 了。

最终定时器 2 ~ 7 时钟源 TIMx_CLK 频率为 36MHz，定时器就根据这个频率来完成精确的定时任务。

从图 6-3 中可知，定时器 1（TIM1）和定时器 2 ~ 7 是相互独立的，但两者的时钟源 TIMx_CLK 频率的分析过程相似。STM32F103 系列单片机有丰富的定时器，每个定时器包含一个的 16 位自动装载计数器，计数器会随着时钟信号的脉冲计数，从而实现计时功能。比如，假设时钟源频率是 36MHz，计数器从 0 开始计数到 999，这就意味着经过了 1000 个时钟脉冲，那么经过的时间就是：$1000/(36\times10^6)$s。由于计数器是 16 位的，因此计数范围最

大为 $2^{16}=65536$。

6.2 三种定时器

STM32F103 系列单片机内置了多个定时器模块，用于实现各种定时器功能。该单片机的定时器可分为三种类型，包括 2 个高级定时器（TIM1、TIM8）、4 个通用定时器（TIM2 ~ TIM5）、2 个基本定时器（TIM6、TIM7）。每种类型的定时器都有其特点和适用场景。其中，基本定时器可用于简单的时间计数、PWM 输出等；通用定时器可用于 PWM 输出、输入捕获等；高级定时器可支持更高级别的定时器功能，如多通道 PWM 输出、编码器接口等。使用 STM32F103 的定时器，可以轻松地实现各种时间相关的功能，例如延时、计时、周期性中断等。初学者不必关注定时器的复杂功能，只需要有所了解即可。

1. 基本定时器

基本定时器 TIM6、TIM7 各包含一个 16 位自动装载累加计数器。它们可用于产生 DAC（数模转换器）的触发信号，也可作为通用 16 位时基计数器（也就是定时器）。基本定时器 TIM6 和 TIM7 的主要功能包括：

1）16 位自动装载累加计数器，从 0 累加计数到预装载值（一个程序预先设定的数值），然后重新从 0 开始计数并产生一个计数器更新事件。

2）6 位可编程（可实时修改）预分频，可输出分频系数为 1 ~ 65536 之间任意数值的分频。

3）触发 DAC 的同步电路。

4）在计数器溢出时产生中断或 DMA 请求。

2. 通用定时器

通用定时器 TIM2 ~ TIM5 也各自包含一个 16 位自动装载计数器，适用于测量输入信号的脉冲长度（输入捕获）、产生输出矩形波（PWM 和输出比较）等场合。通用定时器 TIM2 ~ TIM5 定时器功能包括：

1）16 位自动装载计数器，与基本定时器的累加计数器不同，它有向上计数模式、向下计数模式、中央对齐模式三种计数模式。

2）16 位可编程（可实时修改）预分频，可输出分频系数为 1 ~ 65536 之间任意数值的分频。

3）4 独立通道：输入捕获、输出捕获、PWM 生成（边缘或中间对齐模式）、单脉冲模式输出。

4）使用外部信号控制定时器和定时器互连的同步电路。

5）更新事件（计数器向上溢出/向下溢出、计数器初始化）、触发事件（计数器启动、停止、初始化）、输入捕获、输出比较等事件发生时产生中断/DMA。

6）支持针对定位的增量（正交）编码器和霍尔式传感器电路。

7）触发输入作为外部时钟或者按周期的电流管理。

3. 高级定时器

高级定时器 TIM1、TIM8 同样包含一个 16 位自动装载计数器，适用于测量输入信号的脉冲长度（输入捕获）、产生输出矩形波（PWM 和输出比较）等场合。高级定时器不但具有基本定时器、通用定时器所有的功能，还具有控制交直流电动机的功能，比如它可以输出

6 路互补带死区的信号、具有制动功能等。高级定时器 TIM1、TIM8 的功能包括：

1）16 位自动装载计数器，与基本定时器的累加计数器不同，它有向上计数模式、向下计数模式、中央对齐模式三种计数模式。

2）16 位可编程（可实时修改）预分频，可输出分频系数为 1～65536 之间任意数值的分频。

3）4 独立通道：输入捕获、输出捕获、PWM 生成（边缘或中间对齐模式）、单脉冲模式输出。

4）死区时间可编程的互补输出。

5）使用外部信号控制定时器和定时器互连的同步电路。

6）允许在指定数目的计数器周期之后更新定时器寄存器的重复计数器。

7）制动输入信号可以将定时器输出信号置于复位状态或者一个已知状态。

8）更新事件（计数器向上溢出/向下溢出、计数器初始化）、触发事件（计数器启动、停止、初始化）、输入捕获、输出比较、制动信号输入等事件发生时产生中断/DMA。

9）支持针对定位的增量（正交）编码器和霍尔式传感器电路。

10）触发输入作为外部时钟或者按周期的电流管理。

6.3 通用定时器的结构

STM32 通用定时器主要包括：1 个外部触发引脚（TIMx_ETR）、4 个输入/输出通道（TIMx_CH1～TIMx_CH4）、1 个内部时钟、1 个触发控制器，以及 1 个时钟单元（由预分频器 PSC、自动重装载寄存器 ARR 和计数器 CNT 组成）。通用定时器的基本结构如图 6-5 所示（带标识圈的部分在后文介绍）。

6.3.1 时钟源

定时器/计数器时钟可由下列时钟源提供：内部时钟（CK_INT）、外部时钟模式 1（外部输入引脚 Tlx）、外部时钟模式 2（外部触发输入 ETR）、内部触发输入（ITR，使用一个定时器作为另一个定时器的预分频器，如可以配置一个定时器 Timer1 作为另一个定时器 Timer2 的预分频器）。

当时钟源为内部时钟时，计数器对内部时钟脉冲进行计数，属于定时功能，可以完成精密定时；当时钟源来自外部信号时，可完成外部信号计数。具体包括：时钟源为外部时钟模式 1 时，计数器对选定输入端（TIMx_CH1～TIMx_CH4）的每个上升沿或下降沿进行计数，属于计数功能；时钟源为外部时钟 2 时，计数器对外部触发引脚（TIMx_ETR）进行计数，属于计数功能。

6.3.2 通用定时器的功能寄存器

计数寄存器（16 位）包括计数器（TIMx_CNT）、预分频器（TIMx_PSC）、自动重装载寄存器（TIMx_ARR）。这个计数器可以向上计数、向下计数或者向上向下双向计数。

控制寄存器（16 位）包括带有影子寄存器的预分频器（PSC）、自动重装载寄存器（TIMx_ARR）和 4 个捕捉/比较寄存器（TIMx_CCR1～TIMx_CCR4）。

另外，控制寄存器还包括状态寄存器（TIMx_SR）、控制寄存器 1（TIMx_CR1）、控制寄存器2（TIMx_CR2）、从模式控制寄存器（TIMx_SMCR）、DMA/中断使能寄存器（TIMx_DIER）、DMA控制寄存器（TIMx_DCR）、连续模式的DMA地址（TIMx_DMAR）、事件产生寄存器（TIMx_EGR）、捕获/比较使能寄存器（TIMx_CCER）、2个捕获/比较模式寄存器（TIMx_CCMRl和TIMx_CCMR2）。

预分频器、自动重载寄存器和捕捉/比较寄存器有一个在物理上与其对应的寄存器，称为影子寄存器（见图6-5）。预装载寄存器可以用程序读写，影子寄存器无法用程序对其进行读写操作，但在工作中真正起作用的是影子寄存器。根据在TIMx_CRl寄存器中的自动装载预装载使能位（ARPE）的设置，预装载寄存器的内容被立即或在每次的更新事件（Update Event，UEV）时传送到影子寄存器。当计数器达到溢出条件，并且TIMx_CR1寄存器中的禁止更新位（UDIS）等于0时，产生更新事件。更新事件也可以通过软件设置事件产生寄存器（TIMx_EGR）中的事件更新位（UG）来产生。

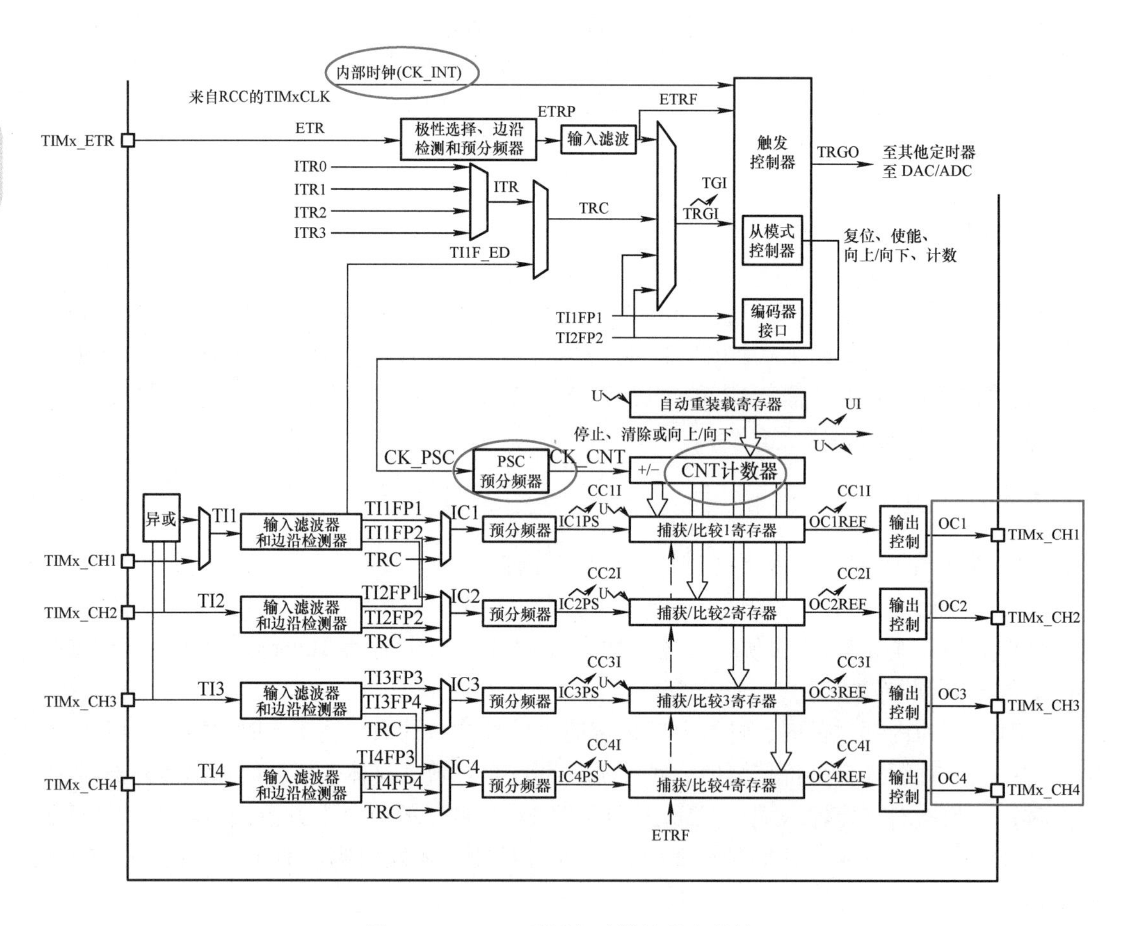

图6-5　STM32通用定时器的基本结构

定时器各种功能的设置可以通过控制寄存器实现。寄存器的读写可通过编程设置寄存器自由实现，也可利用通用定时器标准库函数实现。标准库提供了几乎所有寄存器操作函数，基于标准库的开发更加简单、快捷。

6.3.3　通用定时器的外部触发及输入/输出通道

STM32F103RBT6 的通用定时器有两个外部触发引脚，TIM2_ETR（PA0）和 TIM3_ETR（PD2）。

外部触发引脚（TIMx_ETR）经过极性选择、边沿检测、预分频器和输入滤波连接到触发控制器，触发其他定时器、DAC/ADC 或经过触发控制器中的从模式控制器连接到预分频器 PSC 实现计数功能。

STM32F103RBT6 有 3 个通用定时器共 12 个输入/输出通道，具体 TIM 通道和引脚关系见表 6-1。

表 6-1　TIM 通道和引脚的关系

通道	TIM2_CH1	TIM2_CH2	TIM2_CH3	TIM2_CH4
引脚	PA0	PA1	PA2	PA3
通道	TIM3_CH1	TIM3_CH2	TIM3_CH3	TIM3_CH4
引脚	PA6	PA7	PB0	PB1
通道	TIM4_CH1	TIM4_CH2	TIM4_CH3	TIM4_CH4
引脚	PB6	PB7	PB8	PB9

每一个捕获/比较通道（TIMx_CH1 ~ TIMx_CH4）都围绕着一个捕获/比较寄存器（包含影子寄存器），包括捕获的输入部分（多路复用、输入滤波器、边沿检测器和预分频器）和输出部分（捕获/比较寄存器和输出控制）。输入部分对相应的 TIx（x = 1 ~ 4）输入信号采样，经输入滤波器和边沿检测器产生一个信号 TIxFPx（x = 1 ~ 4），该信号可以作为从模式控制器的输入触发，并通过预分频进入捕获寄存器（ICxPS）作为捕获控制或产生一个中间波形 OCxREF（x = 1 ~ 4）经输出控制后输出。

6.3.4　通用定时器的功能

STM32 通用定时器的基本功能是定时和计数。当可编程定时器/计数器的时钟源来自内部系统时钟时，可以完成精密定时；当时钟源来自外部信号时，可完成外部信号计数。在使用过程中，需要设置时钟源、时基单元和计数模式。

时基单元是设置定时器/计数器计数时钟的基本单元，包含计数器寄存器（TIMx_CNT）、预分频器（TIMx_PSC）和自动重装载寄存器（TIMx_ARR）。

1）计数器寄存器（TIMx_CNT）由预分频器的时钟输出 CK_CNT 驱动，当设置了控制寄存器 TIMx_CR1 中的计数器使能位（CEN）时，CK_CNT 才有效。

2）预分频器（TIMx_PSC）可以将计数器的时钟频率按 1 ~ 65536 之间的任意值分频。这个控制寄存器带有缓冲器，它能够在工作时被改变。新的预分频器参数在下一次更新事件到来时被采用。

3）自动重装载寄存器（TIMx_ARR）是预先装载的，写或读自动重装载寄存器将访问预装载寄存器。根据在 TIMx_CR1 中的自动重装载预装载使能位（ARPE）的设置，预装载寄存器的内容被立即或在每次更新事件（UEV）时传送到其影子寄存器。

时基单元可根据实际需要，由软件设置预分频器得到定时器/计数器的计数时钟。可通过相应的寄存器或由库函数设置。

6.4 TIM 相关的常用库函数

TIM 固件库支持 72 种库函数。由于与 TIM 相关的库函数太多，在这里就不一一列出，如果有需要，可查阅配套的意法半导体官方资料"STM32 固件库使用手册（中文翻译版）"。为了理解这些函数的具体使用方法，本节将介绍与 TIM 有关的常用库函数（见表 6-2）的用法及其参数定义。

表 6-2 TIM 常用库函数

函数	功 能
TIM_DeInit	将外设 TIMx 寄存器重设为默认值
TIM_TimeBaseInit	根据 TIM_TimeBaseInitStruct 中指定的参数初始化 TIMx 的时间基数单位
TIM_OCInit	根据 TIM_OCInitStruct 中指定的参数初始化外设 TIMx
TIM_ITConfig	使能或者失能指定的 TIM 中断
TIM_GenerateEvent	设置 TIMx 事件由软件产生
TIM_GetFlagStatus	检查指定的 TIM 标志位设置与否
TIM_ClearFlag	清除 TIMx 的待处理标志位
TIM_SetCompareX	X 可以为 1、2、3、4，设置 TIMx 捕捉比较 1、2、3、4 寄存器值
TIM_GetITStatus	检查指定的 TIM 中断发生与否
TIM_ClearITPendingBit	清除 TIMx 的中断待处理位

1. 函数 TIM_DeInit

表 6-3 描述了函数 TIM_DeInit 的用法及其参数定义。

表 6-3 函数 TIM_DeInit 的说明

函数原型	void TIM_DeInit（TIM_TypeDef * TIMx）
功能描述	将外设 TIMx 寄存器重设为默认值
输入参数	TIMx：x 可以是 2、3 或 4 来选择 TIM 外设
输出参数	无
返回值	无
被调用函数	RCC_APB1PeriphClockCmd( )

TIM2 重设为默认值的例程如下：

```
1. TIM_DeInit（TIM2）;
```

2. 函数 TIM_TimeBaseInit

表 6-4 描述了函数 TIM_TimeBaseInit 的用法及其参数定义。

表 6-4 函数 TIM_TimeBaseInit 的说明

函数原型	void TIM_TimeBaseInit（TIM_TypeDef * TIMx, TIM_TimeBaseInitTypeDef * TIM_TimeBaseInitStruct）
功能描述	根据 TIM_TimeBaseInitStruct 中指定的参数初始化 TIMx 的时间基数单位
输入参数 1	TIMx：x 可以是 2、3 或 4 来选择 TIM 外设
输入参数 2	TIMTimeBase_InitStruct：指向结构 TIM_TimeBaseInitTypeDef 的指针，包含了 TIMx 时间基数单位的配置信息
输出参数	无
返回值	无

其中，TIM_TimeBaseInitTypeDef 定义于文件“stm32f10x_tim. h”，具体如下：

```
1. typedef struct
2. {
3.     u16 TIM_Period;
4.     u16 TIM_Prescaler;
5.     u8 TIM_ClockDivision;
6.     u16 TIM_CounterMode;
7. } TIM_TimeBaseInitTypeDef;
```

可以看出，该结构体有 4 个成员变量。

1）TIM_Period：设置了在下一个更新事件装入活动的自动重装载寄存器周期的值。它的取值必须在 0x0000 ~ 0xFFFF 之间。

2）TIM_Prescaler：设置了用来作为 TIMx 时钟频率除数的预分频值。它的取值必须在 0x0000 ~ 0xFFFF 之间。

3）TIM_ClockDivision：设置了时钟分割。该参数取值见表 6-5。

表 6-5 TIM_ClockDivision 的可取值

TIM_ClockDivison	描 述
TIM_CKD_DIV1	TDTS = Tck_tim
TIM_CKD_DIV2	TDTS = 2Tck_tim
TIM_CKD_DIV4	TDTS = 4Tck_tim

4）TIM_CounterMode：选择了计数器模式。该参数取值见表 6-6。

表 6-6 TIM_CounterMode 的可取值

TIM_CounterMode	描 述
TIM_CounterMode_Up	TIM 向上计数模式
TIM_CounterMode_Down	TIM 向下计数模式
TIM_CounterMode_CenterAligned1	TIM 中央对齐模式 1 计数模式
TIM_CounterMode_CenterAligned2	TIM 中央对齐模式 2 计数模式
TIM_CounterMode_CenterAligned3	TIM 中央对齐模式 3 计数模式

TIM2 初始化的例程如下：

```
1. TIM_TimeBaseInitTypeDef TIM_TimeBaseStructure;
2. TIM_TimeBaseStructure. TIM_Period  = 0xFFFF;
3. TIM_TimeBaseStructure. TIM_Prescaler  = 0xF;
4. TIM_TimeBaseStructure. TIM_ClockDivision  = 0x0;
5. TIM_TimeBaseStructure. TIM_CounterMode  = TIM_CounterMode_Up;
6. TIM_TimeBaseInit(TIM2, & TIM_TimeBaseStructure);
```

3. 函数 TIM_OCInit

表 6-7 描述了函数 TIM_OCInit 的用法及其参数定义。

表 6-7　函数 TIM_OCInit 的说明

函数原型	void　TIM_OCInit（TIM_TypeDef * TIMx，TIM_OCInitTypeDef * TIM_OCInitStruct）
功能描述	根据 TIM_OCInitStruct 中指定的参数初始化外设 TIMx
输入参数 1	TIMx：x 可以是 2、3 或 4 来选择 TIM 外设
输入参数 2	TIM_OCInitStruct：指向结构 TIM_OCInitTypeDef 的指针，包含了 TIMx 时间基数单位的配置信息
输出参数	无
返回值	无

其中，TIM_OCInitTypeDef 定义于文件“stm32f10x_tim. h”，具体如下：

```
1. typedef struct
2. {
3.     u16 TIM_OCMode;
4.     u16 TIM_Channel;
5.     u16 TIM_Pulse;
6.     u16 TIM_OCPolarity;
7. } TIM_OCInitTypeDef;
```


可以看出，该结构体有 4 个成员变量。

1）TIM_OCMode：选择定时器模式。该参数取值见表 6-8。

表 6-8　TIM_OCMode 的可取值

TIM_OCMode	描　述
TIM_OCMode_Timing	TIM 输出比较时间模式
TIM_OCMode_Active	TIM 输出比较主动模式
TIM_OCMode_Inactive	TIM 输出比较非主动模式
TIM_OCMode_Toggle	TIM 输出比较翻转触发模式
TIM_OCMode_PWM1	TIM 脉冲宽度调制模式 1
TIM_OCMode_PWM2	TIM 脉冲宽度调制模式 2

2）TIM_Channel：选择通道。该参数取值见表 6-9。

表 6-9　TIM_Channel 的可取值

TIM_Channel	描　述
TIM_Channel_1	使用 TIM 通道 1
TIM_Channel_2	使用 TIM 通道 2
TIM_Channel_3	使用 TIM 通道 3
TIM_Channel_4	使用 TIM 通道 4

3）TIM_Pulse：设置了待装入捕获比较寄存器的脉冲值。它的取值必须在 0x0000 ~ 0xFFFF 之间。

4）TIM_OCPolarity：输出极性。该参数取值见表 6-10。

表6-10　TIM_OCPolarity 的可取值

TIM_OCPolarity	描　述
TIM_OCPolarity_High	TIM 输出比较极性高
TIM_OCPolarity_Low	TIM 输出比较极性低

TIM2 的通道 1 初始化例程如下：

```
1. TIM_OCInitTypeDef TIM_OCInitStructure;
2. TIM_OCInitStructure. TIM_OCMode = TIM_OCMode_PWM1;
3. TIM_OCInitStructure. TIM_Channel = TIM_Channel_1;
4. TIM_OCInitStructure. TIM_Pulse = 0x3FFF;
5. TIM_OCInitStructure. TIM_OCPolarity = TIM_OCPolarity_High;
6. TIM_OCInit(TIM2, & TIM_OCInitStructure);
```

4. 函数 TIM_ITConfig

表6-11 描述了函数 TIM_ITConfig 的用法及其参数定义。

表6-11　函数 TIM_ITConfig 的说明

函数原型	void　TIM_ITConfig（TIM_TypeDef * TIMx，u16　TIM_IT，FunctionalState NewState）
功能描述	使能或者失能指定的 TIM 中断
输入参数 1	TIMx：x 可以是 2、3 或 4 来选择 TIM 外设
输入参数 2	TIM_IT：待使能或者失能的 TIM 中断源
输入参数 3	NewState：TIMx 中断的新状态；值可取 ENABLE 或者 DISABLE
输出参数	无
返回值	无

输入参数 TIM_IT 使能或者失能 TIM 的中断。可以取表6-12 的一个或者多个取值的组合作为该参数的值。

表6-12　TIM_IT 的可取值

TIM_IT	描　述
TIM_IT_Update	TIM 中断源
TIM_IT_CC1	TIM 捕获/比较 1 中断源
TIM_IT_CC2	TIM 捕获/比较 2 中断源
TIM_IT_CC3	TIM 捕获/比较 3 中断源
TIM_IT_CC4	TIM 捕获/比较 4 中断源
TIM_IT_Trigger	TIM 触发中断源

使能 TIM2 捕捉/比较 1 中断源的例程如下：

```
1. TIM_ITConfig(TIM2, TIM_IT_CC1, ENABLE );
```

5. 函数 TIM_GenerateEvent

表6-13 描述了函数 TIM_GenerateEvent 的用法及其参数定义。

表 6-13　函数 TIM_GenerateEvent 的说明

函数原型	void　TIM_GenerateEvent（TIM_TypeDef＊ TIMx，u16 TIM_EventSource）
功能描述	设置 TIMx 事件由软件产生
输入参数 1	TIMx：x 可以是 2、3 或 4 来选择 TIM 外设
输入参数 2	TIM_EventSource：TIM 软件事件源
输出参数	无
返回值	无

TIM_EventSource 选择 TIM 软件事件源。表 6-14 为该参数的可取值。

表 6-14　TIM_EventSource 的可取值

TIM_EventSource	描　　述
TIM_EventSource_Update	TIM 更新事件源
TIM_EventSource_CC1	TIM 捕获/比较 1 事件源
TIM_EventSource_CC2	TIM 捕获/比较 2 事件源
TIM_EventSource_CC3	TIM 捕获/比较 3 事件源
TIM_EventSource_CC4	TIM 捕获/比较 4 事件源
TIM_EventSource_Trigger	TIM 触发事件源

TIM2 产生一个软件事件源的例程如下：

```
1. TIM_GenerateEvent(TIM2, TIM_EventSource_Trigger);
```

6. 函数 TIM_GetFlagStatus

表 6-15 描述了函数 TIM_GetFlagStatus 的用法及其参数定义。

表 6-15　函数 TIM_GetFlagStatus 的说明

函数原型	FlagStatus TIM_GetFlagStatus（TIM_TypeDef＊ TIMx，u16 TIM_FLAG）
功能描述	检查指定的 TIM 标志位设置与否
输入参数 1	TIMx：x 可以是 2、3 或 4 来选择 TIM 外设
输入参数 2	TIM_FLAG：待检查的 TIM 标志位
输出参数	无
返回值	TIM_FLAG 的新状态（SET 或者 RESET）

表 6-16 给出了 TIM_FLAG 的可取值，即可供函数 TIM_GetFlagStatus 检查的标志位。

表 6-16　TIM_FLAG 的可取值

TIM_FLAG	描　　述
TIM_FLAG_Update	TIM 更新标志位
TIM_FLAG_CCx	x 可为 1、2、3、4，表示 TIM 捕获/比较 1 ~4 标志位
TIM_FLAG_Trigger	TIM 触发标志位
TIM_FLAG_CCxOF	x 可为 1、2、3、4，表示 TIM 捕获/比较 1 ~4 溢出标志位

检查指定的 TIM2 捕获/比较标志位设置与否例程，具体如下：

```
1. if(TIM_GetFlagStatus(TIM2, TIM_FLAG_CC1) = = SET)
2. {
3. }
```

7. 函数 TIM_ClearFlag

表 6-17 描述了函数 TIM_ClearFlag 的用法及其参数定义。

表 6-17　函数 TIM_ClearFlag 的说明

函数原型	void　TIM_ClearFlag（TIM_TypeDef * TIMx，u32 TIM_FLAG）
功能描述	清除 TIMx 的待处理标志位
输入参数 1	TIMx：x 可以是 2、3 或 4 来选择 TIM 外设
输入参数 2	TIM_FLAG：待检查的 TIM 标志位
输出参数	无
返回值	无

清除 TIM2 的捕捉/比较 1 标志位的例程，具体如下：

```
1. TIM_ClearFlag(TIM2, TIM_FLAG_CC1);
```


8. 函数 TIM_SetCompare1

表 6-18 描述了函数 TIM_SetCompare1 的用法及其参数定义。

表 6-18　函数 TIM_SetCompare1 的说明

函数原型	void　TIM_SetCompare1（TIM_TypeDef * TIMx，u16 Compare1）
功能描述	设置 TIMx 捕获比较 1 寄存器值
输入参数 1	TIMx：x 可以是 2、3 或 4 来选择 TIM 外设
输入参数 2	Compare1：捕获比较 1 寄存器新值
输出参数	无
返回值	无

设置 TIM2 捕获比较 1 寄存器值的例程，具体如下：

```
1. u16 TIMCompare1 = 0x7FFF;
2. TIM_SetCompare1(TIM2, TIMCompare1);
```

函数 TIM_SetCompare2、TIM_SetCompare3、TIM_SetCompare4 和函数 TIM_SetCompare1 功能和说明类似，在此不再一一列出。

9. 函数 TIM_GetITStatus

表 6-19 描述了函数 TIM_GetITStatus 的用法及其参数定义。

表 6-19　函数 TIM_GetITStatus 的说明

函数原型	ITStatus TIM_GetITStatus（TIM_TypeDef * TIMx，u16 TIM_IT）
功能描述	检查指定的 TIM 中断发生与否
输入参数 1	TIMx：x 可以是 2、3 或 4 来选择 TIM 外设
输入参数 2	TIM_IT：待检查的 TIM 中断源
输出参数	无
返回值	TIM_IT 的新状态

检测指定中断发生与否的例程，具体如下：

```
1.    if(TIM_GetITStatus(TIM2, TIM_IT_CC1) = =SET)
2.    {
3.    }
```

10. 函数 TIM_ClearITPendingBit

表 6-20 描述了函数 TIM_ClearITPendingBit 的用法及其参数定义。

表 6-20 函数 TIM_ClearITPendingBit 的说明

函数原型	void TIM_ClearITPendingBit (TIM_TypeDef * TIMx, u16 TIM_IT)
功能描述	清除 TIMx 的中断待处理位
输入参数 1	TIMx：x 可以是 2、3 或 4 来选择 TIM 外设
输入参数 2	TIM_IT：待检查的 TIM 中断源
输出参数	无
返回值	无

清除 TIM2 的中断处理位例程，具体如下：

```
1.    TIM_ClearITPendingBit(TIM2, TIM_IT_CC1);
```

6.5 应用案例：定时器中断方式控制 LED 闪烁

本案例通过定时中断实现 LED 定时闪烁。和外部中断、串口一样，定时器也可以触发中断（到达预定时间时产生中断信号），使单片机执行中断服务程序，类似于日常生活中的闹钟响时（即执行特定任务）。相比于第 5 章中提到的 delay 函数，使用定时器定时可以实现精准的定时任务，并且编程简单，不需要 CPU 空循环等待。

6.5.1 实现步骤

通过单片机的定时器中断方式控制 LED 定时闪烁的步骤如下：

1）将单片机开发板的电源、J-Link 连接好。

2）打开配套资料“3. 实验例程包 \ 4. 定时器 \ 定时器中断 \ user \ ”里面的工程文件“project. uvprojx”，将程序编译，编译通过后烧录至单片机。

3）按下学习板上的复位键（RESET），可以看到开发板上的 LED2 连续闪烁（亮和灭的时间都是 1s）。

6.5.2 工作原理

本案例的主要工作原理是利用定时器定时产生定时中断信号，每秒钟触发一次中断服务函数，且在中断服务函数中切换 LED2 的状态。从通用定时器中断源的说明（表 6-12）可知，定时器能产生多个中断，其中最常用的是 TIM_IT_Update 中断，也称为更新中断。基本定时器 TIM6 和 TIM7 具有 TIM_IT_Update 中断，高级定时器 TIM1 和 TIM8 则有更多的中断源，感兴趣的读者可以查看配套文档资料。

前面提到定时器包含自动计数器。配置好的自动计数器会根据时钟脉冲自动计数。计数器是 16 位的，也就是计数器数值可以从 0 计到 65535。当定时器设置成向上计数模式时，计数器的数值是逐渐增加的；此时计数器计到一个预先设定的值（称为预装载值 ARR，不能大于 65535），然后自动从 0 开始继续向上计数，循环往复。达到预装载值 ARR 时，定时器会产生一个更新（Update）事件、一个 TIM_IT_Update 定时器更新中断。类似地，向下计数模式时，计数值循环从预装载值逐渐减小为 0，当定时器计数值减为 0 时则会产生 TIM_IT_Update 中断。

对于通用定时器 TIM2 ~ TIM5 和基本定时器 TIM6、TIM7 来说，一个定时器只有一个中断服务函数；也就是通用定时器或基本定时器的所有的中断源都将进入同一个定时中断服务函数，中断服务函数名称见表 6-21。而对于不同的中断源，高级定时器则对应有多个中断服务函数。

表 6-21　通用定时中断服务函数名称

定时器	中断服务函数
TIM2	void TIM2_IRQHandler（void）
TIM3	void TIM3_IRQHandler（void）
⋮	⋮
TIM7	void TIM7_IRQHandler（void）

6. 5. 2. 1　硬件原理

自动装载计数器和可编程预分频器（在图 6-5 中分别为“CNT 计数器”和“PSC 预分频器”）是定时器工作的核心组成部分。6. 1 节提到，STM32 单片机时钟系统会为定时提供一个时钟源 TIMx_CLK（频率可以配置）。在本教程中，时钟源 TIMx_CLK 默认配置为 72MHz。TIMx_CLK 在经过时钟分频因子分频之后得到内部时钟 CK_INT，CK_INT 再经过一个可编程预分频器（PSC）分频得到 CK_CNT，再影响自动装载计数器 CNT，如图 6-5 所示。也就是说，计数器 CNT 对两次分频后的时钟脉冲进行计数。

自动装载计数器 CNT 根据工作模式对时钟脉冲进行计数（可增加或减少）。自动装载的意思是可以从一个程序预定义的数值（自动装载值 ARR，不能大于 65536）开始计数。当定时器设置成向上计数模式时，计数器的数值是逐渐增加的，直到自动装载值 ARR，然后计数器再从 0 开始继续向上计数。类似地，向下计数模式时计数值是从预装载值开始逐渐减小，当定时器计数值减为 0 之后，计数器会自动从预装载值开始继续向下计数。

可编程预分频器 PSC 则对定时器时钟源（默认 72MHz）分频，分频之后的信号再传输至自动装载计数器进行计数。

在此举例说明定时器的工作原理。假设定时器时钟源为 72MHz，预分频系数设置 7200，计数模式为向上计数模式，自动装载值为 9999。分频之后时钟脉冲的频率为 $72\times10^6/7200$Hz，周期则为 $1/(72\times10^6/7200)$s。每当定时器从 0 计数到 9999 时（共 10000 个脉冲）就会产生一个更新中断信号，此时定时时间即为 1s，计算公式为

$$10000\times\frac{1}{72\times10^6/7200}\mathrm{s}=1\mathrm{s}$$

再比如，其他值不变，仅自动装载值改为 4999，则可算出定时时间为 0. 5s。

本案例使用了 LED1 作为定时闪烁的 LED，其相关电路请参考相关电路（见第 3 章的图 3-7）。

6.5.2.2 软件设计

本案例的程序主要由配置部分和定时中断服务函数组成，具体如下：

```
1.  #include "stm32f10x.h"//标志外设库头文件
2.  int flagLed =0;
3.  int main(void)
4.  {
5.      /********** 结构体定义 ************* /
6.      TIM_TimeBaseInitTypeDef TIM_TimeBaseInitstructure;   //时基配置结构体
7.      NVIC_InitTypeDef         NVIC_Initstructure;         //中断向量配置结构体
8.
9.      //LED 配置所需结构体
10.     GPIO_InitTypeDef         GPIO_Initstructure;         //GPIO 配置结构体
11.
12.     /******* 定时器 TIM2 配置开始 ****** /
13.     //开启时钟
14.     RCC_APB1PeriphClockCmd(RCC_APB1Periph_TIM2,ENABLE);
15.
16.      //中断优先级分组
17.     NVIC_PriorityGroupConfig(NVIC_PriorityGroup_4);
18.
19.     //中断向量配置
20.     NVIC_Initstructure.NVIC_IRQChannel = TIM2_IRQn; //中断通道设置
21.     NVIC_Initstructure.NVIC_IRQChannelCmd = ENABLE;//使能通道
22.     NVIC_Initstructure.NVIC_IRQChannelPreemptionPriority = 0;//抢占优先级
23.     NVIC_Initstructure.NVIC_IRQChannelSubPriority = 0; //响应优先级
24.
25.     NVIC_Init(&NVIC_Initstructure);
26.
27.     //时基配置
28.     TIM_TimeBaseInitstructure.TIM_ClockDivision = TIM_CKD_DIV1; //不分频
29.     TIM_TimeBaseInitstructure.TIM_CounterMode = TIM_CounterMode_Up; //向上计
数模式
30.     TIM_TimeBaseInitstructure.TIM_Period = 10000 -1;     //定时周期，即自动装
载值为9999
31.     TIM_TimeBaseInitstructure.TIM_Prescaler = 7200 -1;   //7200 分频
32.
33.     TIM_TimeBaseInit(TIM2,&TIM_TimeBaseInitstructure);   //调用库函数初始化
34.
35.     TIM_ITConfig(TIM2,TIM_IT_Update,ENABLE);             //使能溢出中断
36.
37.     TIM_Cmd(TIM2,ENABLE);                                //开启定时器
38. /********LED2 配置**********/
```

```
39. RCC_APB2PeriphClockCmd(RCC_APB2Periph_GPIOC,ENABLE); //开始端口 C 时钟
40.
41. GPIO_Initstructure. GPIO_Mode = GPIO_Mode_Out_PP; //推挽输出模式
42. GPIO_Initstructure. GPIO_Pin = GPIO_Pin_11;          //配置引脚，PC11 对应 LED2
43. GPIO_Initstructure. GPIO_Speed = GPIO_Speed_50MHz; //配置速度
44. GPIO_Init(GPIOC,&GPIO_Initstructure);                //调用库函数初始化 LED
45.
46.   while (1)  //等待产生中断
47.   {
48.   }
49. }
50.
51. void TIM2_IRQHandler(void)//中断服务函数，实现 LED 亮灭定时切换
52. {
53.       if(TIM_GetITStatus(TIM2,TIM_IT_Update)! = RESET) //判断定时器更新中断
54.       {
55.             if(flagLed = =1)
56.             {
57.                   flagLed =0;
58.                   GPIO_SetBits(GPIOC,GPIO_Pin_11);      //熄灭 LED2
59.             }
60.             else if(flagLed = =0)
61.             {
62.                   flagLed =1;
63.                   GPIO_ResetBits(GPIOC,GPIO_Pin_11);  //点亮 LED2
64.             }
65.       }
66.       TIM_ClearITPendingBit(TIM2,TIM_IT_Update);//清除更新中断标志位
67. }
```

1. 配置部分

上述程序主程序主要是配置部分，包括定时器配置、中断优先级配置以及 GPIO 配置，其他两部分在前面章节已经学习过，这里只讲解定时器配置部分。

1）如下所示的第 14 行首先使能激活了 TIM2 时钟。

```
13.     //开启时钟
14.     RCC_APB1PeriphClockCmd(RCC_APB1Periph_TIM2, ENABLE);
```

根据 3.4.2 小节中 STM32 系统结构图 3-9，TIM2 属于总线 APB1，所以激活 TIM2 时钟使用的函数为 RCC_APB1PeriphClockCmd。

2）第 16～25 行（如下所示）设置了 TIM2 的中断优先级，其中第 17 行首先设置了

NVIC 使用分组 4，第 20 行选择了 TIM2 中断通道 TIM2_IRQn。

```
16.        //中断优先级分组
17.        NVIC_PriorityGroupConfig( NVIC_PriorityGroup_4) ;
18.
19.            //中断向量配置
20.        NVIC_Initstructure. NVIC_IRQChannel  = TIM2_IRQn;        //中断通道设置
21.        NVIC_Initstructure. NVIC_IRQChannelCmd  = ENABLE;       //使能通道
22.        NVIC_Initstructure. NVIC_IRQChannelPreemptionPriority  = 0; //抢占优先级
23.        NVIC_Initstructure. NVIC_IRQChannelSubPriority  = 0;        //响应优先级
24.
25.        NVIC_Init( &NVIC_Initstructure) ;
```

3）第 6 行、第 27 ~ 33 行（如下所示）属于定时器时基配置。

```
6.        TIM_TimeBaseInitTypeDef TIM_TimeBaseInitstructure;//时基配置结构体
```

```
27.        //时基配置
28.  TIM_TimeBaseInitstructure. TIM_ClockDivision  = TIM_CKD_DIV1; //不分频
29.  TIM_TimeBaseInitstructure. TIM_CounterMode  = TIM_CounterMode_Up; //向上计数
模式
30.  TIM_TimeBaseInitstructure. TIM_Period  = 10000 - 1;       //定时周期，即自动装载值
为 9999
31.  TIM_TimeBaseInitstructure. TIM_Prescaler  = 7200 - 1;    //7200 分频
32.
33.  TIM_TimeBaseInit( TIM2 ,&TIM_TimeBaseInitstructure) ;  //调用库函数初始化
```

第 6 行首先定义了 TIM_TimeBaseInitTypeDef 类型的结构体 TIM_TimeBaseInitstructure，根据表 6-4 函数 TIM_TimeBaseInit 的说明以及补充中可得到 TIM_TimeBaseInitstructure 具有 4 个成员变量。

第 28 ~31 行填充了 TIM_TimeBaseInitstructure 的 4 个成员变量，在前文中提过 4 个成员变量，这里做出案例补充如下：

成员变量 1：时钟分频因子 TIM_ClockDivision。在 6. 5. 2. 1 小节中提到“TIMx_CLK 在经过时钟分频因子分频之后得到内部时钟 CK_INT”，TIM_ClockDivision 就是这个分频系数。其取值可以是 TIM_CKD_DIV1、TIM_CKD_DIV2 和 TIM_CKD_DIV4，分别代表将 TIMx_CLK 频率（默认 72MHz）除以 1、2 和 4。第 28 行表示将 TIMx_CLK 频率除以 1，即不分频，因此 CK_INT 时钟仍然为 72MHz。这里 TIM_CKD_DIV1 也是默认值，也就是没有第 28 行效果不变。

成员变量 2：计数模式 TIM_CounterMode。第 29 行设置定时器为向上计数模式，因此定时器的计数将从 0 开始计数到自动装载值，然后再从 0 开始计数。

成员变量 3：自动重装载周期 TIM_Period。这就是前面提到的自动装载值。第 30 行设定其为 9999，从而计数器从 0 开始计数至 9999，总共计数 10000 个时钟脉冲。

成员变量 4：分频系数 TIM_Prescaler。在 6. 5. 2. 1 小节中提到“CK_INT 再经过一个可

编程预分频器（PSC）分频得到 CK_CNT，再影响自动装载计数器（CNT）”，TIM_Prescaler 就是 PSC 的分频系数。第 31 行将分频系数设置为 7200－1，即 7199；由于计算机从 0 开始计算，7199 其实表示 PSC 分频系数为 7200。也就是说最终影响计数器的时钟脉冲频率为 72MHz/7200＝0.01MHz。

第 33 行将结构体的变量关联至单片机寄存器，使其生效，最终设定定时器为向上计数模式，每产生一次更新中断的周期为 1s，计算公式为

$$10000 \times \frac{1}{72 \times 10^6/7200} \mathrm{s} = 1\mathrm{s}$$

4）第 35 行（如下所示）使能了定时器 2 的更新中断 TIM_IT_Update。

```
35. TIM_ITConfig(TIM2,TIM_IT_Update,ENABLE);              //使能更新中断
```

5）第 37 行（如下所示）开启了定时器 TIM2，此时开始 TIM2 每 1s 产生一次更新中断，从而进入一次中断服务函数。

```
37. TIM_Cmd(TIM2,ENABLE);                                  //开启定时器
```

2. 定时中断服务函数

第 51～67 行为 TIM2 定时中断服务程序，具体如下：

```
51. void TIM2_IRQHandler(void)       //中断服务函数，实现 LED 亮灭定时切换
52. {
53.     if(TIM_GetITStatus(TIM2,TIM_IT_Update)! = RESET)     //判断定时器更新中断
54.     {
55.         if(flagLed = =1)
56.         {
57.             flagLed =0;
58.             GPIO_SetBits(GPIOC,GPIO_Pin_11);     //熄灭 LED2
59.         }
60.         else if(flagLed = =0)
61.         {
62.             flagLed =1;
63.             GPIO_ResetBits(GPIOC,GPIO_Pin_11);  //点亮 LED2
64.         }
65.     }
66.     TIM_ClearITPendingBit(TIM2,TIM_IT_Update);//清除更新中断标志位
67. }
```

1）如前所述，单片机将每间隔 1s 执行一次此中断服务函数。全局变量 flagLed 用来记录 LED 的状态。进入中断后，如果 flagLed 为 1，则将 LED2 熄灭，并将 flagLed 设为 0；如果 flagLed 为 0，则将 LED2 点亮，并将 flagLed 设为 1。因为 flagLed 初始值为 0，因此第一次进入定时中断服务程序时，LED2 被点亮了；1s 之后，系统第二次进入中断服务函数，LED2 被熄灭了。如此反复，从而实现每隔 1s 自动切换 LED2 的亮灭状态。

2）第 53 行（如下所示）对 TIM2 的状态进行了判断，确保此时触发中断的是 TIM2 更新中断。

```
53. if(TIM_GetITStatus(TIM2,TIM_IT_Update)! = RESET) //判断定时器更新中断
```

3）和串口中断类似，定时中断服务程序第66行（如下所示）也需要将中断标志清零，确保只有定时中断发生时才进入中断服务程序。

```
66.        TIM_ClearITPendingBit(TIM2,TIM_IT_Update);//清除更新中断标志位
```

6.6 应用案例：脉冲宽度调制与仿真

除了基本的定时功能，定时器还具有很多用途。如定时器有4路输出信号TIMx_CH1～TIMx_CH4（见图6-5），可以输出工程中常用的PWM波等信号；此外，在图6-5中左下角还有4路输入信号TIMx_CH1～TIMx_CH4，可以用于测量输入信号的脉冲长度、捕获传感器信号等。高级定时器则具有更强大的功能，比如能够同时输出7路独立的PWM波。

PWM波是一种用于调制数字信号的技术，通常用于控制电动机、LED等设备的亮度或速度。PWM波是由一个高电平和一个低电平组成的周期性信号，其中高电平的持续时间（即占空比，Duty Ratio）可以被控制和调节。占空比越大，PWM信号中高电平的时间越长，信号的平均电平也就越高；占空比越小，则高电平的时间越短，信号的平均电平也就越低。通过改变PWM波的占空比，可以实现对电动机或LED等设备的精确控制。图6-6所示为25%占空比的PWM波，其周期为4ms，高电平时间为1ms。

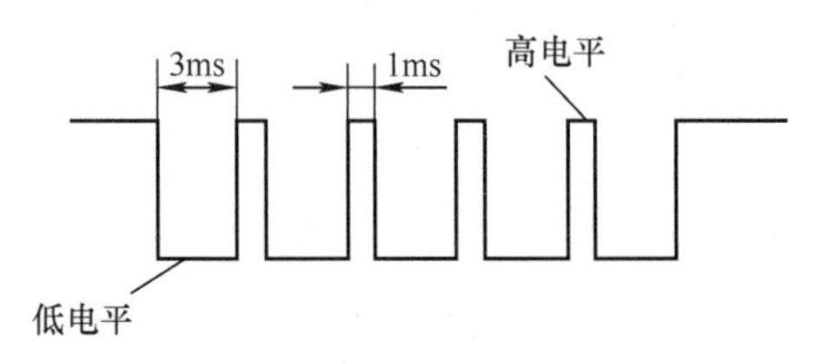

图6-6 占空比为25%的PWM波

PWM波有两个关键参数，一个是PWM波周期，一个是高电平（或者是低电平）时间。为了生成所需要的PWM波，定时器必须设定这两个时间参数。比如定时器通道先保持输出低电平3ms，然后再输出高电平1ms，这样周而复始就得到了周期4ms，占空比25%的PWM波形。从这里也可以看到，PWM是定时器定时功能的延伸。

6.6.1 实现步骤

在之前案例中，都是依据步骤将程序编译、烧录至单片机并执行，然后通过开发板来观察实验现象。然而，要想最理想地观测PWM波，需要使用示波器。考虑到大多数读者都没有示波器，本节案例采用Keil的虚拟逻辑分析仪来观察实验现象。这种方式下，不使用开发板实物，而是通过Keil的仿真来模拟单片机的运行。

脉冲宽度调制与仿真的具体步骤如下：

1）打开配套资料“3. 实验例程包\4. 定时器\PWM实验\user\”里面的工程文件“project. uvprojx”，将程序编译，编译通过后烧录至单片机。

2）单击Keil软件图标按钮，弹出“Options for Target‘project’”对话框，如图6-7所示。选择“Debug”标签，再选择左边的“Use Simulator”单选项。由此，已将单片机的Debug模式设置为仿真模式，之后程序将在Keil软件中模拟仿真，而不是烧录至真实单片机执行。

3）单击图6-8所示箭头指向的图标按钮，开始调试（Debug）程序。

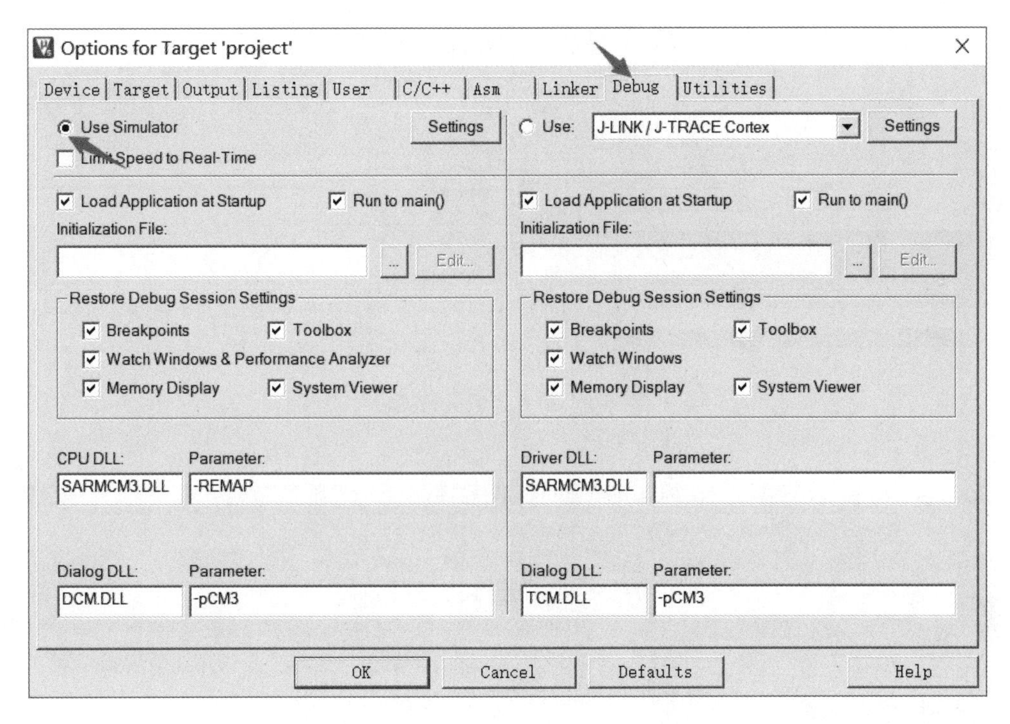

图 6-7　修改 Debug 模式为仿真模式

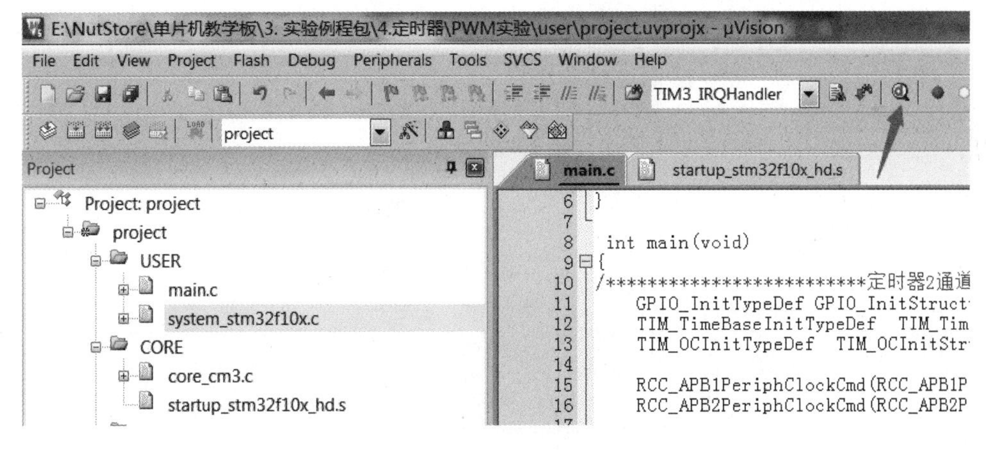

图 6-8　Debug 程序

4）进入如图 6-9 所示的调试界面后，单击箭头指向的图标按钮打开逻辑分析窗口。

5）如图 6-10 所示，在逻辑分析（Logic Analyzer）窗口中，单击“Setup”按钮打开逻辑分析 Setup 对话框。

6）在如图 6-11 所示的逻辑分析 Setup 对话框中，单击新建虚拟逻辑分析仪信号图标按钮，输入“GPIOA_IDR. 1”并确认。通过这一步就可以观察 GPIO 的引脚 PA1 电平波形，因为引脚 PA1 也可以作为 TIM2 的输出通道 1。此内容，后续将具体介绍。

7）如图 6-12 所示，选中刚新建的信号行，并将“Display Type”从默认的“Analog”修改为“Bit”，波形颜色可任意选择。

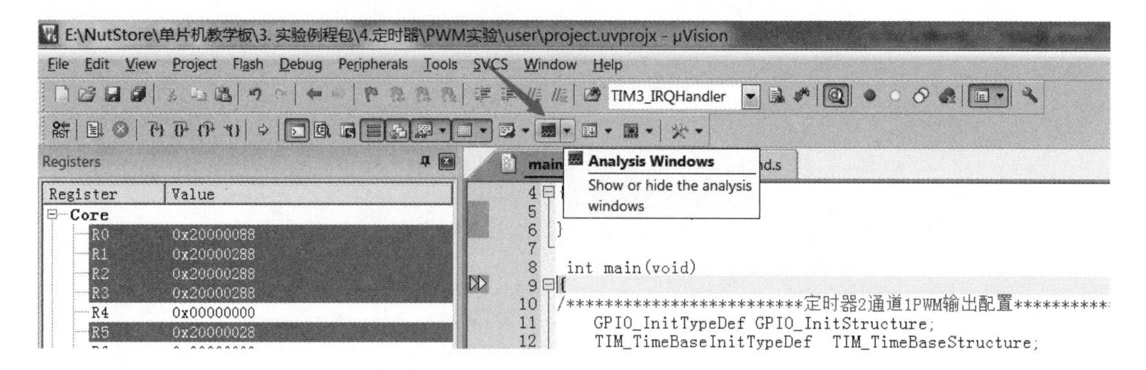

图 6-9 打开逻辑分析窗口

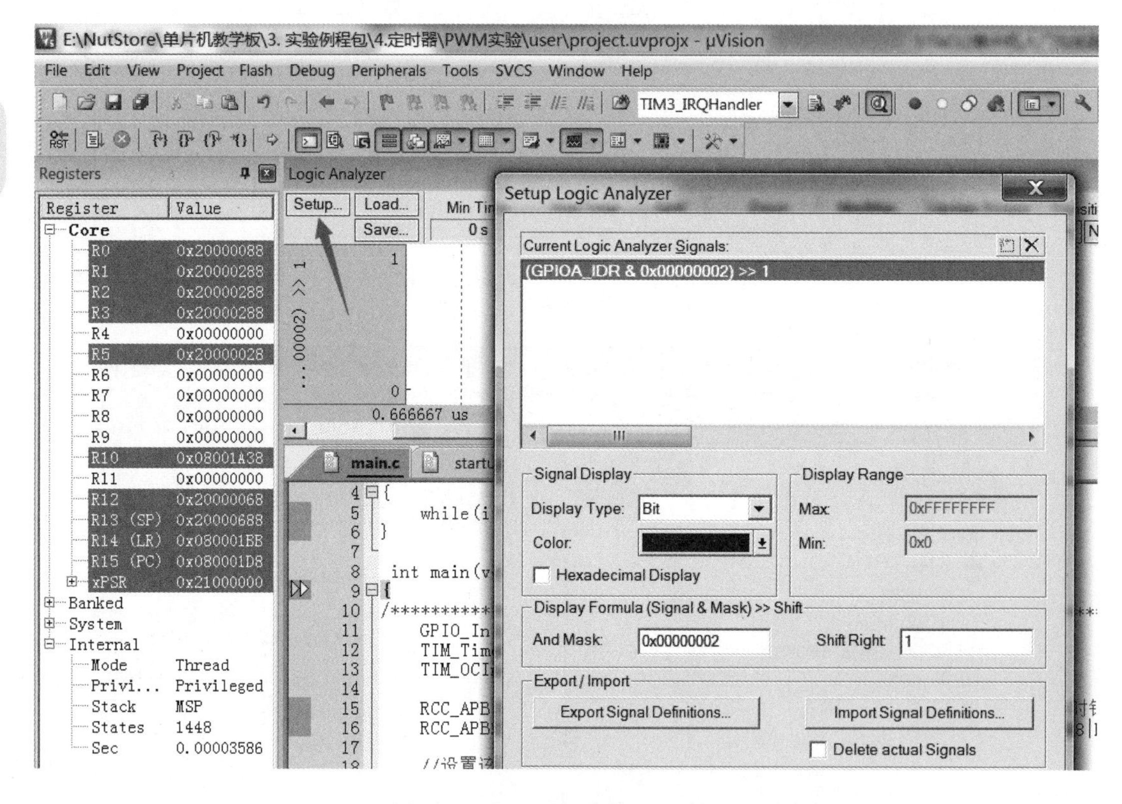

图 6-10 打开逻辑分析 Steup 窗口

8）关闭 Setup 对话框后，单击图 6-13 所示箭头所指处运行图标按钮，即可观察 PWM 波形。

9）使用鼠标滚轮可以缩放 PWM，单击显示相应位置的时间，也可以此时间计算占空比。本案例程序设定 PWM 周期为 10ms，占空比为 30%。

对于有示波器的读者，可以像之前一样将程序编译后烧录至单片机运行，然后通过示波器观测实际 PWM 波形。需要注意的是，在实际单片机运行程序时，需要将 Debug 模式修改回之前通过 J-Link 调试的模式，如图 6-14 所示。此外，程序运行时，可以在开发板中观察到 LED5 被点亮了，但是其亮度比之前实验的暗些。因为，其亮度是和 PWM 占空比相关的。读者后续可以修改例程中的 PWM 占空比，观察亮度随占空比的变化。

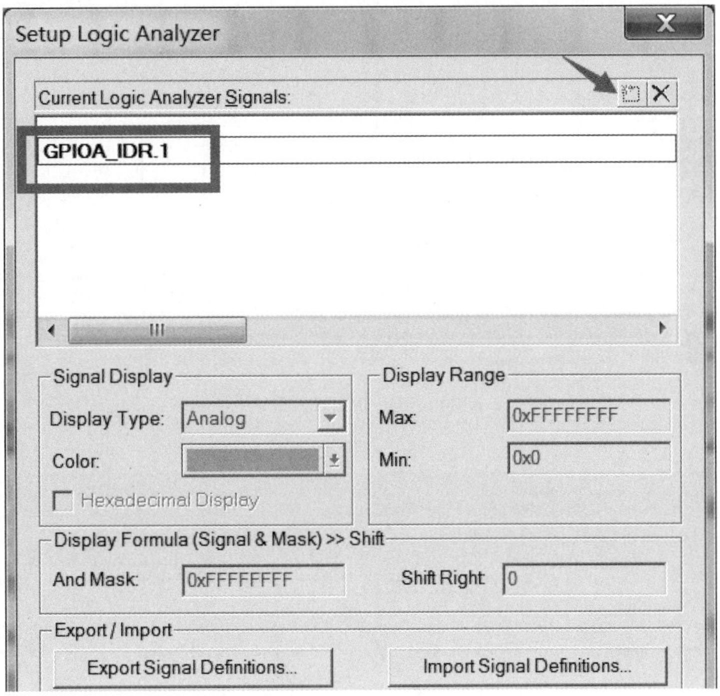

Setup Logic Analyzer
Current Logic Analyzer Signals:
GPIOA_IDR.1
Signal Display
Display Type: Analog
Color:
Hexadecimal Display
Display Range
Max: 0xFFFFFFFF
Min: 0x0
Display Formula (Signal & Mask) >> Shift
And Mask: 0xFFFFFFFF
Shift Right: 0
Export / Import
Export Signal Definitions...
Import Signal Definitions...

图 6-11　新建分析通道

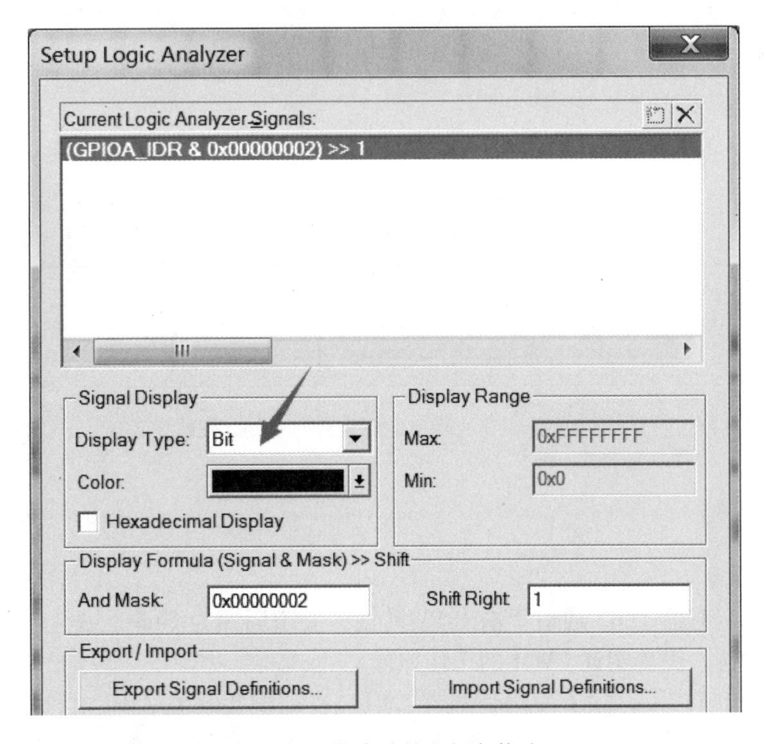

图 6-12　仿真波输出颜色修改

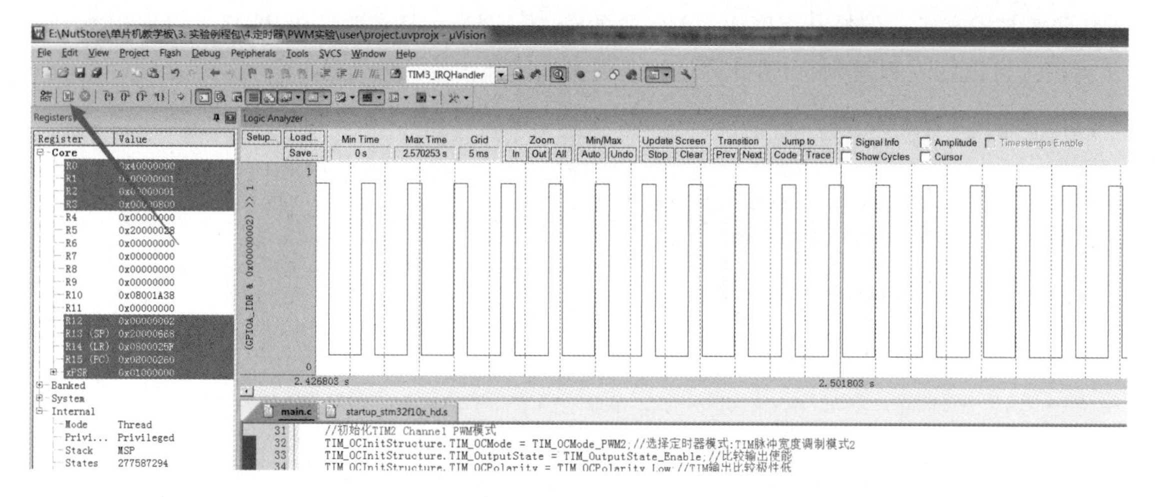

图 6-13　PWM 波形

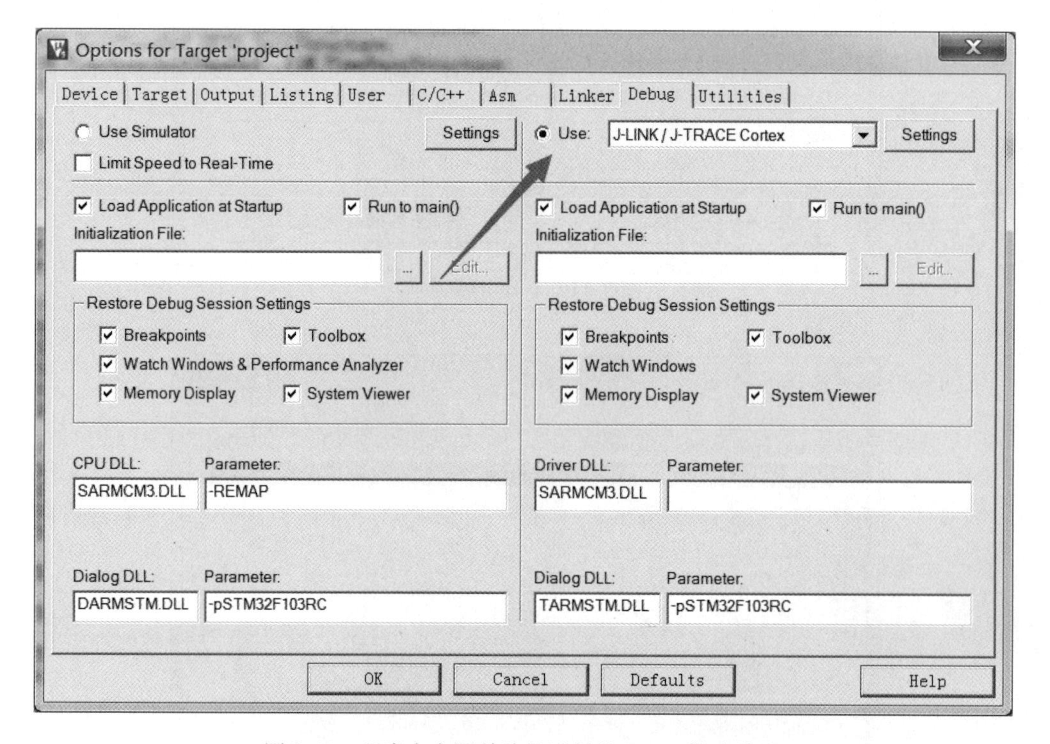

图 6-14　程序在实际单片机运行的 Debug 模式设置

6.6.2　工作原理

6.6.2.1　硬件原理

接下来使用定时器 TIM2 通道 2 输出 PWM 波，要求周期为 10ms，占空比为 30%。通过向上计数模式为例，简单阐述 PWM 的工作原理。

在 PWM 输出模式下，除了使用计数器 CNT、自动重装载值 ARR 之外，还使用了一个 CCRx（值捕获/比较器，x 可以是 1、2、3 和 4，分别对应定时器的 4 个通道）。如图 6-15 所示，工作过程中计数器 CNT 周而复始地从 0 开始计数至自动重装载值 ARR，当 CNT 小于

CCRx 时，定时器通道 TIMx_CHx 输出低电平；当 CNT 等于或大于 CCRx 时，TIMx_CHx 通道输出高电平。这样自动重装载值 ARR 就决定了 PWM 的周期，而 CCRx 决定了对应通道的占空比。当然，也可以将 PWM 极性反过来：在 CNT 小于 CCRx 时输出高电平，CNT 等于或大于 CCRx 时通道输出低电平。

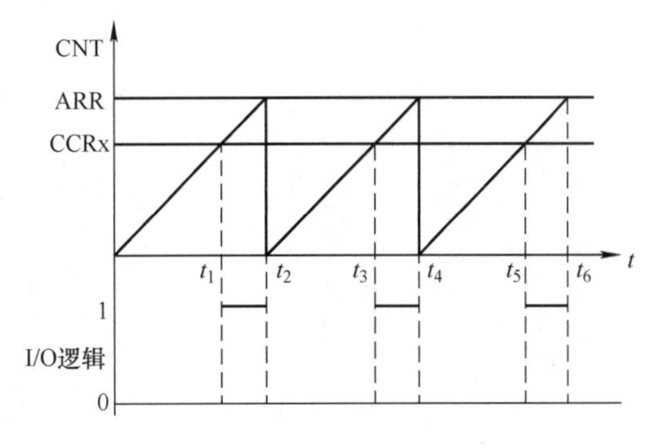

图 6-15　定时器输出 PWM 原理

通用定时器具有四通道输出，每一个通道都可以输出 PWM 波。这 4 个通道和 GPIO 引脚是共用的，图 6-16 所示为配套的意法半导体官方资料“芯片数据手册”的 Table 5 中有关于引脚 PA1 的功能说明，可以看到引脚 PA1 的后一列标有“TIM2_CH2”，这就意味着引脚 PA1 可以作为 TIM2 的通道 2 使用。除此之外，该引脚还可以作为别的功能使用，比如 TIM5 的通道 2、ADC 模块的输入等。同理，其他定时器通道也可以在“芯片数据手册”的 Table 5 中查找到。

Table 5. High-density STM32F103xC/D/E pin definitions (continued)

Pins						Pin name	Type(1)	I / O Level(2)	Main function(3) (after reset)	Alternate functions(4)	
LFBGA144	LFBGA100	WLCSP64	LQFP64	LQFP100	LQFP144					Default	Remap
K2	H2	E6	15	24	35	PA1	I/O	-	PA1	USART2_RTS(9) ADC123_IN1/ TIM5_CH2/TIM2_CH2(9)	-

图 6-16　引脚 PA1 功能

开发板电路中单片机引脚 PA1 连接了 LED5，如图 6-17 所示。在该电路中，当 PWM 波处于低电平时，LED5 点亮；当 PWM 波处于高电平时，LED5 熄灭。因此，当 PA1 用于输出 PWM 波时，LED5 随着 PWM 波电平变化而产生亮/灭切换。然而，本案例中 PWM 波周期为 10ms，LED 状态切换得非常快，因此肉眼观察的效果是 LED 一直亮着，但是亮度不如之前案例中那么高。在本案例中，LED5 的亮度和 PWM 波占空比有关，占空比越低，亮度越强。当该程序在单片机中运行时，LED5 的亮度会随着 PWM 波占空比的变化而改变。

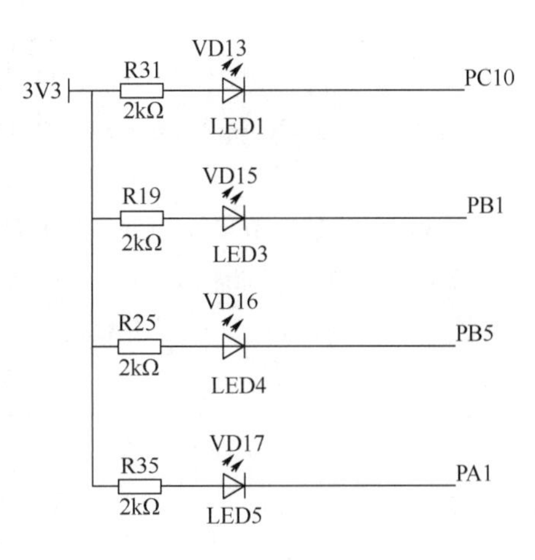

图 6-17　LED1、LED3 ~ LED5 电路原理

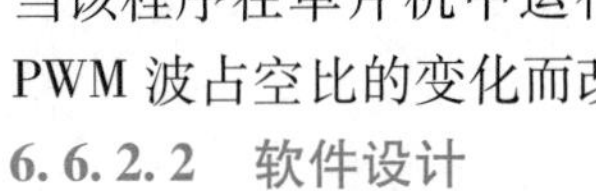

6.6.2.2　软件设计

本案例程序主要涉及 GPIO 引脚配置、定时器时基配置和定时器通道配置，完整程序内容如下：

```
1. #include "stm32f10x.h"
2. int main(void)
3. {
4.     GPIO_InitTypeDef GPIO_InitStructure;
5.     TIM_TimeBaseInitTypeDef  TIM_TimeBaseStructure;
6.     TIM_OCInitTypeDef  TIM_OCInitStructure;
7.
8.     RCC_APB1PeriphClockCmd(RCC_APB1Periph_TIM2, ENABLE);//使能定时器2时钟
9.     RCC_APB2PeriphClockCmd(RCC_APB2Periph_GPIOA | RCC_APB2Periph_AFIO, ENABLE);
10.     //使能GPIO外设和AFIO复用功能模块时钟
11.     //设置该引脚为复用输出功能,输出TIM2 CH2的PWM脉冲波形
12.     GPIO_InitStructure.GPIO_Pin = GPIO_Pin_1;
13.     GPIO_InitStructure.GPIO_Mode = GPIO_Mode_AF_PP;//复用推挽输出
14.     GPIO_InitStructure.GPIO_Speed = GPIO_Speed_50MHz;
15.     GPIO_Init(GPIOA, &GPIO_InitStructure);
16.
17.             //初始化TIM2
18.     TIM_TimeBaseStructure.TIM_Period = 10000 - 1;//自动重装载值
19.     TIM_TimeBaseStructure.TIM_Prescaler =72 - 1;//预分频值
20.     TIM_TimeBaseStructure.TIM_ClockDivision = 0;//设置时钟分割
21.     TIM_TimeBaseStructure.TIM_CounterMode = TIM_CounterMode_Up;//TIM向上计数模式
22.     TIM_TimeBaseInit(TIM2, &TIM_TimeBaseStructure);
23.
24.     //初始化TIM2 Channel2模式
25.     TIM_OCInitStructure.TIM_OCMode = TIM_OCMode_PWM2;//TIM脉冲宽度调制模式2
26.     TIM_OCInitStructure.TIM_OutputState = TIM_OutputState_Enable;//比较输出使能
27.     TIM_OCInitStructure.TIM_OCPolarity = TIM_OCPolarity_Low;//TIM输出比较极性低
28.     TIM_OC2Init(TIM2, &TIM_OCInitStructure);//根据指定的参数初始化外设TIM2 OC2
29.
30.     TIM_OC2PreloadConfig(TIM2, TIM_OCPreload_Enable);//使能TIM2在CCR2上的重装载器
31.
32.     TIM_SetCompare2(TIM2,3000 - 1);//占空比设置
33.
34.     TIM_Cmd(TIM2, ENABLE);//使能TIM2
```

```
35.     while(1)
36.     {
37.     }
38. }
```

1）上述程序中，第4~6行定义几个结构体，前两个结构体在前面章节已经学习过，第6行（如下所示）定义的TIM_OCInitTypeDef类型结构体是配置定时器输出通道使用的，稍后将具体讲解。

```
6.      TIM_OCInitTypeDef   TIM_OCInitStructure;
```

2）第8~9行激活使能了定时器TIM2、GPIOA和AFIO的时钟，由于本案例中引脚PA1是作为定时器输出通道使用，所以需要使能AFIO时钟。

3）第11~15行配置GPIO引脚PA1，PA1这里作为TIM2的通道2，第13行将其模式配置为复用推挽模式GPIO_Mode_AF_PP。

4）第18~22行配置的是TIM2时基，通过前文的学习，知道这里将TIM2时钟源配置为72MHz/72=1MHz，重装载值ARR为10000，模式为向上计数模式。因此，PWM波周期为0.01s，即10ms，计算公式为

$$10000\times\frac{1}{72\times10^6/72}\text{s}=0.01\text{s}$$

5）第24~28行（如下所示）是TIM2输出通道2的配置程序。第25~27行填充了之前定义的结构体TIM_OCInitStructure的成员变量，第28行再将该结构体关联至TIM2的输出通道2，使配置生效。

```
24. //初始化TIM2 Channel2模式
25. TIM_OCInitStructure.TIM_OCMode = TIM_OCMode_PWM2;//TIM脉冲宽度调制模式2
26. TIM_OCInitStructure.TIM_OutputState = TIM_OutputState_Enable;//比较输出使能
27. TIM_OCInitStructure.TIM_OCPolarity = TIM_OCPolarity_Low;//TIM输出比较极性低
28. TIM_OC2Init(TIM2, &TIM_OCInitStructure);//根据指定的参数初始化外设TIM2 OC2
```

根据表6-7函数TIM_OCInit的说明以及补充中关于TIM_OCInitTypeDef的说明，可见其有4个成员变量。

成员变量1：TIM_OCMode输出比较模式，它设置是比较输出还是PWM模式。本案例中应该为PWM模式，那么其取值可以是TIM_OCMode_PWM1（PWM模式1）或者TIM_OCMode_PWM2（PWM模式2），第25行选择了后者。这种模式的区别见表6-22。

表6-22　PWM输出模式输出电压关系

模式	CNT < CCR	CNT > CCR
PWM模式1	有效电平	无效电平
PWM模式2	无效电平	有效电平

TIM_OCMode只是区别什么时候是有效电平，并不是说通道输出的高低电平。到底是有效电平还是无效电平通道输出高电平，由成员变量TIM_OCPolarity设置。

成员变量2：TIM_OutputState 用来使能 PWM 输出。

成员变量3：TIM_Pulse 设置比较值 CCRx，本案例程序没有填充这个变量，因为输出通道的比较值还可以通过库函数 TIM_SetCompareX（X 为 1、2、3 或 4，对应不同输出通道）来设置，第 32 行使用 TIM_SetCompare2 设置了 TIM2 通道 2 的比较值为 3000－1（考虑从 0 开始）。由于之前程序设置了 PWM 波周期为 10000 个脉冲，因此最终 PWM 波占空比为 30%。

```
32.      TIM_SetCompare2(TIM2,3000 - 1);//占空比设置
```

成员变量4：TIM_OCPolarity 比较器输出极性，其取值可以是 TIM_OCPolarity_Low 和 TIM_OCPolarity_High。TIM_OCPolarity_Low 表示有效电平通道输出低电平，无效电平时通道输出高电平；TIM_OCPolarity_High 则相反。TIM_OCPolarity 还影响 PWM 初始化完成后引脚电平状态，TIM_OCPolarity_High 时为高电平，TIM_OCPolarity_Low 时为低电平。

6）第 30 行（如下所示）使能了 TIM2 输出通道 2 的自动重装载器 ARR，确保 PWM 波能够周而复始地输出，而不是只输出一个周期。

```
30.    TIM_OC2PreloadConfig(TIM2,TIM_OCPreload_Enable);//使能 TIM2 在 CCR2 上的
重装载器
```


7）第 34 行（如下所示）使能了 TIM2，至此 TIM2 开始在通道 2 上输出 PWM 波。

```
34.    TIM_Cmd(TIM2,ENABLE);//使能 TIM2
```

思考和习题

1. 简述 STM32 系统滴答定时器（SysTick）的原理。

2. 简述 STM32 定时器的一般操作步骤。

3. 嵌入式开发中，PWM 常被用来做什么控制？

4. 根据 6.5 节案例的实现步骤和工作原理，修改案例程序，配置 TIM3 定时器更新中断，实现每隔 2s 自动切换 LED3 的亮灭状态。

5. 根据 6.6 节案例的实现步骤和工作原理，修改案例程序，通过 TIM3 输出 PWM 波点亮 LED3，修改 PWM 波占空比观察 LED3 亮度是否发生变化。注意：

1）查阅配套的意法半导体官方资料“芯片数据手册”，TIM3 的通道 4 默认关联在引脚 PB1，如图 6-18 所示。

Table 5. High-density STM32F103xC/D/E pin definitions (continued)

Pins						Pin name	Type(1)	I / O Level(2)	Main function(3) (after reset)	Alternate functions(4)	
LFBGA144	LFBGA100	WLCSP64	LQFP64	LQFP100	LQFP144					Default	Remap
										TIM8_CH2N	
M4	K4	F4	27	36	47	PB1	I/O	-	PB1	ADC12_IN9/TIM3_CH4(9) TIM8_CH3N	TIM1_CH3N

图 6-18　TIM3 通道 4 关联引脚

2）如果要用虚拟逻辑分析观察 PWM 波形时，在图 6-11 对应步骤中应该选择 PB1 通道，因此输入值应为 GPIOB_IDR.1。

第 7 章

模/数转换器（ADC）

模/数转换器，即模拟信号/数字信号转换器（Analog Digital Converter，ADC），也是单片机常用的一个外设模块。ADC 可以将外部电压转换为计算机可识别的数字量，因此常常由于测量传感器输出信号，以获取各种环境特征，如温度、压力、流量等。本章将介绍 ADC 的工作原理、输入/输出通道、性能指标、结构、常用库函数等基础知识，并通过 ADC 实现单通道电压采集的案例来学习 ADC 的使用。

7.1 ADC 原理概述

在真实世界中，有许多物理和化学量，如温度、压力、流量等，这些量反映了环境的具体状态。在实际工程中，经常需要对它们进行测量和控制。实际中的各种变量都是连续变化的，ADC 会将连续变化的电压转换为离散的数字量，如图 7-1 所示，虚线表示连续变化的模拟信号，向上的箭头表示隔一段时间采样一次信号，在将采样的信号用数字表示后，连续的模拟量就转换为了离散的数字量。需要注意的是，两次采样之间的信号并没有采样，因此中间信号变化的信息是丢失的。这里间隔时间称为采样周期，采样周期越小，则获取的模拟量信息越完整。此外，虽然 ADC 称为模/数转换器，但实际上它只能对电压信号进行采样。因此，要测量别的模拟量必须先将其转换为电压，然后 ADC 才能进行测量。

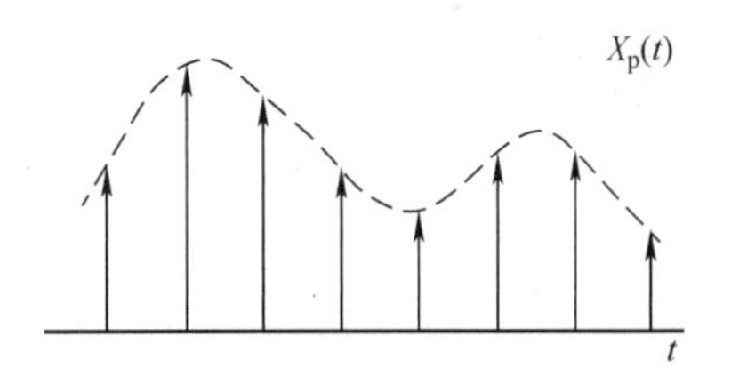

图 7-1　连续模拟量采样

STM32 的 ADC 是一种逐次逼近型的模/数转换器。其原理是通过不断比较估计电压和实际电压的大小来获得实际电压近似值。由于不知道要测量的外部电压的具体大小，因此需要使用一个电压比较器来比较两个电压的大小。逐次逼近型 ADC 的工作过程如下：先将 0.1V 的比较电压与实际电压进行比较。如果比较结果小于实际电压，则将比较电压增加到 0.2V；再次进行比较，如果比较结果仍然小于实际电压，则继续增加比较电压，直到比较电压增加到 1.5V。当比较电压大于实际电压时，则认为实际电压的近似值为 1.5V。因此，逐次逼近型 ADC 的分辨率取决于每次增加的比较电压的大小。

STM32 单片机的 ADC 是 12 位的，此外它有个参考电压，例如 3.3V。A/D 转换时将参考电压分成 4096 份（$2^{12}=4096$），每一次比较电压的增量就是 3.3V/4096。这样就可以得到实际电压的大小。但是要注意，如果待测电压大于参考电压，就需要将其比例缩小后再进行测量，否则无法进行测量。最终，ADC 转换的结果为一个 0～4095 之间的数值，它表示了实际电压值的大小。例如，如果 ADC 转换的结果为 2048，在参考电压为 3.3V 时，实际电压为 3.3V/4096 × 2048 = 1.65V。

STM32F103 系列单片机拥有 2 ~ 3 个 ADC 模块，这些 ADC 模块可以独立使用，也可以使用双重模式（提高采样率）。该系列单片机的 ADC 最大的转换频率为 1MHz，也就是转换时间为 1μs（在 ADC 时钟源 ADCCLK 为 14MHz，采样周期为 1.5 个时钟脉冲周期的情况下获得的）。ADC 的时钟源频率不应超过 14MHz，否则将导致结果准确度下降。STM32ADC 是一个 12 位的逐次逼近型模/数转换器。它提供多达 18 个通道，可测量 16 个外部和 2 个内部信号源。各通道的 A/D 转换可以单次、连续、扫描或间断模式执行，转换结果可以左对齐或者右对齐（多余 4 位在左边还是右边）方式存储在 16 位数据寄存器中。

7.2 应用系统输入/输出通道

输入/输出通道是计算机与工业生产过程交换信息的桥梁。STM32 应用系统输入/输出通道结构如图 7-2 所示。

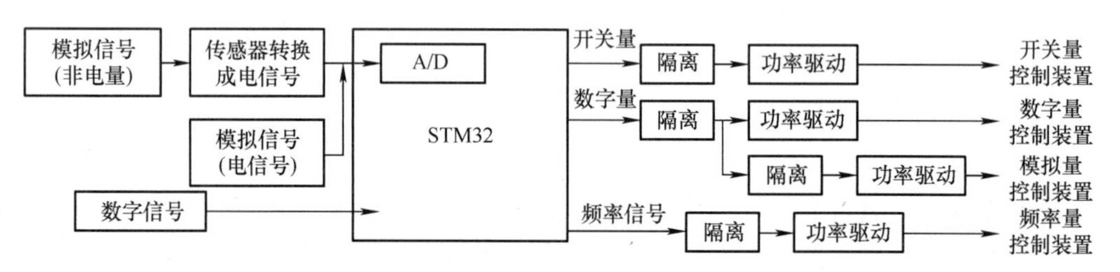

图 7-2　STM32 应用系统输入/输出通道结构

1. 输入通道

在单片机的实时控制和智能仪表等应用系统中，需要控制或测量对象的有关变量。除了数字信号外，这些变量往往还包括一些连续变化的模拟信号。

数字信号可以通过单片机 IO 口直接输入，但对于小信号，需要使用加接放大器来满足单片机 TTL 或者 CMOS 电平要求。

然而，模拟信号必须先转换成数字量，才能输入到单片机中进行处理。如果输入的是非电的模拟信号，例如温度、压力、流量、速度等物理量，还需要使用传感器将其转换成模拟电信号。对于小信号，同样需要先加接放大器，再将其转换成数字量输入到单片机中。

2. 输出通道

输出通道的作用如下：

（1）数/模转换（D/A 转换）　单片机输出的控制信号是数字信号，这些信号需要经过转换器将数字量转换成控制对象所需的模拟电压或电流。为了实现这个转换过程，需要使用数/模转换器（Digital Analog Converter，DAC）。DAC 将输入的数字信号转换成相应的模拟信号，并将其输出到控制对象。这样，控制对象就可以根据接收到的模拟信号来调整自己的状态，从而实现单片机的控制目的。在实际应用中，DAC 可以通过各种不同的接口来连接单片机，例如串行外设接口（SPI）、内部集成电路（I^2C）、并行接口等，以满足不同的控制需求。

（2）功率放大器　经过 DAC 转换后得到的模拟电压或电流控制信号，其功率一般不能满足控制对象的功率需求。因此，这些信号需要经过功率放大器的放大处理，才能驱动外部系统。功率放大器可以将 DAC 输出的低功率信号转换成更高功率的模拟信号，以满足控制对象的需求。

（3）干扰信号防治　后向输出通道接近控制对象，工作环境相对恶劣，驱动系统会通过信号通道、电源以及空间电磁场对单片机应用系统造成电磁干扰。此外，还可能会出现机械干扰。为了解决这些干扰问题，通常采用信号隔离、电源隔离和大功率开关实现过零切换等方法进行干扰信号防治。

经过输出通道处理的结果可以以开关量、数字量和频率量等形式进行输出。这些输出形式可以用于实现对控制对象的开关控制、数字控制或模拟控制。具体来说，开关量输出可以直接控制设备的开关，数字量输出可以实现对设备状态的数字控制，而频率量输出可以用于控制对象的调速等应用场合。通过这些输出形式，单片机应用系统可以灵活地控制和调节外设，满足各种应用场合的需求。

7.3　ADC 的性能指标

无论是分析或设计 ADC 的接口电路，还是选购 ADC 芯片，都会涉及有关性能指标的术语。因此，弄清 ADC 的基本概念以及一些经常出现的性能指标术语的确切含义是十分必要的。

1. 分辨率

将模拟信号转换成数字信号时，对应于最小的模拟电压值的数字信号差异称为分辨率。分辨率表示数字化后能够达到的精度水平。例如，如果一个 8 位 ADC 的分辨率为 $2^8=256$，当输入模拟电压满量程为 5V 时，它能够将 20mV 的变化转换成数字信号并反映出来。

2. 量化误差

量化误差是指 ADC 的有限分辨率引起的误差。具体来说，有限分辨率 ADC 的转移特征曲线是阶梯状的，而无限分辨率 ADC 的转移特征曲线则是直线的。这两种转移特征曲线之间的最大偏差即为量化误差。通常来说，量化误差的大小为 1 个或半个最小数字量的模拟变化量，用 1LSB 或 1/2LSB 来表示。

3. 偏移误差

偏移误差是指输入信号为零时，输出信号不为零的值，因此也称为零值误差。

偏移误差通常是由放大器或比较器输入的偏移电压或电流引起的。为了调整偏移误差，通常在 ADC 外部加上一个电位器进行调节，以将偏移误差调整到最小。

4. 满刻度误差

满刻度误差又称为增益误差。ADC 的满刻度误差是指满刻度输出数码所对应的实际输入电压与理想输入电压之差。

满刻度误差可能是由参考电压、T 形电阻网络的阻值或放大器的误差引起。误差的调节在偏移误差调整后进行。

5. 线性度

线性度又称为非线性度，是指实际转换器的偏移函数与理想直线的最大偏移，不包括量化误差、偏移误差、满刻度误差。

6. 绝对精度

在一个 ADC 中，任何数码所对应的实际模拟电压与其理想的电压值之差并非一个常数，把这个差的最大值定义为绝对精度。

7. 转换率

ADC 的转换率就是能够重复进行数据转换的速度，即完成一次 A/D 转换所需要的时间称为转换时间，其倒数称为转换率。例如转换时间为 100μs，转换率为 10kHz。

其他性能指标还有相对精度、微分非线性、单调性等。

7.4 ADC 结构

按照转换过程的不同，ADC 可以分为 3 种类型：逐次逼近型、双积分型和电压-频率变换型。双积分型 ADC 通常具有较高的精度，并且能够积分掉周期变化的干扰信号，因此抗干扰性好。这种类型的 ADC 价格较低，但转换速度慢。逐次逼近型 ADC 的转换速度比双积分型快得多，同时具有较高的精度（12 位及以上），但价格相对较高。电压-频率变换型 ADC 的突出优点是高精度，分辨率可达 16 位以上，而价格相对较低，但转换速度不高。

STM32 的 12 位 ADC 是一种逐次逼近型模/数转换器。它有多达 18 个通道，可测量 16 个外部和 2 个内部信号源。各通道的 A/D 转换可以单次、连续、扫描或间断模式执行。ADC 的结果可以左对齐或右对齐的方式存储在 16 位数据寄存器中。

STM32 的 ADC 主要特性如下：

1）12 位分辨率。

2）转换结束、注入转换结束和发生模拟看门狗事件时产生中断。

3）单次和连续转换模式。

4）从通道 0 到通道 n 的自动扫描模式。

5）自校准。

6）带内嵌数据一致性的数据对齐。

7）采样间隔可以按通道分别编程。

8）规则转换和注入转换均有外部触发选项。

9）间断模式。

10）双重模式（带 2 个或以上 ADC 的器件）。

11）ADC 转换时间。

① STM32F103xx 增强型产品：时钟为 56MHz 时为 1μs（时钟为 72MHz 为 1.17μs）。

② STM32F101xx 基本型产品：时钟为 28MHz 时为 1μs（时钟为 36MHz 为 1.55μs）。

③ STM32F102xxUSB 型产品：时钟为 48MHz 时为 1.2μs。

④ STM32F105xx 和 STM32F107xx 产品：时钟为 56MHz 时为 1μs（时钟为 72MHz 为 1.17μs）。

12）ADC 供电要求：2.4～3.6V。

13）ADC 输入范围：$V_{REF-} \leqslant V_{IN} \leqslant V_{REF+}$。

14）规则通道转换期间有 DMA 请求产生。

图 7-3 为 STM32 的 ADC 模块的框图，STM32 的 ADC 主要组成部分包括模拟电源（V_{DDA}、V_{SSA}）、16 个外部信号源（ADCx_IN0～ADCx_IN15，在大容量产品中 x＝1，2，3，

其他产品中 x=1，2）和 2 个外部触发（EXTI_15 和 EXTI_11），此外有些型号的芯片还具有模拟参考电压（V_{REF+}、V_{REF-}），这些都有相应的引脚与电源或外设相连。

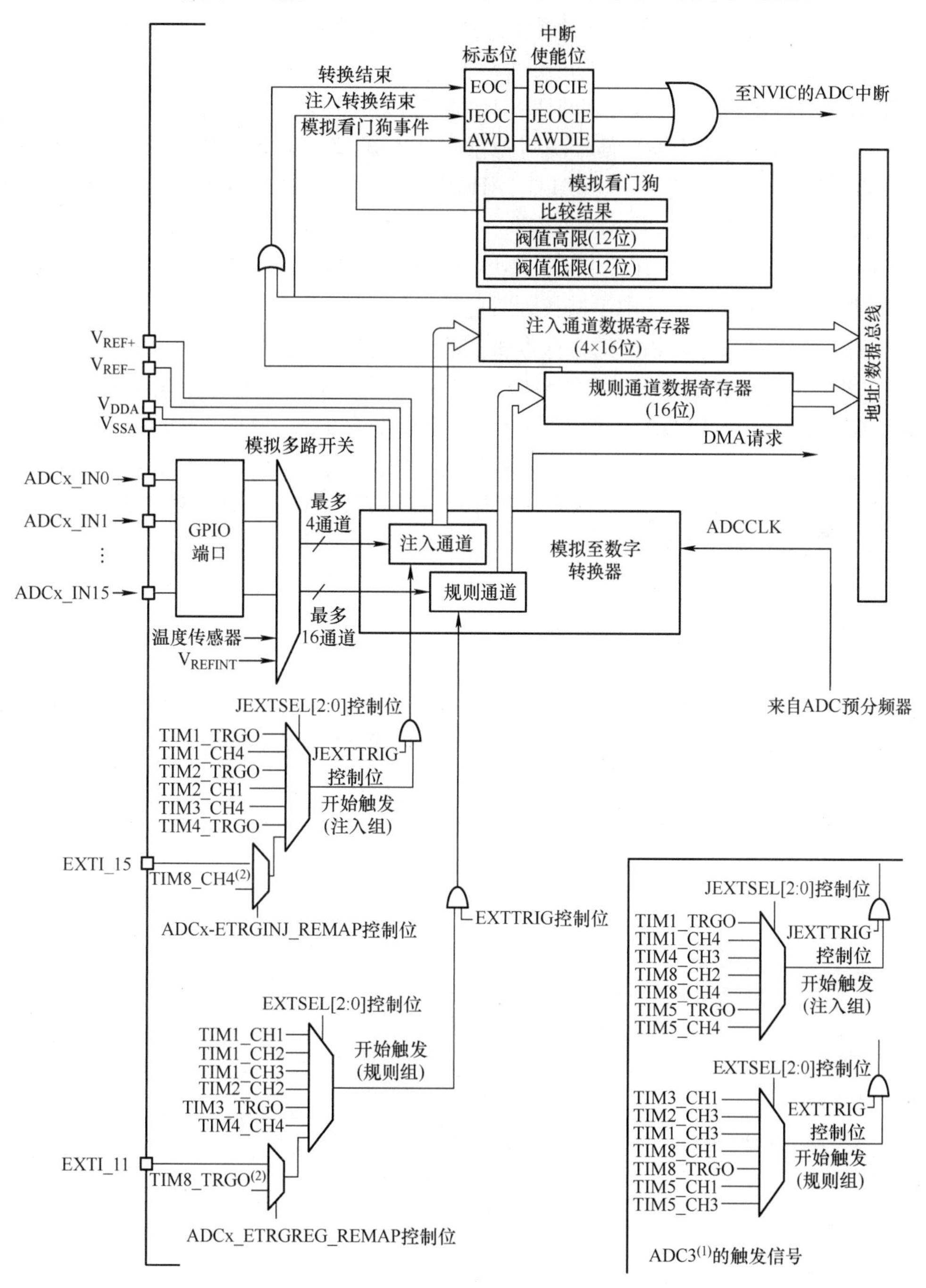

图 7-3 ADC 模块结构图

V_{DDA}是模拟电源，等效于模拟电源 V_{DD}，取值范围为 $2.4V \leqslant V_{DDA} \leqslant V_{DD}$。

V_{SSA}为模拟电源地，等效于 V_{SS}的模拟电源地。

V_{REF+}为模拟参考正极，取值范围为 $2.4V \leqslant V_{REF+} \leqslant V_{DDA}$。

V_{REF-}为模拟参考负极，取值 $V_{REF-}=V_{SSA}$。

其内部包括中断使能位、模拟看门狗、GPIO 端口、温度传感器、V_{REFINT}、A/D 转换器、注入通道数据寄存器、规则通道数据寄存器、触发控制、ADC 的 CLK 和地址/数据总线。

STM32F103RCT6 有 3 个 ADC，即 ADC1、ADC2 和 ADC3，其信号源和引脚对应关系如下：ADC1 和 ADC2 的 16 个外部信号源引脚对应为 ADC12_IN0 ~ ADC12_IN7（PA0 ~ PA7）、ADC12_IN8（PB0）、ADC12_IN9（PB1）、ADC12_IN10 ~ ADC12_IN15（PC0 ~ PC5）；ADC3 的 16 个外部信号源引脚对应为 ADC3_IN0 ~ ADC3_IN3（PA0 ~ PA3）、ADC3_IN4 ~ ADC3_IN8（PF6 ~ PF10）、ADC3_IN10 ~ ADC3_IN13（PC0 ~ PC3）。其他信号源在配套的意法半导体官方资料“芯片数据手册”中没有找到对应的。

ADC 的功能是通过操作相应的寄存器来实现的，包括状态寄存器（ADC_SR）、控制寄存器 1（ADC_CR1）、控制寄存器 2（ADC_CR2）、采样时间寄存器 1（ADC_SMPR1）、采样时间寄存器 2（ADC_SMPR2）、注入通道数据偏移寄存器 x（ADC_JOFRx，x = 1，2，3，4）、看门狗高阈值寄存器（ADC_HTR）、看门狗低阈值寄存器（ADC_LTR）、规则序列寄存器 x（ADC_SQRx，x = 1，2，3）、注入序列寄存器（ADC_JSQR）、注入数据寄存器 x（ADC_JDRx，x = 1，2，3，4）和规则数据寄存器（ADC_DR）。

7.5 ADC 相关的常用库函数

本节介绍与 TIM 有关的常用库函数的用法及其参数定义，以帮助理解 STM32 标准库中几乎覆盖所有 ADC 操作的函数的具体使用方法。TIM 的常用库函数见表 7-1。

表 7-1 TIM 的常用库函数

函数	功能
ADC_DeInit	将外设 ADCx 的全部寄存器重设为默认值
ADC_Init	根据 ADC_InitStruct 中指定的参数初始化外设 ADCx 的寄存器
ADC_StructInit	把 ADC_InitStruct 中的每一个参数按默认值填入
ADC_Cmd	使能或者失能指定的 ADC
ADC_ITConfig	使能或者失能指定的 ADC 的中断
ADC_ResetCalibration	重置指定的 ADC 的校准寄存器
ADC_GetResetCalibrationStatus	获取 ADC 重置校准寄存器的状态
ADC_StartCalibration	开始指定 ADC 的校准程序
ADC_GetCalibrationStatus	获取指定 ADC 的校准状态
ADC_SoftwareStartConvCmd	使能或者失能指定的 ADC 的软件转换启动功能
ADC_GetConversionValue	返回最近一次 ADCx 规则组的转换结果
ADC_GetFlagStatus	检查指定 ADC 标志位置是否为 1
ADC_ClearFlag	清除 ADCx 的待处理标志位
ADC_GetITStatus	检查指定的 ADC 中断是否发生
ADC_ClearITPendingBit	清除 ADCx 的中断待处理位

下文对表 7-1 中的 ADC 库函数进行说明和补充。

1. 函数 ADC_DeInit

表 7-2 描述了函数 ADC_DeInit 的用法及其参数定义。

表 7-2　函数 ADC_DeInit 的说明

函数原型	void ADC_DeInit(ADC_TypeDef * ADCx)
功能描述	将外设 ADCx 的全部寄存器重设为默认值
输入参数	ADCx：x 可以是 1 或 2 来选择 ADC 外设 ADC1 或 ADC2
输出参数	无
返回值	无
被调用函数	RCC_APB2PeriphClockCmd()

ADC2 重设为默认值的例程如下：

```
1. ADC_DeInit(ADC2);
```

2. 函数 ADC_Init

表 7-3 描述了函数 ADC_Init 的用法及其参数定义。

表 7-3　函数 ADC_Init 的说明

函数原型	void ADC_Init(ADC_TypeDef * ADCx, ADC_InitTypeDef * ADC_InitStruct)
功能描述	根据 ADC_InitStruct 中指定的参数初始化外设 ADCx 的寄存器
输入参数 1	ADCx：x 可以是 1 或 2 来选择 ADC 外设 ADC1 或 ADC2
输入参数 2	ADC_InitStruct：指向结构 ADC_InitTypeDef 的指针，包含了指定外设 ADC 的配置信息
输出参数	无
返回值	无

其中，ADC_InitTypeDef 定义于文件“stm32f10x_adc.h”，具体如下：

```
1.  typedef struct
2.  {
3.      u32 ADC_Mode;
4.      FunctionalState ADC_ScanConvMode;
5.      FunctionalState ADC_ContinuousConvMode;
6.      u32 ADC_ExternalTrigConv;
7.      u32 ADC_DataAlign;
8.      u8 ADC_NbrOfChannel;
9.  } ADC_InitTypeDef
```

可以看出，该结构体共有 6 个成员变量。

1）ADC_Mode：设置 ADC 工作在独立或者双 ADC 模式。参阅表 7-4 获得这个参数的所有可取值。

表 7-4　ADC_Mode 可取值

ADC_Mode	描　述
ADC_Mode_Independent	ADC1 和 ADC2 工作在独立模式
ADC_Mode_RegInjecSimult	ADC1 和 ADC2 工作在同步规则和同步注入模式
ADC_Mode_RegSimult_AlterTrig	ADC1 和 ADC2 工作在同步规则模式和交替触发模式
ADC_Mode_InjecSimult_FastInterl	ADC1 和 ADC2 工作在同步规则模式和快速交替模式
ADC_Mode_InjecSimult_SlowInterl	ADC1 和 ADC2 工作在同步注入模式和慢速交替模式
ADC_Mode_InjecSimult	ADC1 和 ADC2 工作在同步注入模式
ADC_Mode_RegSimult	ADC1 和 ADC2 工作在同步规则模式
ADC_Mode_FastInterl	ADC1 和 ADC2 工作在快速交替模式
ADC_Mode_SlowInterl	ADC1 和 ADC2 工作在慢速交替模式
ADC_Mode_AlterTrig	ADC1 和 ADC2 工作在交替触发模式

2）ADC_ScanConvMode：规定 A/D 转换工作在扫描（多通道）模式还是单次（单通道）模式。可以设置这个参数为 ENABLE 或 DISABLE。

3）ADC_ContinuousConvMode：规定 A/D 转换工作在连续还是单次模式。可以设置这个参数为 ENABLE 或 DISABLE。

4）ADC_ExternalTrigConv：定义使用外部触发来启动规则通道的模/数转换，这个参数的可取值见表 7-5。

表 7-5　ADC_ExternalTrigConv 的可取值

ADC_ExternalTrigConv	描　述
ADC_ExternalTrigConv_T1_CC1	选择定时器 1 的捕获比较 1 作为转换外部触发
ADC_ExternalTrigConv_T1_CC2	选择定时器 1 的捕获比较 2 作为转换外部触发
ADC_ExternalTrigConv_T1_CC3	选择定时器 1 的捕获比较 3 作为转换外部触发
ADC_ExternalTrigConv_T2_CC2	选择定时器 2 的捕获比较 2 作为转换外部触发
ADC_ExternalTrigConv_T3_TRGO	选择定时器 3 的 TRGO 作为转换外部触发
ADC_ExternalTrigConv_T4_CC4	选择定时器 4 的捕获比较 4 作为转换外部触发
ADC_ExternalTrigConv_Ext_IT11	选择外部中断线 11 事件作为转换外部触发
ADC_ExternalTrigConv_None	转换由软件而不是外部触发启动

5）ADC_DataAlign：规定了 ADC 数据向左边对齐还是向右边对齐。这个参数的可取值见表 7-6。

表 7-6　ADC_DataAlign 的可取值

ADC_DataAlign	描　述
ADC_DataAlign_Right	ADC 数据右对齐
ADC_DataAlign_Left	ADC 数据左对齐

6）ADC_NbrOfChannel：规定了顺序进行规则转换的 ADC 通道的数目。这个数目的取值范围是 1 ~ 16。

初始化 ADC1 的例程如下：

```
1. ADC_InitTypeDef ADC_InitStructure;
2. ADC_InitStructure. ADC_Mode = ADC_Mode_Independent;
3. ADC_InitStructure. ADC_ScanConvMode = ENABLE;
4. ADC_InitStructure. ADC_ContinuousConvMode = DISABLE;
5. ADC_InitStructure. ADC_ExternalTrigConv = ADC_ExternalTrigConv_Ext_IT11;
6. ADC_InitStructure. ADC_DataAlign = ADC_DataAlign_Right;
7. ADC_InitStructure. ADC_NbrOfChannel = 16;
8. ADC_Init(ADC1, &ADC_InitStructure);
```

3. 函数 ADC_StructInit

表 7-7 描述了函数 ADC_StructInit 的用法及其参数定义。

表 7-7　函数 ADC_StructInit 的说明

函数原型	void ADC_StructInit（ADC_InitTypeDef * ADC_InitStruct）
功能描述	把 ADC_InitStruct 中的每一个参数按默认值填入
输入参数	ADC_InitStruct：指向结构 ADC_InitTypeDef 的指针，待初始化
输出参数	无
返回值	无

把指针 ADC_InitStructure 设置为默认状态的例程如下：

```
1. ADC_InitTypeDef ADC_InitStructure;
2. ADC_StructInit(&ADC_InitStructure);
```

4. 函数 ADC_Cmd

表 7-8 描述了函数 ADC_Cmd 的用法及其参数定义。

表 7-8　函数 ADC_Cmd 的说明

函数原型	void ADC_Cmd（ADC_TypeDef * ADCx，FunctionalState NewState
功能描述	使能或者失能指定的 ADC
输入参数 1	ADCx：x 可以是 1 或 2 来选择 ADC 外设 ADC1 或 ADC2
输入参数 2	NewState：外设 ADCx 的新状态这个参数可以取：ENABLE 或 DISABLE
输出参数	无
返回值	无

ADC 使能的例程如下：

```
1. ADC_Cmd(ADC1, ENABLE);
```

需要注意的是，函数 ADC_Cmd 只能在其他 ADC 设置函数之后被调用。

5. 函数 ADC_ITConfig

表 7-9 描述了函数 ADC_ITConfig 的用法及其参数定义。

表 7-9　函数 ADC_ITConfig 的说明

函数原型	void ADC_ITConfig（ADC_TypeDef * ADCx, u16 ADC_IT, FunctionalState NewState）
功能描述	使能或者失能指定的 ADC 的中断
输入参数 1	ADCx：x 可以是 1 或 2 来选择 ADC 外设 ADC1 或 ADC2
输入参数 2	ADC_IT：将要被使能或者失能的指定 ADC 中断源
输入参数 3	NewState：外设 ADCx 的新状态这个参数可以取：ENABLE 或 DISABLE
输出参数	无
返回值	无

ADC_IT 可以用来使能或者失能 ADC 中断，可以使用表 7-10 中的一个参数，或者它们的组合。

表 7-10　ADC_IT 的可取值

ADC_IT	描　述
ADC_IT_EOC	EOC 中断屏蔽
ADC_IT_AWD	AWDOG 中断屏蔽
ADC_IT_JEOC	JEOC 中断屏蔽

ADC2 中断使能的例程如下：

```
1.   ADC_ITConfig(ADC2, ADC_IT_EOC | ADC_IT_AWD, ENABLE);
```

6. 函数 ADC_ResetCalibration

表 7-11 描述了函数 ADC_ResetCalibration 的用法及其参数定义。

表 7-11　函数 ADC_ResetCalibration 的说明

函数原型	void ADC_ResetCalibration（ADC_TypeDef * ADCx）
功能描述	重置指定的 ADC 的校准寄存器
输入参数	ADCx：x 可以是 1 或 2 来选择 ADC 外设 ADC1 或 ADC2
输出参数	无
返回值	无

重置 ADC1 的校准寄存器的例程如下：

```
1. ADC_ResetCalibration(ADC1);
```

7. 函数 ADC_GetResetCalibrationStatus

表 7-12 描述了函数 ADC_GetResetCalibrationStatus 的用法及其参数定义。

表 7-12　函数 ADC_GetResetCalibrationStatus 的说明

函数原型	FlagStatus ADC_GetResetCalibrationStatus（ADC_TypeDef * ADCx）
功能描述	获取 ADC 重置校准寄存器的状态
输入参数	ADCx：x 可以是 1 或 2 来选择 ADC 外设 ADC1 或 ADC2
输出参数	无
返回值	ADC 重置校准寄存器的新状态（SET 或 RESET）

获取 ADC2 重置校准寄存器状态的例程如下：

```
1.  FlagStatus Status;
2.  Status = ADC_GetResetCalibrationStatus(ADC2);
```

8. 函数 ADC_StartCalibration

表 7-13 描述了函数 ADC_StartCalibration 的用法及其参数定义。

表 7-13 函数 ADC_StartCalibration 的说明

函数原型	void ADC_StartCalibration（ADC_TypeDef * ADCx）
功能描述	开始指定 ADC 的校准状态
输入参数	ADCx：x 可以是 1 或 2 来选择 ADC 外设 ADC1 或 ADC2
输出参数	无
返回值	无

开始指定 ADC2 的校准状态例程，具体如下：

```
1.  ADC_StartCalibration(ADC2);
```

9. 函数 ADC_GetCalibrationStatus

表 7-14 描述了函数 ADC_GetCalibrationStatus 的用法及其参数定义。

表 7-14 函数 ADC_GetCalibrationStatus 的说明

函数原型	FlagStatus ADC_GetCalibrationStatus（ADC_TypeDef * ADCx）
功能描述	获取指定 ADC 的校准程序
输入参数	ADCx：x 可以是 1 或 2 来选择 ADC 外设 ADC1 或 ADC2
输出参数	无
返回值	ADC 校准的新状态（SET 或 RESET）

获得 ADC2 的校准状态的例程，具体如下：

```
1.  FlagStatus Status;
2.  Status = ADC_GetCalibrationStatus(ADC2);
```

10. 函数 ADC_SoftwareStartConvCmd

表 7-15 描述了函数 ADC_SoftwareStartConvCmd 的用法及其参数定义。

表 7-15 函数 ADC_SoftwareStartConvCmd 的说明

函数原型	void ADC_SoftwareStartConvCmd（ADC_TypeDef * ADCx，FunctionalState NewState）
功能描述	使能或者失能指定的 ADC 的软件转换启动功能
输入参数 1	ADCx：x 可以是 1 或 2 来选择 ADC 外设 ADC1 或 ADC2
输入参数 2	NewState：指定 ADC 的软件转换启动新状态 这个参数可以取：ENABLE 或 DISABLE
输出参数	无
返回值	无

使能或者失能指定的 ADC1 的软件转换启动功能的例程，具体如下：

```
1.  ADC_SoftwareStartConvCmd(ADC1, ENABLE);
```

11. 函数 ADC_GetConversionValue

表7-16 描述了函数 ADC_GetConversionValue 的用法及其参数定义。

表 7-16　函数 ADC_GetConversionValue 的说明

函数原型	u16 ADC_GetConversionValue (ADC_TypeDef * ADCx)
功能描述	返回最近一次 ADCx 规则组的转换结果
输入参数	ADCx：x 可以是 1 或 2 来选择 ADC 外设 ADC1 或 ADC2
输出参数	无
返回值	转换结果

返回 ADC1 的转换结果的例程，具体如下：

```
1. u16 DataValue;
2. DataValue = ADC_GetConversionValue (ADC1);
```

12. 函数 ADC_GetFlagStatus

表7-17 描述了函数 ADC_GetFlagStatus 的用法及其参数定义。

表 7-17　函数 ADC_GetFlagStatus 的说明

函数原型	FlagStatus ADC_GetFlagStatus (ADC_TypeDef * ADCx, u8 ADC_FLAG)
功能描述	检查指定 ADC 标志位置是否为 1
输入参数 1	ADCx：x 可以是 1 或 2 来选择 ADC 外设 ADC1 或 ADC2
输入参数 2	ADC_FLAG：指定需检查的标志位 参阅表 7-18 查阅更多该参数允许取值范围
输出参数	无
返回值	无

表7-18 给出了 ADC_FLAG 的值。

表 7-18　ADC_FLAG 的可取值

ADC_FLAG	描　述
ADC_FLAG_AWD	模拟看门狗标志位
ADC_FLAG_EOC	转换结束标志位
ADC_FLAG_JEOC	注入组转换结束标志位
ADC_FLAG_JSTRT	注入组转换开始标志位
ADC_FLAG_STRT	规则组转换开始标志位

检测 ADC1 EOC 是否为 1 的例程，具体如下：

```
1. FlagStatus Status;
2. Status = ADC_GetFlagStatus(ADC1, ADC_FLAG_EOC);
```

13. 函数 ADC_ClearFlag

表7-19 描述了函数 ADC_ClearFlag 的用法及其参数定义。

表 7-19　函数 ADC_ClearFlag 的说明

函数原型	void ADC_ClearFlag（ADC_TypeDef * ADCx，u8 ADC_FLAG）
功能描述	清除 ADCx 的待处理标志位
输入参数 1	ADCx：x 可以是 1 或 2 来选择 ADC 外设 ADC1 或 ADC2
输入参数 2	ADC_FLAG：指定需检查的标志位 参阅表 7-18 查阅更多该参数允许取值范围
输出参数	无
返回值	无

清除 ADC2 STRT 标志位的例程，具体如下：

```
1. ADC_ClearFlag(ADC2, ADC_FLAG_STRT);
```

14. 函数 ADC_GetITStatus

表 7-20 描述了函数 ADC_GetITStatus 的用法及其参数定义。

表 7-20　函数 ADC_GetITStatus 的说明

函数原型	ITStatus ADC_GetITStatus（ADC_TypeDef * ADCx，u16 ADC_IT）
功能描述	检查指定的 ADC 中断是否发生
输入参数 1	ADCx：x 可以是 1 或 2 来选择 ADC 外设 ADC1 或 ADC2
输入参数 2	ADC_IT：将要被检查指定 ADC 中断源 参阅表 7-10 获得该参数可取值的更多细节
输出参数	无
返回值	无

检测 ADC1 AWD 中断发生与否的例程，具体如下：

```
1. ITStatus Status;
2. Status = ADC_GetITStatus(ADC1, ADC_IT_AWD);
```

15. 函数 ADC_ClearITPendingBit

表 7-21 描述了函数 ADC_ClearITPendingBit 的用法及其参数定义。

表 7-21　函数 ADC_ClearITPendingBit 的说明

函数原型	void ADC_ClearITPendingBit（ADC_TypeDef * ADCx，u16 ADC_IT）
功能描述	清除 ADCx 的中断待处理位
输入参数 1	ADCx：x 可以是 1 或 2 来选择 ADC 外设 ADC1 或 ADC2
输入参数 2	ADC_IT：将要被检查指定 ADC 中断源 参阅表 7-10 获得该参数可取值的更多细节
输出参数	无
返回值	无

清除 ADC2 JEOC 中断的例程，具体如下：

```
1. ADC_ClearITPendingBit(ADC2, ADC_IT_JEOC);
```

7.6 应用案例：ADC实现单通道电压采集

本案例使用ADC1输入通道4测量外部电压，并使用串口1输出当前电压值。调节外部电位器可观察串口输出电压值的变化。

7.6.1 实现步骤

通过单片机ADC实现单通道电压采集的实现步骤如下：

1）将单片机开发板的电源、J-Link以及USB转串口模块连接好。USB转串口模块仍然连接开发板的RS232接口1。

2）打开的串口调试助手，设置正确的串口号，并将波特率、停止位、数据位等内容设置好。

3）打开配套资料“3. 实验例程包\5. ADC\ADC测电压\user”里面的工程文件“project. uvprojx”，将程序编译，编译通过后烧录至单片机。

4）可以观察到调试助手中实时输出电压值，如图7-4所示。开发板上有两个旋转电位器VR1和VR2，旋转如图7-5所示在开发板边缘的电位器VR1，可以看到输出电压值动态变化。

图7-4 串口输出

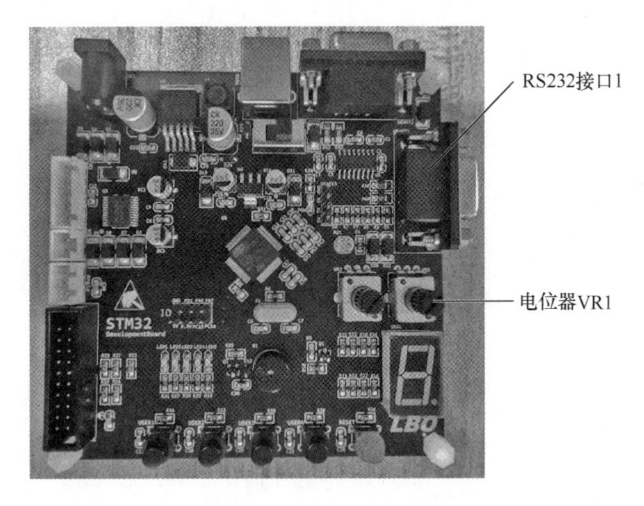

图 7-5 开发板上的电位器

7.6.2 工作原理

本案例采样了旋转电位器 VR1 的电压，并将测量结果通过串口 1 发送至计算机串口助手显示。

7.6.2.1 硬件原理

查阅配套资料的“开发板原理图”，可找到如图 7-6 所示的旋转电位器 VR1 的电路。该图中，3.3V 电压经过 VR1 的分压之后连接到了引脚 PA4 上。

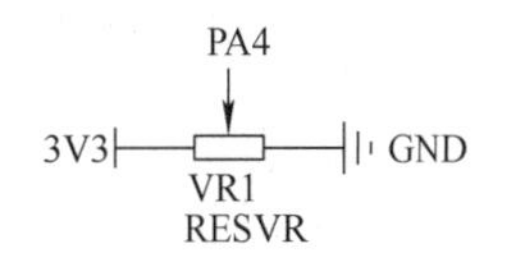

图 7-6 旋转电位器电路

在配套的意法半导体官方资料“芯片数据手册”中，可以找到如图 7-7 所示的引脚 PA4 功能说明。该图中的“ADC12_IN4”表示的是引脚 PA4 可以作为 ADC1 和 ADC2 的输入通道 4。类似地，PA1 可作为 ADC1、ADC2 和 ADC3 的通道 0。

G4	E4	F5	18	27	38	V_{SS_4}	S	-	V_{SS_4}	-	-
F4	F4	G6	19	28	39	V_{DD_4}	S	-	V_{DD_4}	-	-
J3	G3	H7	20	29	40	PA4	I/O	-	PA4	SPI1_NSS(9)/ USART2_CK(9) DAC_OUT1/ADC12_IN4	-

图 7-7 引脚 PA4 功能

在开发板使用的 STM32F103RCT6 芯片中，参考电压由引脚 13 VDDA 和引脚 12 VSSA 提供，如 7.1 节所述。例如，图 7-8 中，引脚 13VDDA 的参考电压为 3.3V。VDDA 和 VSSA 代表模拟电源电压，用于为单片机模拟部分电路提供电源。在某些引脚较多的 STM32 系列单片机中，还会有引脚 VERF + 和 VERF -，用于提供参考电压。

ADC 模块提供了一个通道组的概念，对于同时使用多个通道采样。本案例只使用了一个 ADC1 的输入通道 4。ADC 会将通道组里所有的通道都一次转换，用户可以在所有通道转换完之后读取转换结果。STM32 的 ADC 通道组分为规则组和注入组。编程时，用户需要使用通道组指定多个通道采样的先后顺序。注入通道的转换可以打断规则通道的转换，在注入

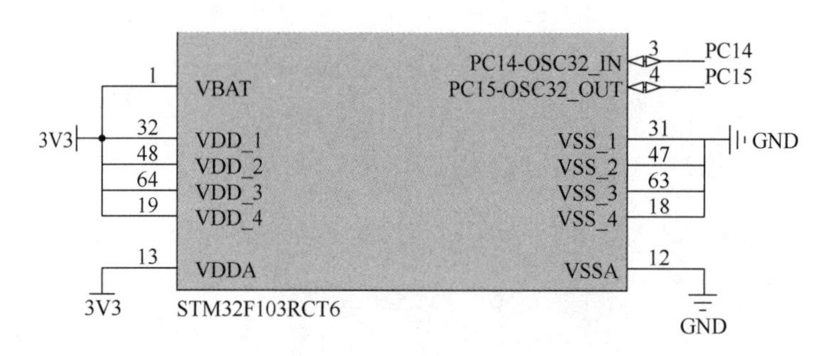

图 7-8　单片机电源引脚

通道转换完成之后，规则组才得以继续转换。由于 ADC 多通道转换比较复杂，建议初学者先通过本案例掌握好单通道的采样方法。

7.6.2.2　软件设计

本案例程序的执行步骤如下：首先进行 ADC 和串口的配置，然后进行 A/D 转换，获取转换结果后，通过串口 1 将转换结果输出到计算机。在输出时，需要注意串口以字节为单位进行传输，而转换结果可能包含多个字节，为了方便输出，程序将 printf 函数的输出重定向到串口 1，并通过调用串口发送函数，将转换结果以字节为单位通过 printf 函数输出。完整的程序内容如下：


```
1. #include "stm32f10x.h"
2. #include "stdio.h"
3.
4. float voltage;//定义全局变量储存电压值
5.
6. //printf 重定向
7. int fputc(int ch, FILE *f)
8. {
9.   USART_SendData(USART1,ch);
10.   while(USART_GetFlagStatus(USART1,USART_FLAG_TXE) == RESET); //等待
字符发送完成
11.   return ch;
12. }
13.
14. void delay(int i)
15. {
16.   while(i--);
17. }
18.
19. int main(void)
20. {
21.      GPIO_InitTypeDef   GPIO_Initstructure;
```

```
22.     ADC_InitTypeDef    ADC_Initstructure;
23.     USART_InitTypeDef    USART_Initstructure;
24.
25.     RCC_APB2PeriphClockCmd(RCC_APB2Periph_GPIOA,ENABLE);
26.     RCC_APB2PeriphClockCmd(RCC_APB2Periph_ADC1,ENABLE);
27.
28.     //ADC1 通道 4 的输入引脚为 PA4
29.     GPIO_Initstructure. GPIO_Pin = GPIO_Pin_4;//ADC
30.     GPIO_Initstructure. GPIO_Mode = GPIO_Mode_AIN; //模拟输入
31.     GPIO_Initstructure. GPIO_Speed = GPIO_Speed_50MHz;
32.     GPIO_Init(GPIOA,&GPIO_Initstructure);
33.
34.     ADC_Initstructure. ADC_Mode  =  ADC_Mode_Independent;
35.     ADC_Initstructure. ADC_ScanConvMode  =  DISABLE;//非扫描模式
36.     ADC_Initstructure. ADC_ContinuousConvMode  =  DISABLE;//关闭连续转换
37.     ADC_Initstructure. ADC_ExternalTrigConv  =  ADC_ExternalTrigConv_None;//禁止
触发检测，使用软件触发
38.     ADC_Initstructure. ADC_DataAlign  =  ADC_DataAlign_Right;//右对齐
39.     ADC_Initstructure. ADC_NbrOfChannel  =  1;//1 个转换在规则序列中也就是只转
换规则序列 1
40.     ADC_Init(ADC1, &ADC_Initstructure);//ADC 初始化
41.
42.     ADC_RegularChannelConfig(ADC1, ADC_Channel_4, 1, ADC_SampleTime_
239Cycles5);//设置 ADC1 通道 1 的采样时间
43.
44.     ADC_Cmd(ADC1, ENABLE);//使能 ADC1
45.
46.     ADC_ResetCalibration(ADC1);//重置 ADC1 的校准寄存器
47.     while(ADC_GetResetCalibrationStatus(ADC1));//等待 ADC1 重置校准
48.
49.     ADC_StartCalibration(ADC1);//开始 ADC1 校准
50.     while(ADC_GetCalibrationStatus(ADC1));//等待 ADC1 校准
51.
52. /************************ 串口 1 配置 ********************************/
53.     RCC_APB2PeriphClockCmd(RCC_APB2Periph_USART1,ENABLE);
54.
55.     //配置 GPIO
56.     GPIO_Initstructure. GPIO_Mode  =  GPIO_Mode_AF_PP;
57.     GPIO_Initstructure. GPIO_Speed  =  GPIO_Speed_50MHz;
```

```
58.      GPIO_Initstructure. GPIO_Pin  =  GPIO_Pin_9;
59.      GPIO_Init(GPIOA,&GPIO_Initstructure);
60.
61.      GPIO_Initstructure. GPIO_Mode  =  GPIO_Mode_IN_FLOATING;
62.      GPIO_Initstructure. GPIO_Pin  =  GPIO_Pin_10;
63.      GPIO_Init(GPIOA,&GPIO_Initstructure);
64.
65.      //配置串口 1
66.      USART_Initstructure. USART_BaudRate  =  115200;
67.      USART_Initstructure. USART_HardwareFlowControl  =  USART_HardwareFlowCon-
trol_None;//无硬件控制流
68.      USART_Initstructure. USART_Mode  =  USART_Mode_Rx | USART_Mode_Tx;//使
能输入输出
69.      USART_Initstructure. USART_Parity  =  USART_Parity_No;//无奇偶校验位
70.      USART_Initstructure. USART_StopBits  =  USART_StopBits_1;//一位停止位
71.      USART_Initstructure. USART_WordLength  =  USART_WordLength_8b;//8 位字长
72.      USART_Init(USART1,&USART_Initstructure);
73.
74.      USART_Cmd(USART1,ENABLE);
75.
76.      //主循环
77.      while (1)
78.      {
79.        ADC_SoftwareStartConvCmd(ADC1, ENABLE);// 软件启动 ADC1 的转换
80.        while(! ADC_GetFlagStatus(ADC1, ADC_FLAG_EOC ));//等待转换结束
81.
82.        voltage  =  3.3  *  ADC_GetConversionValue(ADC1)/4096. ;//计算电压值
83.        printf("当前电压值为%f V\n",voltage);
84.        delay(6000000);
85.      }
86. }
```


1. printf 重定向

C 语言学习中，经常使用 printf 函数输出程序结果，即使用该函数将输出信息输出到显示器。实际上，printf 函数还可重定向到串口来实现通过串口输出结果的功能。在程序中，添加第 6 ~ 12 行（如下所示）fputc 函数即可，这样 printf 函数会通过调用 fputc 函数，来将输出内容通过串口 1 一个一个字节输出。如果要重定向至别的串口，只需要修改第 9 ~ 10 行的串口号。

```
6. //printf 重定向
7. int fputc(int ch, FILE *f)
8. {
```

```
9.      USART_SendData(USART1,ch);
10.      while(USART_GetFlagStatus(USART1,USART_FLAG_TXE) = = RESET); //等待字符发送完成
11.      return ch;
12. }
```

2. 配置部分

1）第21～23行（如下所示）定义了3个结构体，前两个结构体在前面章节已经学习过。第22行（如下所示）定义的ADC_InitTypeDef类型结构体是配置ADC使用的，后文中将详细讲解。

```
22. ADC_InitTypeDef  ADC_Initstructure;
```

2）第25～26行使能了GPIOA和ADC1的时钟，ADC1通道4使用的PA4，以及串口使用的PA9、PA10都属于GPIOA。

3）第28～32行（如下所示）配置了引脚PA4，作为ADC输入通道，第30行将模式设置为模拟输入模式GPIO_Mode_AIN。

```
28.    //ADC1 通道 4 的输入引脚为 PA4
29.    GPIO_Initstructure. GPIO_Pin = GPIO_Pin_4;//ADC
30.      GPIO_Initstructure. GPIO_Mode = GPIO_Mode_AIN; //模拟输入
31.      GPIO_Initstructure. GPIO_Speed = GPIO_Speed_50MHz;
32.      GPIO_Init(GPIOA,&GPIO_Initstructure);
```

4）第34～40行（如下所示）先填充了结构体ADC_Initstructure的成员变量，并在第40行将其关联至寄存器使之生效。

```
34.    ADC_Initstructure. ADC_Mode  =  ADC_Mode_Independent;
35.    ADC_Initstructure. ADC_ScanConvMode  =  DISABLE;//非扫描模式
36.    ADC_Initstructure. ADC_ContinuousConvMode  =  DISABLE;//关闭连续转换
37.    ADC_Initstructure. ADC_ExternalTrigConv  =  ADC_ExternalTrigConv_None;//禁止触发检测,使用软件触发
38.    ADC_Initstructure. ADC_DataAlign  =  ADC_DataAlign_Right;//右对齐
39.    ADC_Initstructure. ADC_NbrOfChannel  =  1;//1 个转换在规则序列中也就是只转换规则序列 1
40.    ADC_Init(ADC1, &ADC_Initstructure);//ADC 初始化
```

关于ADC_InitTypeDef数据类型的说明参见表7-3后的补充内容，该函数一共有6个成员变量。

成员变量1：ADC_Mode，配置ADC模式工作在独立模式还是双ADC模式，即两个ADC协同工作，还是单个ADC工作，第34行选择了独立模式ADC_Mode_Independent。

成员变量2：ADC_ScanConvMode，配置ADC的扫描转换模式，这个功能只在用到ADC多个通道时开启，来使各个通道按配置的顺序依次转换，也就是说，当ADC有超过一个ADC通道需要转换时，就必须开启扫描转换模式。因为只用到了ADC的一个通道，所以第

35 行设置为不使能扫描转换（DISABLE）。

成员变量 3：ADC_ContinuousConvMode，配置 ADC 连续转换模式，可选成员变量值 ENABLE 表示开启连续转换模式和 DISABLE 表示单次转换模式。单次转换模式在每一次转换结束后就结束了，继续转换需要重新开始转换；连续转换模式在一次转换后自动开始下一次转换。第 36 行选择了单次转换模式，即关闭连续转换。

成员变量 4：ADC_ExternalTrigConv，配置 ADC 外部触发转换，即使用别的信号来开启 ADC 转换。第 37 行选择 ADC_ExternalTrigConv_None，意思是不使用外部触发，这样就需要使用软件来作为 ADC 开始转换的信号。

成员变量 5：ADC_DataAlign，配置 ADC 数据对齐方式，由于 ADC 的转换结果为 12 位，而寄存器为 16 位，转换结果要靠左对齐（ADC_DataAlign_Left）或者右对齐（ADC_DataAlign_Right），第 38 行选择数据右对齐。

成员变量 6：ADC_NbrOfChannel，配置 ADC 通道数量。本案例只用到了一个 ADC 通道，故第 39 行将通道数配置为 1。

5）第 42 行（如下所示）配置了规则通道组，确定了 ADC1 通道 4 的采样时间。ADC_RegularChannelConfig 函数有 4 个参数，分别指定了 ADC1 模块，通道 4。该通道的采样顺序为 1（只使用一个通道，故其采样顺序为 1）和采样时间为 239.5 个时钟周期。


```
42.    ADC_RegularChannelConfig(ADC1,ADC_Channel_4,1,ADC_SampleTime_239Cycles5);//设置 ADC1 通道 1 的采样时间
```

如果使用了多个通道，则需要多次使用 ADC_RegularChannelConfig 来指定通道采样顺序（注意还需在第 35 行处开启扫描转换模式）。例如，下两行程序设定了通道 3 采样顺序为 1，通道 1 采样顺序为 2。

```
ADC_RegularChannelConfig(ADC1,ADC_Channel_3,1,ADC_SampleTime_239Cycles5);
ADC_RegularChannelConfig(ADC1,ADC_Channel_1,2,ADC_SampleTime_239Cycles5);
```

另外，通道采样时间的可选参数见表 7-22，采样时间越长，采样越慢，但是精度越高。

表 7-22　ADC_SampleTime 的可取值

ADC_SampleTime	描　述
ADC_SampleTime_1Cycles5	采样时间为 1.5 周期
ADC_SampleTime_7Cycles5	采样时间为 7.5 周期
ADC_SampleTime_13Cycles5	采样时间为 13.5 周期
ADC_SampleTime_28Cycles5	采样时间为 28.5 周期
ADC_SampleTime_41Cycles5	采样时间为 41.5 周期
ADC_SampleTime_55Cycles5	采样时间为 55.5 周期
ADC_SampleTime_71Cycles5	采样时间为 71.5 周期
ADC_SampleTime_239Cycles5	采样时间为 239.5 周期

6）第 44 行（如下所示）使能了 ADC1。

```
44.    ADC_Cmd(ADC1,ENABLE);//使能 ADC1
```

7）第46~50行（如下所示）先重置了ADC校准寄存器，结束之后再开始ADC校准，并等待校准结束。ADC在每次配置完成后都需要重新校准，以提高ADC的转换精度。初学者可以先不用关心其校准原理。

```
46.    ADC_ResetCalibration(ADC1);//重置ADC1的校准寄存器
47.    while(ADC_GetResetCalibrationStatus(ADC1));//等待ADC1重置校准
48.
49.    ADC_StartCalibration(ADC1);//开始ADC1校准
50.    while(ADC_GetCalibrationStatus(ADC1));//等待ADC1校准
```

8）第53~74行配置了串口1，其波特率使用115200bit/s。本案例串口的具体配置过程和之前案例相同，这里不再赘述。

3. ADC转换、输出

配置好ADC和串口之后，可以开始ADC转换以测量实际电压的程序设计。由于第37行选择了不使用外部触发开启ADC转换，故需要通过软件手动触发才能开始ADC转换过程。另外，第36行设定了不连续采样，这意味着每一次转换都需要软件先触发采样。

ADC转换、输出的程序如下：

```
76. //主循环
77. while (1)
78. {
79.     ADC_SoftwareStartConvCmd(ADC1,ENABLE);//软件启动ADC1的转换
80.     while(! ADC_GetFlagStatus(ADC1,ADC_FLAG_EOC ));//等待转换结束
81.
82.     voltage = 3.3 * ADC_GetConversionValue(ADC1)/4095. ;//计算电压值
83.     printf("当前电压值为%f V\n",voltage);
84.      delay(6000000);
85. }
```

1）第79行（如上所示）ADC_SoftwareStartConvCmd函数的功能是使ADC1开启一次采值，即所谓的软件触发。第80行的作用是等待转换结束（因为ADC转换需要时间）。通过调用函数ADC_GetFlagStatus获取了ADC1的转换完成标志位（ADC_FLAG_EOC）。当ADC处于转换状态时，ADC_GetFlagStatus（ADC1，ADC_FLAG_EOC）返回值为0，当转换结束后返回值为1。因此，第80行的功能是等待ADC转换结束。

2）第82行（如上所示）中函数ADC_GetConversionValue（ADC1）功能获取ADC的转换结果，即一个0~4095的数。参考电压为3.3V，转换结果除以4095再乘以参考电压就得到了电位器实际输出电压值。测量电压值计算完后被赋给了变量voltage。

3）第83行（如上所示）将电压值通过printf函数向串口输出，最终显示到计算机串口调试助手。

4）第84行（如上所示）调用了第14~17行定义的延时函数，这是为了避免电压输出结果太快，影响结果的观察。

思考和习题

1. 简述 STM32 ADC 系统的功能特性。
2. ADC 的性能指标有哪些？分别有什么含义？
3. ADC 的参考电压和分辨率之间有什么关系？
4. 常见的 STM32 ADC 相关的标准库函数有哪些？
5. ADC 的分辨率、精度的含义分别是什么？有什么区别？
6. 参考图 7-9 中的旋转电位器 VR2 电路原理图，修改程序以实现旋转电位器 VR2 的电压值测量。

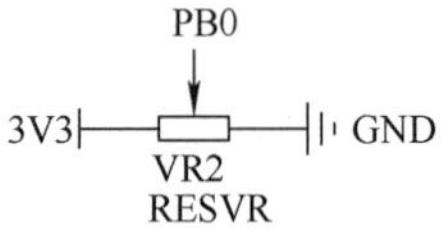

提示：查阅配套的意法半导体官方资料“芯片数据手册”可知，PB0 为 ADC1 和 ADC2 的通道 8，如图 7-10 所示。

图 7-9　旋转电位器 VR2 电路原理

Table 5. High-density STM32F103xC/D/E pin definitions (continued)

Pins						Pin name	Type(1)	I / O Level(2)	Main function(3) (after reset)	Alternate functions(4)	
LFBGA144	LFBGA100	WLCSP64	LQFP64	LQFP100	LQFP144					Default	Remap
L4	J4	H4	26	35	46	PB0	I/O	-	PB0	ADC12_IN8/TIM3_CH3 TIM8_CH2N	TIM1_CH2N

图 7-10　引脚 PB0 功能说明

第 8 章 STM32嵌入式应用设计

通过前面章节的学习，读者们已经掌握了 STM32 单片机最常见外设的使用方法。实际项目开发中，一般需要灵活使用一个或多个外设模块。为了综合和巩固前几章所学的知识，本章介绍 4 个利用开发板即可完成的实际项目：简易抢答器设计、密码锁设计、光敏式智能台灯设计和电动机转速控制器设计。本章主要介绍这些项目的背景知识和编程的参考思路，但不提供具体程序，需要读者们结合开发板电路编程实现项目任务。

8.1 简易抢答器设计

本项目要求掌握并使用 GPIO 的输入输出、定时器的计时原理以及数码管的工作原理。要求实现以下功能：在抢答开始前，给参赛选手 5s 准备时间，数码管上显示 5s 倒计时；在倒计时结束后，数码管仅显示中间的横杠，表示开始抢答；此时，参赛选手按下各自抢答按键，谁先抢答成功，则对应 LED 亮起。

8.1.1 设计要求

本项目的设计要求如下：

1）硬件分配：选手抢答按键使用按键 1 和 2，对应 LED1 和 LED2 作为选手成功抢答指示灯。

2）技术要求：要求使用定时器定时中断功能进行倒计时，按键使用外部中断功能，其余方面可自由发挥。

8.1.2 基础知识

数码管是日常生活中常见的用于显示数字的器件，本教程配套开发板中，配有一个数码管可以用于倒计时显示，如图 8-1 所示。

图 8-1　开发板上的数码管

数码管是由多个发光二极管封装在一起组成“8”字形的器件，即数码管实际上是由 7 个发光二极管组成

8 字形，加上小数点就是 8 个发光二极管。这些段分别由字母 A ~ G、DP（小数点）来表示。数码管根据内部接法又可分成共阳极数码管和共阴极数码管。如图 8-2 所示，共阳极数码管是指将所有发光二极管的阳极接到一起形成公共阳极（COM）的数码管，共阴极数码管是指将所有发光二极管的阴极接到一起形成公共阴极（COM）的数码管。以共阳极数码管为例，想让数码管显示数字 0，只需要将 A、B、C、D、E、F 引脚对应的输入 IO 置低，G、DP 引脚对应输入 IO 置高，数码管即可显示数字 0。

开发板数码管相关电路如图 8-3 所示，其中数码管 SEG1 是一个共阳极数码管。需要注意的是：数码管的控制引脚分别连到引脚 PA5、PC2 ~ PC8。此外，PA12 控制了数码管公共端电源。该图中，VT 是一个 PNP 型晶体管，可以简单理解为一个受 PA12 控制的开关：当 PA12 输出低电平时，VT 开关导通，3.3V 电源连到数码管公共端供电；当 PA12 输出高电平时，VT 开关断开，停止数码管公共端供电。

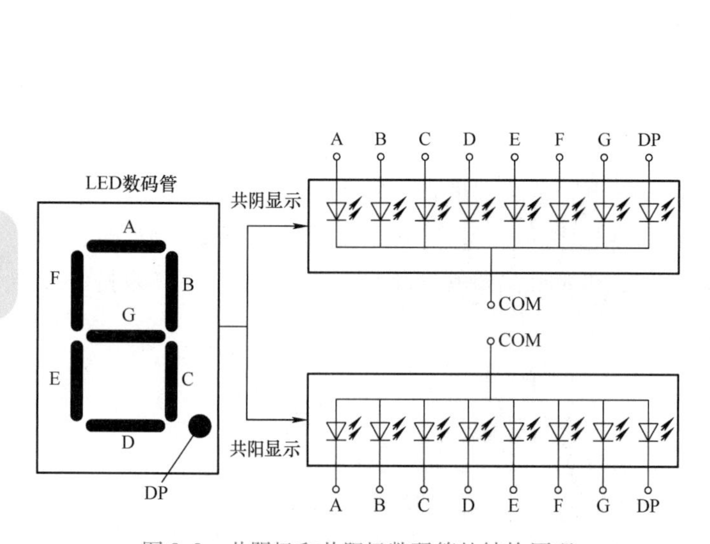

图 8-2　共阴极和共阳极数码管的结构原理

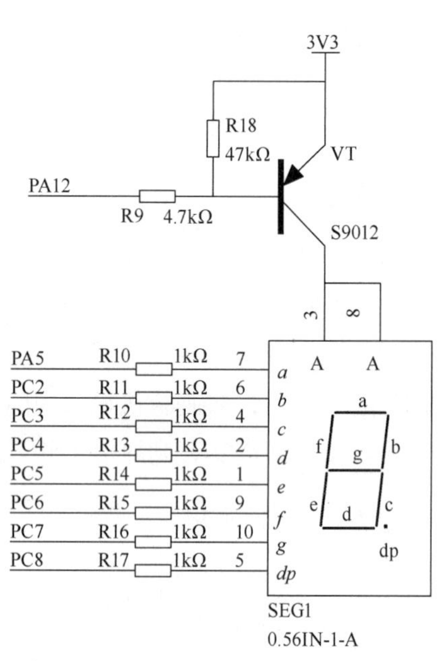

图 8-3　数码管控制电路

8.1.3　简易抢答器的实现

简易抢答器的实现，主要包括明确资源、确定引脚和选定定时器以及编写程序。具体如下：

1）根据任务要求，可以确定需要用到以下单片机开发板资源：

① 需要通过控制 7 个 GPIO 来控制数码管的显示。

② 需要一个定时器来进行精准计时，每秒改变数码管上的显示数字。

③ 需要使用两个按键，来模拟抢答器的按键。

④ 需要两个 LED 来分别来显示谁先抢答。

2）明确资源后，需要根据硬件原理图来确定使用的引脚，此外还需选定一个定时器

（TIM）进行定时。

3）在完成应用配置后，可以根据如图 8-4 所示流程图来编写程序。

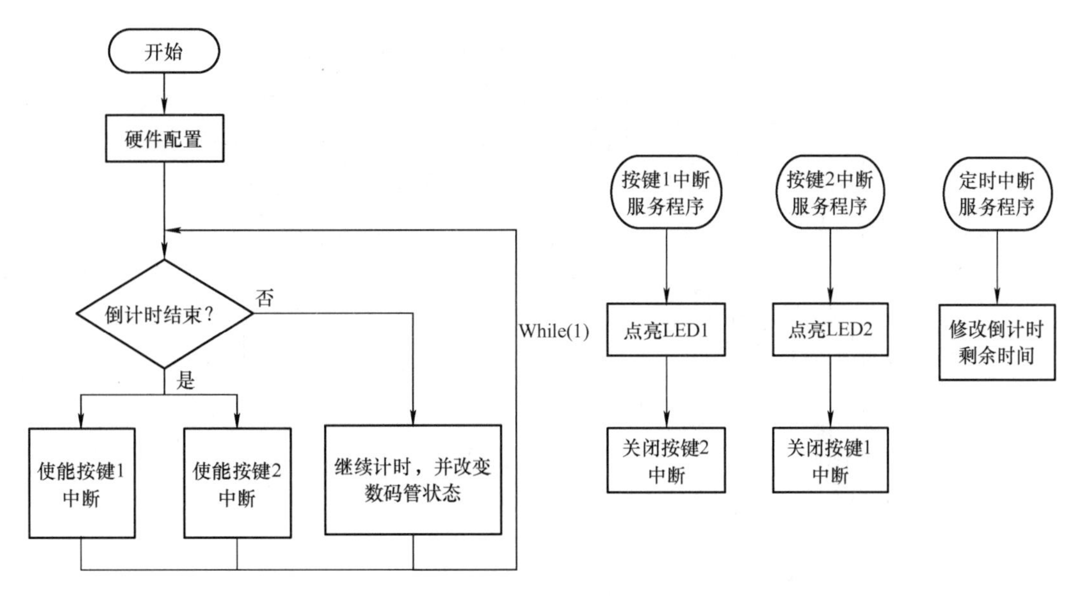

图 8-4　抢答器的程序流程图

8.2　密码锁设计

本项目要求学生掌握并使用串口多字节接收。任务要求制作一个密码锁，通过串口助手从计算机一位一位发送你的学号，并逐位判断，当输入正确时，串口发送给计算机“正确，请输入下一位”；当输入错误时，反馈“错误，请重新输入”。

8.2.1　设计要求

本项目的设计要求如下：

1）硬件分配：串口 1 或串口 2。

2）要求使用串口接收中断，其余没有特殊要求。

8.2.2　密码锁的实现

密码锁的实现，主要包括明确资源、配置串口和中断以及编写程序。具体如下：

1）根据任务要求，可以确定需要用到单片机开发板串口资源。

2）明确资源后，需要配置串口及其接收中断。

3）在完成应用配置后，可以根据如图 8-5 所示的 3 位密码锁流程图来编写程序（密码锁位数可自行增减）。

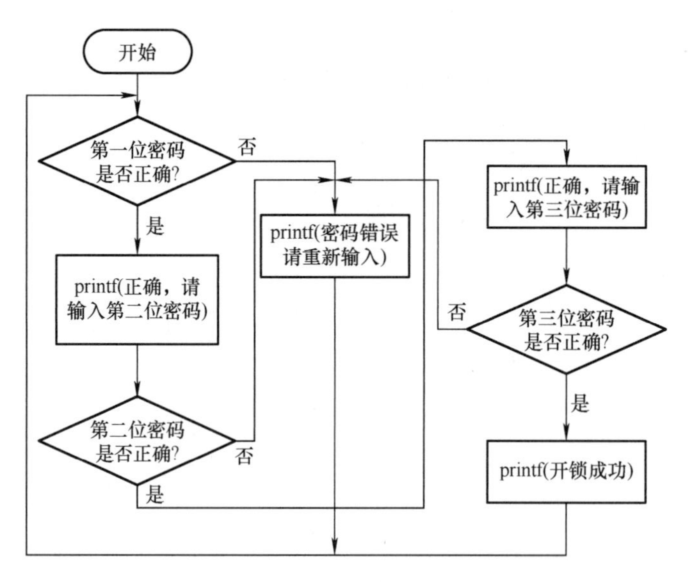

图 8-5　3 位密码锁流程图

8.3　光敏式智能台灯设计

本项目要求掌握并使用 ADC 及定时器 PWM 功能的使用，了解如何运用外部传感器来控制某个对象。任务要求实现以下功能：设计一个智能台灯程序，通过板载的光敏电阻来检测环境亮度，再通过 PWM 来控制 LED 的亮度。最终实现当外部环境光变暗时，LED 亮度减弱；当外部环境光变亮时，LED 亮度增强。

8.3.1　设计要求

本项目的设计要求如下：

1）硬件分配：板载 LED（需要注意：不是所有 LED 都可以通过定时器 PWM 输出控制亮度）；板载光敏电阻。

2）技术要求：无特殊要求。

8.3.2　基础知识

光敏电阻是一种能够检测发光强度变化的传感器，常用的制作材料为硫化镉等。这些材料在特定波长的光照射下，其阻值减小。在如图 8-6 所示的开发板光敏电阻电路中，5537 号元件即为光敏电阻 RG1，它和 10kΩ 电阻 R1 串联分压，分压电压连接到 PC0。当 RG1 接受光照度变化时，PC0 对应电压也发生变化，因此单片机可以通过 ADC 获取环境光照度的变化。

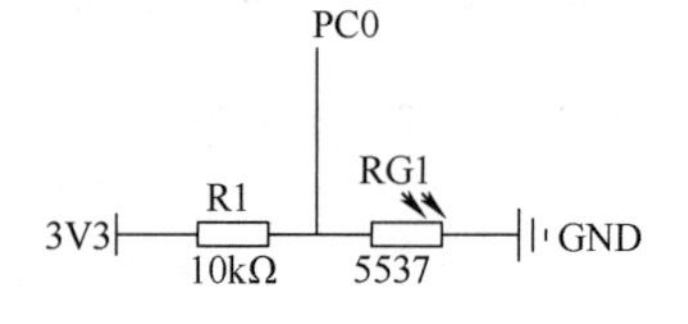

图 8-6　光敏电阻电路图

本案例用的 5537 光敏电阻，在有光照射时阻值为 20 ~ 50kΩ，在没有光照射时阻值约为 2MΩ。图 8-7 所示为开发板上的光敏电阻实物。

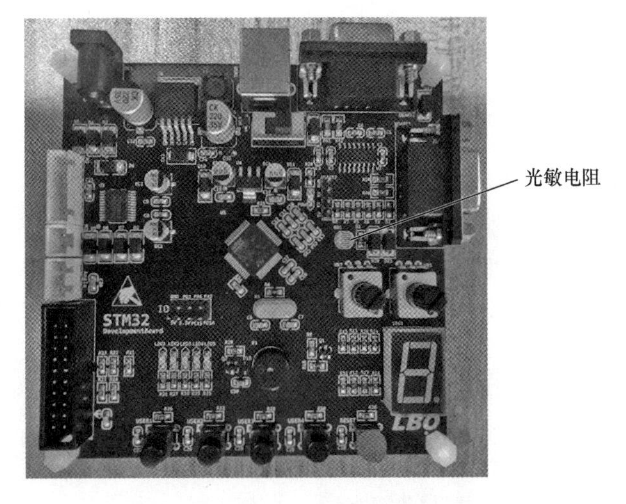

图 8-7　开发板上的光敏电阻实物

8.3.3　光敏式智能台灯的实现

光敏式智能台灯的实现，主要包括明确资源、选择 LED 和输出 PWM 波以及编写程序。具体如下：

1）根据任务要求，可以确定需要用到以下单片机开发板资源：

① 需要一个 LED 来模拟台灯的灯泡，控制此 LED 的 GPIO 应该是定时器的某个输出通道，这样才能输出 PWM 波来改变 LED 亮度。

② 需要光敏电阻来检测环境亮度。

2）明确资源后，需要根据硬件原理图选择 LED 和定时器输出 PWM 波。

3）在完成应用配置后，可以根据图 8-8 所示流程图来编写程序。

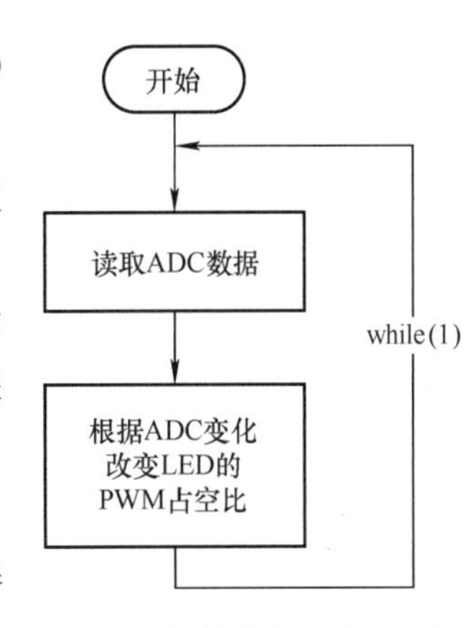

图 8-8　智能台灯程序流程图

8.4　电动机转速控制器设计

本项目旨在掌握 GPIO、定时器 PWM 以及直流电动机控制原理，实现电动机的转速控制。任务要求通过开发板上的 4 个按键对电动机进行控制：第一次按下按键 1，电动机开始顺时针旋转，且 PWM 占空比为 50%；按下按键 2，电动机改变旋转方向；按下按键 3，电动机加速；按下按键 4，电动机减速；在电动机运行时，再次按下按键 1，电动机停止转动。

8.4.1　设计要求

本项目的设计要求如下：

1）设计要求硬件分配：使用电动机驱动芯片 TB6612 上的 AO1 和 AO2 输出口控制电动

机；控制按键使用按键 1 ~4。

2）技术要求：注意电动机驱动芯片 TB6612 支持最高 PWM 波最高频率为 100kHz。

8.4.2 基础知识

直流有刷电动机因其结构简单、控制方便，在工业中广泛应用，直流有刷电动机由永磁定子和转子线圈组成，依靠电刷实现换向。电源电流通过电刷和换向器进入电枢绕组，产生的磁场与定子磁场相互作用产生电磁转矩，使电动机旋转带动负载。图 8-9 所示为本教程配套的直流有刷电动机。

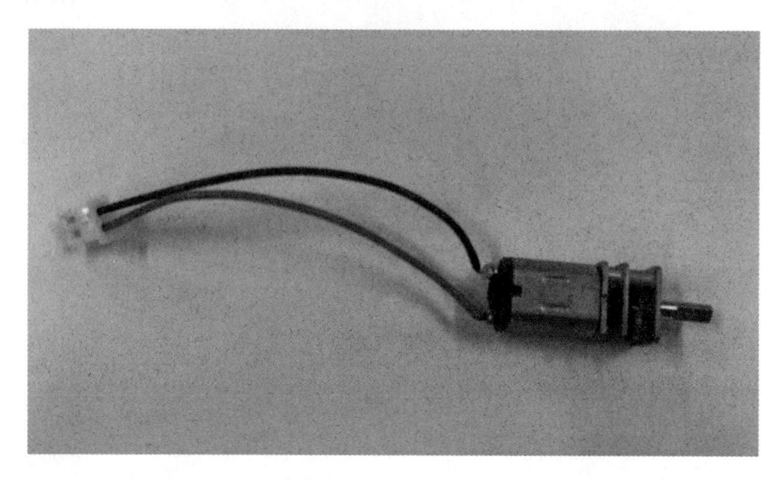

图 8-9 配套直流有刷电动机

直流有刷电动机只有正极和负极，控制电动机的正反转和转速都是通过对正、负极施加电压来实现的。直流有刷电动机只需对调正负输入，即改变电流方向，就可以改变其转向，如图 8-10 所示。而电动机转速与电极两端电压正相关，同样负载下电压越大，转速越快。因此，为了实现直流有刷电动机的控制，需要能够调节电动机两端电压的大小和方向。

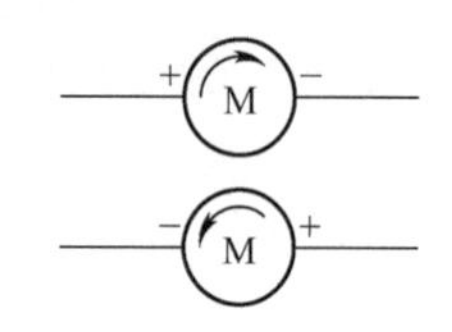

图 8-10 直流有刷电动机正反转示意

随着电力电子技术的发展，脉冲宽度调制（PWM）技术与开关功率电路成为主流电动机控制方法。PWM 电动机驱动的基本原理如图 8-11a 所示，其中 S1 为功率开关，VD1 为续流二极管。当开关 S1 闭合时，电动机两端电压为电源电压 U，此时电动机电感存储能量，电流呈上升态势，如图 8-11b 所示；时间 t_{on}之后，开关 S1 断开，电动机两端电压为零，但是由于楞次定律的影响，电动机电流不会发生突变，电动机电感能量经过续流二极管与电动机构成的回路释放，这时电动机电流逐渐下降；在一个周期 T 之后，开关 S1 重新闭合，系统重复前面的动作，这样电动机两端形成了一系列的电压脉冲波形。

图 8-11b 中，U_{av}为电动机电枢的平均电压，它与电源电压 U、PWM 周期 T、PWM 正脉冲时间 t_{on}关系如下：

$$U_{av} = U\frac{t_{on}}{T} = \alpha U \tag{8-1}$$

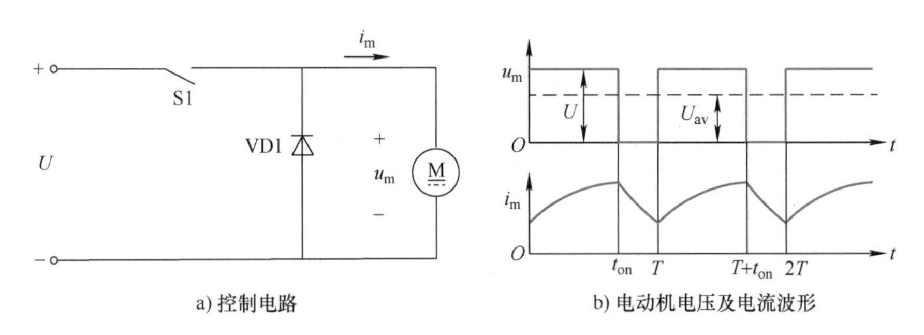

图 8-11　PWM 电动机驱动的基本原理

式中，α 为 PWM 占空比，即正脉冲时间 t_{on} 与脉冲周期 T 的比值。式（8-1）表明了电动机平均电压由 PWM 占空比 α 及电源电压 U 决定，这样通过改变占空比 α 也就能够相应改变平均电压 U_{av}，从而实现了电动机的驱动控制。简单来说，在这个案例中，PWM 占空比越高，则转速越高，反之则越低。

一般情况下，电动机转动需要的电流远大于单片机的 IO 输出能力，因此单片机本身不足以直接驱动电动机。所以驱动电动机一般需要专用的电动机驱动芯片或者电路来完成，在配套单片机开发板上的 TB6612 芯片就是为了实现电动机的控制而配备的，如图 8-12 所示。

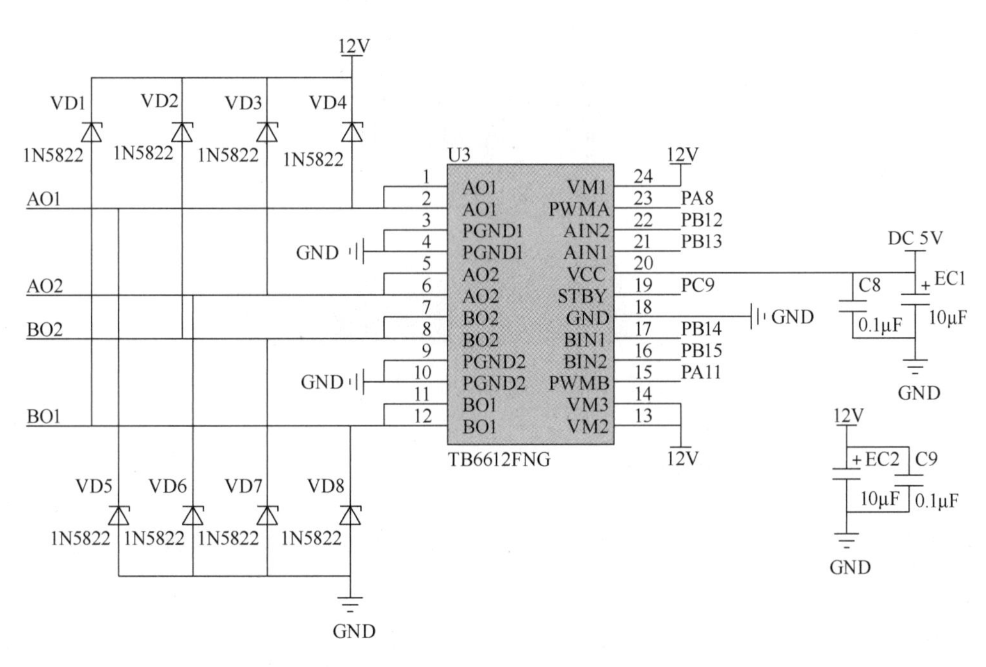

图 8-12　TB6612 芯片电路图

TB6612 芯片是东芝半导体公司生产的一款双路电动机驱动芯片，它可以同时驱动两个电动机。通过原理图可以看到，这块 TB6612 芯片有 A、B 两组输入，分别为 A 组的 AIN1、AIN2、PWMA 和 B 组的 BIN1、BIN2、PWMB，A 组对应的输出为 AO1 和 AO2，B 组对应的输出为 BO1 和 BO2。以 A 组为例，输出端 AO1 和 AO2 连接电动机的两个电极，单片机通过输入端的 AIN1、AIN2、PWMA 来改变输出端电压的极性和大小，从而控制电动机的转速和方向。其中，AIN1 和 AIN2 组合确定电动机的旋转方向，PWMA 则连接单片机 PWM 输出，确定电动机电压的大小。表 8-1 为 TB6612 芯片的 A 组输入引脚与电动机状态对照表。

表 8-1　输入引脚与电动机状态对照表

AIN1	AIN2	PWMA	电动机状态
1	0	1	正转
0	1	1	反转
1	1	1	自由制动
×	×	0	制动

注：×为任意电平。

本案例教程配套的电动机额定电流较大，因此需要采用电源适配器进行供电，如图 8-13所示。电动机应该接在开发板的直流有刷电动机接口上，该接口位置详见第 2 章的图 2-2。

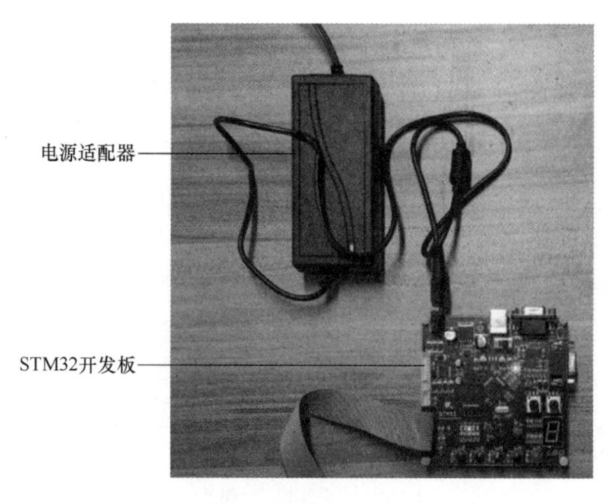

图 8-13　采用电源适配器为开发板供电

8.4.3　电动机转速控制器的实现

电动机转速控制器的实现，主要包括明确资源、输出 PWM 波以及编写程序。具体如下：

1）根据任务要求，可以确定需要用到以下单片机开发板资源：

① 3 个 GPIO 引脚，其中两个确定电动机转动方向，另一个输出 PWM。

② 4 个按键来实现电动机状态切换。

2）明确资源后，需要根据硬件原理图选择定时器输出 PWM 波和 GPIO 引脚。

3）在完成应用配置后，可以根据如图 8-14 所示电动机控制流程图来编写程序。

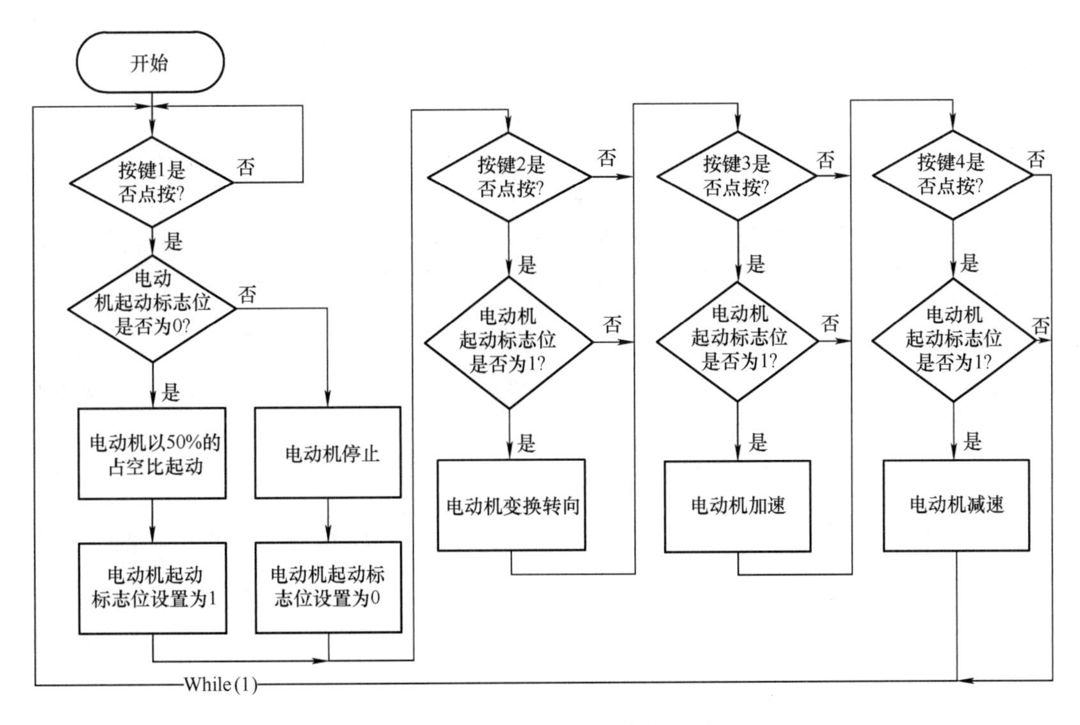

图 8-14　电动机控制程序流程图

参 考 文 献

[1] 意法半导体. 32 位基于 ARM 微控制器 STM32F101xx 与 STM32F103xx 固件函数库 [Z]. 2008.

[2] 意法半导体. STM32F103xC, STM32F103xD, STM32F103xE Datasheet [Z]. 2018.

[3] 宋劲杉. 一站式学习 C 编程 [M]. 北京: 电子工业出版社, 2008.

[4] 意法半导体. STM32F10xxx 参考手册 [Z]. 2010.

[5] 张淑清, 胡永涛, 张立国, 等. 嵌入式单片机 STM32 原理及应用 [M]. 北京: 机械工业出版社, 2019.

[6] 武奇生, 白璘, 惠萌, 等. 基于 ARM 的单片机应用及实践: STM32 案例式教学 [M]. 北京: 机械工业出版社, 2014.

[7] 高延增, 龚雄文, 林祥果. 嵌入式系统开发基础教程: 基于 STM32F103 系列 [M]. 北京: 机械工业出版社, 2021.